D1720584

MISCHER

Hans-Peter Wilke / Ralf Buhse / Klaus Groß

MISCHER
Verfahrenstechnische Grundlagen und apparative Anwendungen

1. Ausgabe

ISBN 3-8027-2160-8

Printed in Germany

Vorwort

In einer ersten Ausgabe soll versucht werden, das breite Gebiet der Mischtechnik systematisch zu erfassen. Auf den allgemein bekannten Grundlagen aufbauend, soll der Anbietermarkt von Mischgeräten und Mischmaschinen einer Einteilung so zugeordnet werden, daß ein schnelles Auffinden der Lösung zu jeder Mischaufgabe möglich wird.

Dabei soll nach Möglichkeit sowohl die nationale als auch die internationale Branche berücksichtigt werden. Eine derartige Aufgabe können nur firmenungebundene Vertreter eines Lehrbereiches übernehmen, da die Firmen ihren Mitarbeitern wohl nie die Genehmigung erteilen werden, auch über Konkurrenzprodukte zu berichten oder gar vergleichende Untersuchungen anzustellen.

In der vorliegenden 1. Ausgabe soll sich der Benutzer sehr schnell mit den wesentlichen Grundlagen der Mischtechnik vertraut machen, um dann mit Hilfe der gewählten Systematik eine apparative Lösung der Mischaufgabe zu finden.

In dem vorliegenden Buch wurde daher jeweils die linke Seite zur Aufnahme von bildlichen, grafischen oder tabellenhaften Darstellung en benutzt. Die rechte - dem jeweiligen Produkt der linken Seite stets zugeordnete - Seite dient dabei der systematischen Wiedergabe solcher Hauptmerkmale, die allen Produkten gleich oder sehr ähnlich ist.

Anhand des Inhaltsverzeichnisses wird erkenntlich, daß das Autoren-Team sich außerdem bemüht hat, eine möglichst geschlossene Unterteilung der verschiedenen Mischmaschinen, Mischgeräten und Mischanlagen zu finden.

Hieraus kann auch abgeleitet werden, daß zu einigen Mischsystemen und Mischertypen alternative Angebote auf dem Markt sind.
Sehr bedauert haben es die Autoren, daß eine Reihe von Firmen ihre Mitwirkung an diesem Systembuch aus sehr unterschiedlichen Gründen versagten.
Es bleibt zu hoffen, daß bei der bereits geplanten 2. Ausgabe der Kreis der mitwirkenden Unternehmen vergrößert werden kann. Einige positive Anzeichen liegen inzwischen - zum Zeitpunkt des Druckes der 1. Ausgabe - vor.

Mit Hilfe des Suchwortverzeichnisses und des Glossars wird es jedem Anwender des Buches möglich sein, denjenigen Teilbereich der Mischtechnik seines Anwendungsfeldes zu finden. (Die anbietenden Firmen sind mit ihren vollständigen Anschriften im Adressenverzeichnis aufgeführt.)

In einem Übersichtsbuch der Mischtechnik kann erwartungsgemäß nur das Grenzgebiet zur Rührtechnik behandelt sein. Die Rührtechnik selbst ist wiederum ein derartig großes Anwendungsgebiet, daß es eigene Darstellungsformen gefunden hat. Wie in allen technischen Disziplinen gerät man jedoch zeitweise in Überschneidungsbereiche, die mit der spezielleren Literatur beider Gebiete bearbeitet werden muß.

Das Autoren-Team möchte den Mitarbeitern des Verlages, den vielen Firmen, die Ihre Unterlagen für dieses Handbuch zur Verfügung stellten, vor allen Dingen Frau Inge Eyermann, Diplom-Ingenieurin des Fachbereiches Verfahrenstechnik und Apparatebau sehr herzlich danken. Ohne den sach- und fachkundigen Einsatz von Frau Eyermann wäre das Handbuch niemals in die gewünschte Form gekommen.
Ebenfalls standen dem Autoren-Team Herr Axel Weber, Diplom-Ingenieur und Herr Wolfgang Zastrau, Diplom-Ingenieur mit sachkundigem Rat zur Seite. Auch Ihnen ist herzlich zu danken.

Alle Autoren, für die das Handbuch ein Erstlingswerk ist, wären dankbar, wenn Sie weitere Anregungen für eine geplante 2. Ausgabe bekämen.

Das Autoren-Team

Wilke/Buhse/Groß

Inhaltsverzeichnis

0. Grundlagen

0. Grundlagen

Das Mischen kann man wohl als älteste aller verfahrenstechnischen Grundoperationen bezeichnen, denn seit Menschen auf dieser Welt leben, wird (nachweislich) gemischt, gerührt und geknetet. Dies galt schon zu frühester Zeit für den Nahrungsmittelbereich, wo z.B. Brotteig geknetet und Breie durch Rühren vergleichmäßigt wurden, aber auch für den Baubereich, wo Farben, Mörtel und andere Materialien miteinander gemischt wurden.

Heute ist die Mischtechnik aktuell wie nie zuvor, und man kann ohne Übertreibung behaupten, daß es fast keine Stoffe oder Produkte gibt, die nicht in irgendeiner Form auf dem Weg ihrer Erzeugung mit der Mischtechnik in Berührung kommen.

Die Vielzahl der zu mischenden Stoffe macht aber leider eine Vielzahl von Apparaten notwendig, die zur bestmöglichen Lösung der jeweiligen Mischaufgabe konstruiert worden sind. Dies könnte beispielsweise so lauten:
Große Homogenität bei kurzer Mischzeit, höchstmöglicher Produktschonung und niedrigem Energiebedarf.

Licht in das Dickicht der Mischapparate wurde durch Herrn Ing. H. B. Ries gebracht, der eine Klassifizierung der meisten Mischsysteme vornahm. Die Gliederung seines Aufsatzes wurde in dem vorliegenden Buch teilweise übernommen.

Dabei werden die Mischapparate zunächst nach der Art der Energieeinleitung in das Mischgut unterteilt, also:

- mechanisch
- pneumatisch
- extern als Druckenergie
- extern als Schwingungsanregung

Die größte Gruppe, die mechanischen Mischer, wird in die Bereiche "zwangsläufige" und "nicht zwangsläufige" (Freifall) Mischgutbewegungen aufgegliedert. Der immer noch große Bereich der Zwangsmischer kann sinnvoll nur noch durch die Lage des Antriebes, sowie die Anzahl der Mischwerkzeuge geordnet werden. Ganz zum Schluß wird der Mischapparat nach der spezifischen Mischenergie eingeteilt.
Zwangsläufig ergibt sich nach Einhaltung einer solchen Gliederung eine etwas zu weitgehend erscheinende Einteilung nach der Dezimalklassifikation, vor allem im Bereich der mechanischen Mischer. Die beste Gliederung der unterschiedlichen Mischer ist jedoch nur nach diesem System gelungen.

Der Schwerpunkt dieses Werkes liegt auf der apparativen Seite, das heißt, ein besonderes Augenmerk wurde der Funktion und Beschreibung des Mischvorganges des jeweiligen Apparates gewidmet und in Bild und Text zum Ausdruck gebracht. Hierbei wurde die Blattaufteilung so gewählt, daß der Leser ohne im Text suchen zu müssen, die wichtigsten Eigenschaften, Kennzeichen, Daten usw. auf einen Blick findet und mit anderen Apparaten vergleichen kann. Die in jedem Mischer möglichen verfahrenstechnischen Schritte werden einzeln aufgeführt, dabei sind die wichtigsten im Glossar erklärt.

0.1 Erklärung des Begriffs "Mischen"

Ein Mischvorgang beruht auf der relativen Verschiebung der Mischgutkomponenten gegeneinander; die Mischaufgabe ist also eine Transportaufgabe.

Beim Mischen kann man 5 Grundvorgänge unterscheiden, die sich in der Praxis überlagern können:

Distributives Mischen:

Verteilen, Vermengen, Platzwechsel der Teilchen nach Ordnungs- und Zufallsmatrix. Physikalisch liegt ein Überwinden von Schwerkraft und Coulombreibung vor.

Beispiel: Feststoffmischen rieselnder Stoffe

Dispersives Mischen:

Zerkleinern von Aggregaten (siehe Glossar) und Agglomeraten. Dabei wird aufgrund der Haftspannungen die vorliegende Festigkeit überwunden.

Laminares Mischen:

Ausziehen, Falten, Rühren, und Überwinden Newton'scher Reibung.

Beispiel: Mischen zäher Flüssigkeiten, Pasten und Cremes

Turbulentes Mischen:

Erzeugung turbulenter Strömung in Flüssigkeiten und Gasen.

Beispiel: Rühren von Wasser

Diffuses Mischen:

Konzentrationsausgleich durch Diffusion.

Beispiel: Ruhende Fluide

0.2 Einteilung der Apparate

0.2.1 Einteilung der Apparate nach ihrem Aggregatzustand

Der Ablauf eines Mischvorganges und die apparative Ausführung hängen vor allem vom Aggregatzustand der zu mischenden Stoffe ab. Man unterscheidet folgende Fälle:

	Stoff	Vorgang	Apparat
1	gasf. / gasf.	- Diffusion, Turbulenz	Behälter, Rohr
	gasf. / flüssig	- Begasen, Zerstäuben	Rührer, Düsen
	gasf. / fest	- Fluidisieren	Wirbelschicht
2	flüssig / flüssig	- Lösen, Emulgieren	Rührkessel, Kneter
	flüssig / fest	- Suspendieren, Kneten	Mischer
3	fest / fest	- Vermengen, Feststoffmischen	Mischer

0.2.2 Einteilung der Apparate nach der eingebrachten Energie

Ein weiteres Unterscheidungskriterium kann die eingebrachte Antriebsleistung sein. Sie reicht bei Chargenmischern von wenigen Watt bis zu einigen 1 000 kW, wobei Mischvolumen zwischen wenigen cm^3 und ca. 1 000 m^3 verarbeitet werden können.
Aus dem Antrieb und dem Mischvolumen errechnet sich die spezifische Antriebsleistung, deren Dimension in kW/l, kW/100 l und kW/m^3 dargestellt wird. Über diese Größe lassen sich die Mischprozesse in 5 Gruppen gliedern, deren Grenzen jedoch ineinander übergehen.

Gruppe 1: Mischer mit sehr niedriger spezifischer Antriebsleistung (< 0,1 kW/100 l)
Beispiel:
- langsam laufende Rührwerke
- pneumatische Mischsysteme

Gruppe 2: Mischer mit niedriger spezifischer Antriebsleistung (0,1 - 1 kW/100 l)
Beispiel:
- Freifallmischer
- langsam laufende Trockenmischer
- Pastenmischer

Gruppe 3: Mischer mit mittler spezifischer Antriebsleistung (1 - 10 kW/100 l)
Beispiel:
- Paddelmischer
- Tellermischer
- Kollermischer
- Gegenstrom - Intensivmischer

Gruppe 4: Mischer mit hoher spezifischer Antriebsleistung (10 - 100 kW/100 l)
Beispiel:
- Hochleistungsmischer
- Dispersionskneter

Gruppe 5: Mischer mit sehr hoher spezifischer Antriebsleistung (> 100 kW/100 l)
Beispiel:
- Innenmischer
- Mischwalzwerke
- Mischextruder

Die spezifische Mischenergie berechnet sich dagegen aus der effektiven Motorbelastung und dem Gewicht der Mischung. Die Dimension lautet dann kW/kg, kW/100 kg oder kW/t.
Da jedes Mischen ein mechanischer Arbeitsprozeß ist, benötigt man eine bestimmte Menge an Mischarbeit. Diese errechnet sich aus der wirksamen Mischenergie und der Mischzeit. Man bezeichnet die Mischarbeit auch als spezifischen Arbeitsbedarf.
Mit Hilfe dieser Angaben kann man dann die Mischzeit im Chargenbetrieb aus entsprechenden Diagrammen entnehmen.

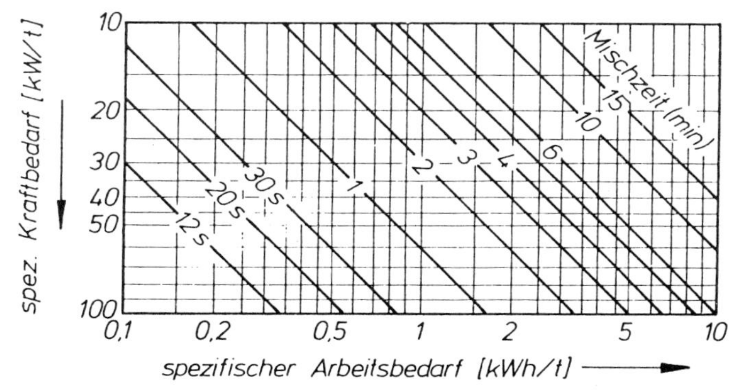

Abb. 1: Arbeitsdiagramm zur Mischzeitbestimmung im Chargenbetrieb (12)

Im kontinuierlichen Chargenbetrieb läßt sich ebenfalls ein Diagramm erstellen.
Dabei errechnet sich die Motorleistung aus dem spezifischen Arbeitsbedarf und der Stundenleistung.

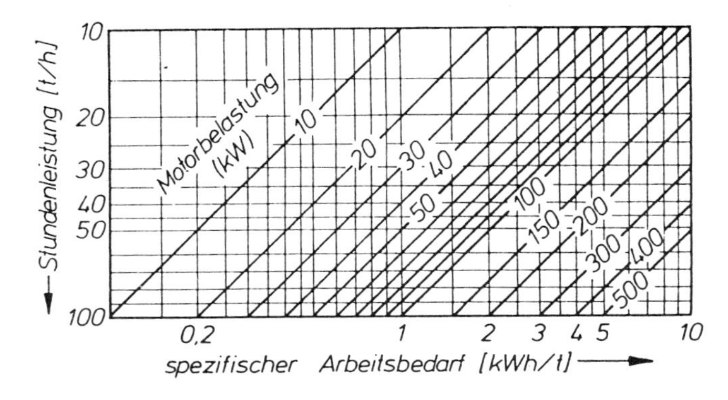

Abb. 2: Arbeitsdiagramm für kontinuierlich arbeitende Mischer (12)
[1]

0.3 Unterschiede zwischen Chargen- und kontinuierlichen Mischern:

Vorwiegend werden Mischmaschinen im periodischen Betrieb als sogenannte *Chargenmischer* eingesetzt. Man beschickt sie mit einer der Behältergröße und Bauart zugeordneten Menge Mischgut, mischt eine bestimmte Zeit und entleert sie dann. Für den Einsatz der Chargenmischer spricht, daß alle Mischgutbestandteile über einen bestimmten Zeitraum dem Mischprozeß unterworfen werden. Die Mischzeit kann in weiten Grenzen variiert, bzw. auf die ganz besonderen Eigenschaften der Mischung abgestimmt werden.
Nachteil: Bei Chargenmischern besteht die Gefahr der Entmischung.

Kontinuierlich arbeitende Mischmaschinen haben ihr Einsatzgebiet bei der Herstellung großer Mengen gleichartiger Produkte. Sie erfordern eine genau dosierte, kontinuierliche Beschickung, was bei einer größeren Anzahl von Komponenten großen Aufwand an maschineller Einrichtung erfordern kann. Kontinuierliche Mischer sind von ihrer Bauart her nur für eine bestimmte theoretische, mittlere Verweilzeit ausgelegt, die in aller erster Linie von der Ausbildung des Mischwerkzeuges abhängig ist. Unter Verweilzeit ist der Zeitraum zu verstehen, den ein Mischgutpartikel vom Eingang in die Maschine bis zu seinem Austritt aus der Maschine verweilt. Unter Betriebsbedingungen treten aber mehr oder minder große Mengen an Mischgut sowohl schon vor, als auch nach der theoretisch errechneten Zeit aus.
Der Durchsatz ist etwa doppelt so hoch wie bei Chargenmischern, da die Totzeit, das heißt die Zeit der Befüllung und Entleerung, entfällt.
[9]

0.4 Unterschiede zwischen Rühren und Mischen

Wenn in dem zu vermischenden Stoffgemisch die flüssige Komponente überwiegt, wird das Verfahren "Rühren" genannt und als ausführendes Werkzeug der "Rührer" verwendet. Andere Definitionen besagen, daß oberhalb einer festgelegten Viskositätsgrenze von Mischen, unterhalb von Rühren gesprochen wird. Eine klare Trennung läßt sich hier nicht vornehmen, so ist auch z.B. der Übergang zwischen Rühren und Kneten apparativ nicht erkennbar, da man viele Ausführungsformen von schweren Rührwerken durchaus als Kneter bezeichnen kann und sich andererseits Knetmaschinen mit einfachen Paddel- oder Bandschneckenwerkzeugen auch von der Antriebsenergie her den Rührwerken nähern. Eine klare Trennlinie ließ sich auch im Verlauf dieser Arbeit für den Bereich zwischen fest und flüssig nicht finden, da zu viele äußere Umstände den Rührapparat leicht zum Mischer werden lassen und umgekehrt (gemäß oben aufgeführter Definitionen). Ändert sich beispielsweise während eines Mischprozesses die Viskosität vom hochviskosen zum niederviskosen Zustand, wie dies beim Verarbeiten thixotroper Stoffe geschieht, so kann man den Apparat zu Beginn aufgrund seiner Energieaufnahme und Anfangsviskosität durchaus als Mischer bezeichnen. Nachdem aber die Viskosität und damit auch die Leistungsaufnahme nach einer gewissen Zeitdauer gesunken sind, könnte man hier vom Rühren sprechen.

Teil I: Kompressoren
Teil II: Vakuumpumpen

HANDBUCH
1. AUSGABE

Herausgeber und wissenschaftlich-technische Beratung:
Prof. Dipl.-Ing. G. Vetter, Lehrstuhl für Apparatetechnik und Chemiemaschinenbau, Universität Erlangen-Nürnberg

Zusammenstellung und Bearbeitung:
Dipl.-Ing. B. Thier, Technische Dokumentation, Marl

1990. 478 Seiten mit mehreren hundert Abbildungen und Tabellen. Format DIN A 4.
ISBN 3-8027-2153-5. Bestell-Nr. 2153. Fest gebunden 186,– DM.

Kurzbiografie von Prof. Dipl-Ing. G. Vetter

Gerhard Vetter, geb. 1933 in Stuttgart, studierte an der Technischen Universität Karlsruhe Maschinenbau und legte 1958 im Fach Thermische Energiegewinnung seine Diplom-Prüfung ab. Nach einigen Jahren Forschungstätigkeit an derselben Universtiät begann 1961 eine sehr erfolgreiche Industrietätigkeit im Chemiemaschinenbau. Beim bekannten Dosierpumpenhersteller Lewa in Leonberg war Gerhard Vetter Leiter der Forschung, Technischer Leiter und zuletzt Technischer Direktor. In den 20 Jahren bis 1981 entstanden wichtige Entwicklungs- und Forschungsarbeiten sowie Patente auf dem Gebiet des Baues oszillierender Verdrängerpumpen, wobei das Unternehmen Weltgeltung erlangte. Mit dem Bau leckfreier Membranpumpen für hohe Drücke und Leistungen wurde ein ganz wesentlicher Beitrag zum umweltfreundlichen Pumpenbau geleistet. Im Jahr 1981 nahm Gerhard Vetter – nach 20 Jahren Industrietätigkeit – den Ruf als Ordinarius und Institutsvorstand für Apparatetechnik und Chemiemaschinenbau an der Universtiät Erlangen-Nürnberg an.

Die Schwerpunkte der Forschung sind: tribologische und kinematische Probleme des Verdrängerpumpenbaues, Dosieren von Fluiden und Schüttgütern, Ermüdung dickwandiger Bauteile sowie Druckschwingungen in Rohrleitungssystemen und Strömungsvorgänge in Pumpen.

In der Anlagentechnik finden Verdichter eine vielseitige Anwendung. Bei chemischen, physikalischen oder technologischen Prozessen werden gasförmige Medien mit bestimmten Eigenschaften unter Temperatur und Druck gefördert, komprimiert oder abgesaugt. Verdichter haben in strömungstechnischer und mechanischer Hinsicht einen außerordentlich hohen Entwicklungsstand. Sie werden bis zu großen Leistungseinheiten gebaut und gewährleisten eine hohe Betriebssicherheit.

Energetische und sicherheitstechnische Gesichtspunkte stehen im Vordergrund bei den Entwicklungen auf dem Gebiet der Verdichter. So wurden zur Verbesserung und Optimierung des Wirkungsgrades Laufräder mit breiten dreidimensionalen Schaufeln eingesetzt. Durch Vorkühlung der Ansaugluft wird der Massendurchsatz erhöht und das Öl thermisch geringer belastet.

Vakuumpumpen besitzen ein großes Einsatzpotential bei Prozessanlagen. Sie übernehmen wichtige Funktionen des Verfahrensablaufes durch Absaugen von Gasen und Dämpfen sowie der Kondensation.

Im Mittelpunkt der technischen Entwicklungen stehen Verbesserungen im Bereich Umweltschutz, Wirtschaftlichkeit und Sicherheit.

Die Innovationen auf dem Gebiet der Verdichter finden ihren Niederschlag in einer großen Zahl von Veröffentlichungen und Patentanmeldungen des In- und Auslandes.

Das

Handbuch „Verdichter"

ermöglicht dem Interessenten anhand aktueller, praxisnaher Originalbeiträge namhafter internationaler Autoren **erstmalig** den **schnellen Überblick zum Entwicklungsstand** eines bestimmten Zeitraumes.

Dem Buch liegt eine **umfangreiche internationale EDV-Literaturrecherche** zugrunde die der Leser, **nach Sachgebieten gegliedert** und **mit Suchbegriffen versehen,** mühelos nutzen kann.

Die **Auswahl der Beiträge** erfolgt **nach** Kriterien wie **Aktualität, breite Themenübersicht** und **Anwenderbezogenheit**, sowie **Vermittlung von Berechnungs-Prüfverfahren, Erfahrungen und Daten.**

Dabei ist die Beschränkung auf ca. 65 Einzelbeiträge, wenn sie mit der Literaturrecherche zusammen genutzt werden, keine zu große Einengung.

Für die Gestaltung des Handbuches haben wir Herrn **Prof. Dipl.-Ing. G. Vetter**, Universität Erlangen, gewinnen können, der als **anerkannter Fachmann** auf diesem Gebiet die **wissenschaftlich-technische Beratung** und **Herausgeberschaft** übernommen hat.

Das Buch wendet sich an Betriebs-, Forschungs-, Entwicklungs-, Planungs-, Service- und Konstruktionsingenieure, Techniker und qualifiziertes Fachpersonal aus allen Bereichen der Produktionstechnik sowie der Forschung und Lehre an Universitäten, Fachhochschulen und sonstigen Instituten.

Als **Arbeitsunterlage** liefert das **Handbuch „Verdichter"** wichtige **praxisnahe Informationen,** anwendungsbezogene Beispiele, Daten und Tabellen sowie den **schnellen Zugriff zur Literatur** und **zu Einzelproblemlösungen;** darüber hinaus erleichtert der umfangreiche Anzeigenteil mit Herstellern und Dienstleistern in Verbindung mit einem **ausführlichen Inserenten-Bezugsquellenverzeichnis** das Auffinden geeigneter Anbieter außerordentlich.

TEIL I: KOMPRESSOREN

TEIL II: VAKUUMPUMPEN

Einige der hier im einzelnen beschriebenen Apparate sind daher auch in den Bereich der Unstetigkeit zwischen Rühren und Mischen gefallen. Hierzu gehören unter anderem:

- Dissolver
- statische Mischer
- Mischpumpen

Trotz Überschneidungen wurde aber den Rührwerken im Kapitel 1.3 ein fester Platz zugewiesen. [8], [10]

0.5 Mischgüte

0.5.1 Problematik bei der Definition

Beim Betrachten von Firmenunterlagen über Mischapparate sieht sich der Interessent mit Definitionen wie z.B.

- absolute Homogenität
- Mischgenauigkeit 1:1 000, 1:1 000 000
- unerreichte Mischwirkung bei geringstem Energiebedarf
- usw.

konfrontiert. Diese Aussagen lassen aber keinen Schluß über die spezifischen Eigenschaften eines Mischers zu. Weiter noch, sie sind teilweise sogar falsch, denn z.B. eine absolute Homogenität gibt es nicht.
Speziell im Bereich der Feststoffmischungen im trockenen oder feuchten, plastischen bis breiigen Zustand muß man Angaben über eine absolute Homogenität als stark übertrieben bezeichnen. In diesen Konsistenzbereichen läßt sich wohl im Makrobereich eine augenscheinliche Homogenität erreichen, im Mikrobereich liegt aber auch hier eine partielle Inhomogenität vor.
Das Schachbrettmuster stellt den idealen Verteilungszustand dar.
Es handelt sich aber nicht um einen gemischten Zustand, sondern einen idealen Ordnungszustand. Der Zustand einer guten Mischung kann also nicht der einer idealen Ordnung, sondern nur einer völligen Unordnung sein. Würde man schwarze und weiße Teilchen in einem Mischer schachbrettartig ordnen und den Mischer in Betrieb setzen, so würde man nach endlicher oder unendlicher Mischzeit immer den Zustand einer völligen Unordnung erhalten. Der Ordnungszustand wird dabei "entmischt". Da der Lagezustand der einzelnen Partikel unabhängig von der Mischzeit immer ein zufälliger, wenn auch immer ein anderer ist, hat man dafür die Definition "stochastische Homogenität" gefunden.

Ganz allgemein darf man sagen:

Am Ende eines Mischprozesses noch wahrnehmbare Konzentrations- oder Temperaturabweichungen, bezogen auf die theoretische Mischung, geben Aufschluß über die Mischgüte.

Wenn auch die Problematik der Mischgütebestimmung oder die Schwierigkeit ihrer zahlenmäßigen Definition vielfach dazu zwingt, einfache oder einfachste Tests zur Beurteilung anzuwenden und damit die reine Wissenschaft zu vernachlässigen, so muß doch festgestellt werden, daß die Mischgüte nur ein Kriterium für die Beurteilung eines Mischers darstellt. Außerdem sagen oft mit sehr großem Aufwand durchgeführte Untersuchungen noch nichts darüber aus, wie lange der betreffende Mischapparat diese Fähigkeit einer guten oder ausgezeichneten Mischwirkung besitzt. Es sind also auch technische Parameter zu berücksichtigen, wie z.B. Reparaturanfälligkeit, Verschleiß, spezifischer Energiebedarf, Platzbedarf, Geräuschentwicklung, usw..

Im folgenden sind Gründe für die Durchführung einer Mischgütebestimmung aufgeführt:

1) Vergleich der Mischintensität bzw. Mischleistung verschiedener Mischer für ein bestimmtes Mischproblem.

2) Ermittlung der fortschreitenden Homogenisierwirkung eines Mischers zur Festlegung der optimalen Mischzeit und damit der Mischleistung.

3) Ermittlung der praktisch erreichbaren Homogenität, definiert durch die Standardabweichung S oder den Variationskoeffizienten V(%) (die Erklärung dieser Begriffe erfolgt im Anschluß) als "indirektes Maß" für die praktisch notwendige Homogenität.

4) Ermittlung der praktisch erreichbaren Mischgüte durch Feststellung bestimmter physikalischer Eigenschaften.

Zu Punkt 1) ist zu bemerken, daß ein Vergleich der Mischwirkung verschiedener Mischer nur möglich ist, wenn die Prüfverfahren und die Auswertung der Verfahren gleich sind.

0.5.2 Ermittlung der Mischgüte

Wie schon im letzten Abschnitt bemerkt, erfordert die quantitative Beurteilung einer Mischung eine Mindestmenge an Informationen über die örtlichen Zusammensetzungen des Mischgutes. Dazu müssen an verschiedenen Stellen Proben gezogen und analysiert werden. Die Abweichung von der zu erwartenden Konzentration wird durch die ***Varianz***, auch ***Streuung*** genannt, bzw. deren Quadratwurzel, die Standardabweichung charakterisiert.

$$\sigma_v^2 = \frac{1}{n} \Sigma (x_i - \mu)^2$$

σ_v^2 = Varianz (Streuung)
n = Anzahl der Proben
μ = Sollwert der untersuchten Komponente
x_i = beobachtete Konzentration in der i-ten Probe

Ist der ***Sollwert*** μ nicht bekannt, so wird er durch den arithmetischen Mittelwert der benachbarten Konzentration ersetzt:

$$\mu = \frac{1}{n} \sum_{i=1}^{n} x_i$$

n = Anzahl der Proben
μ = Sollwert der untersuchten Komponente
x_i = beobachtete Konzentration in der i-ten Probe
i = aktuelle Probe

Damit wird die ***Standardabweichung S*** nach

$$S^2 = \frac{1}{n-1} \sum_{i=1}^{n} (x_i - \bar{x})^2$$

$\bar{x}$ = arithmetischer Mittelwert aller Proben

berechnet.
Der Variationskoeffizient (V(%)) ist eine brauchbare Kenngröße zur Beurteilung der Homogenität und errechnet sich aus der Standardabweichung und dem arithmetischen Mittelwert:
Das ***arithmetische Mittel M*** errechnet sich aus der Summe der ermittelten Einzelwerte gemäß folgender Gleichung:

$$M = \frac{x + x + x + \ldots + x_n}{n} \quad \text{bzw.} \quad M = \frac{1}{n} \sum_{i=1}^{n} x_i$$

Nun die Gleichung für den ***Variationskoeffizienten V (%):***

$$V(\%) = \frac{S}{M} \cdot 100\ \%$$

S = Standartabweichung
M = arithmetischer Mittelwert

Da der ***arithmetische Mittelwert*** $\bar{x}$ und die ***Varianz*** S^2 mit

$$S^2 = \frac{1}{n-1} \sum (x_i - \bar{x})^2$$

aus ***n Stichproben*** stammen, können sie nur Schätzwerte für die entsprechenden Maßzahlen x und $\sigma_V{}^2$ der Grundgesamtheit sein. Die Abweichung vom wahren Wert schätzt man durch die Definition eines ***Vertrauensbereiches B*** ab.

$$B_{\mu,\sigma} = \bar{x} \pm u \cdot \sigma / \sqrt{n}$$

bzw. $B = \bar{x} \pm t \cdot S / \sqrt{n}$

Dabei ist :

	n \ P	90 %	95 %	99 %
u	-	1,67	1,96	2,57
t	5	2,13	2,78	4,60
	10	1,83	2,26	5,25
	20	1,73	2,09	2,86

n = Anzahl der Proben
P = gewünschte bzw. geforderte Mischgüte
u = Berechnungsfaktor
t = Berechnungsfaktor

Diese Abschätzung entfällt, wenn der ***Sollwert*** μ eines Mischers bekannt ist.

Ein Maß für die Mischgüte ist die Streuung σ^2 bzw. S^2, daher ist das Wissen des unvermeidlichen Fehlers von σ^2 über die Bestimmung des Vertrauensbereiches wichtig. Meist liegt er etwas asymmetrisch um σ^2. Damit ergeben sich zwei unterschiedliche Zahlenwerte als oberer und unterer Grenzwert für den ***Vertrauensbereich B***. Bei aus Meßwerten bekanntem S erhält man:

$$(1/B^{oben}) \cdot s \leq \sigma \leq (1/B_{unten}) \cdot s$$

Die B-Werte lassen sich aus folgender Tabelle ablesen:

	n \ P	90 %	95 %	99 %
B oben * / unten ▪	5	1,54 *	1,67 *	1,93 *
		0,42 ▪	0,35 ▪	0,23 ▪
	10	1,37 *	1,45 *	1,62 *
		0,61 ▪	0,55 ▪	0,44 ▪
	20	1,26 *	1,31 *	1,43 *
		0,73 ▪	0,68 ▪	0,60 ▪

Die Mischgüte eines körnigen Haufwerkes bestimmt man durch Untersuchen der Streuung (oder Varianz) in den einzelnen Proben. Bei einer Mischung aus den ***Einzelkomponenten P und Q***, sowie ***x_i als Meßwert für die Konzentration von P bzw. y_i für Q*** in den ***n Proben***, ergibt sich:

$$\sigma^2 = \sum_{i=1}^{n} (x_i - P)^2 / n$$

bzw.

$$\sigma^2 = \sum_{i=1}^{n} (y_i - Q)^2 / n$$

Meist ist dabei die ***Konzentration von P und Q*** in der Gesamtmischung bekannt. Ist dies nicht der Fall oder ist die Anzahl n der Stichproben klein, so muß sie als Mittelwert der Proben festgelegt werden.

$$P = \frac{\sum x_i}{n} \quad \text{bzw.} \quad Q = \frac{\sum y_i}{n}$$

Es ergibt sich dann die ***Stichprobenvarianz***

$$S^2 = \sum_{i=1}^{n} (x_i - \bar{P})^2 / (n-1) \quad \text{bzw.} \quad \sigma^2 = \sum_{i=1}^{n} (y_i - \bar{Q})^2 / (n-1)$$

Aus dieser Gleichung erkennt man: für $n \to \infty$ geht $S^2 \to \sigma^2$
d.h. die Stichprobenvarianz nähert sich der Varianz der Grundgesamtheit. Daher hängt die Anzahl n der Stichproben von der vorgegebenen Aussagesicherheit S und dem gewünschten Verhältnis σ/S ab. Ebenso müssen ein oberer und/oder unterer Unsicherheitsfaktor f_o und f_u berücksichtigt werden.

0.5.3 Probenentnahme

Allgemein gilt, daß mit zunehmender Probenzahl die Genauigkeit der statistischen Aussage größer wird; die tatsächliche Streuung σ^2 und die gemessene Standardabweichung S_n^2 nähern sich einander. Weiterhin hängt die Streuung σ^2 bzw. die Standardabweichung S^2 stark von der Größe der Proben ab, sie ist um so größer, je kleiner die Proben werden. Die kleinste Probe muß andererseits genügend Teilchen enthalten, damit man eine Aussage über die Zusammensetzung machen kann; ferner sollten alle Proben gleich groß sein. Voraussetzung für die Probenentnahme ist, daß die Entnahmestellen völlig dem Zufall überlassen bleiben. Es darf keine subjektive und systematische Festlegung erfolgen, weil dadurch ein systematischer Fehler auftreten könnte. Bei der Probennahme soll das Haufwerk möglichst wenig bewegt werden, sonst könnte sich der Mischungszustand ändern.

Die Probenauswertung kann nach zwei Methoden erfolgen:

a) Direkte Auswertung der Proben:

- Auszählen der Teilchen
- Aussieben der Teilchen bei verschiedener Korngröße der Komponenten
- Entfernen einer Komponente durch chemisches Lösen
- Ausbrennen oder thermisches Zersetzen einer Komponente

b) Indirekte Bestimmung der Anteile:

- Verwendung radioaktiver Markierung; Strahlungshöhe ist ein Maß für die Konzentration
- Färben einer Komponente; Farbskala ist ein Maß für die Konzentration
- Photometrisches Auswerten der Konzentration

Auf die Vielzahl der technischen und mathematischen Auswertungsmethoden wird in dieser Arbeit nicht weiter eingegangen.
[1], [6], [7]

0.6 Stoffeigenschaften

0.6.1 Mischgutkonsistenz

Dr.-Ing. H. Krüger definiert die Mischgutkonsistenz wie folgt:

Hochzähe Stoffe: Flüssigkeiten mit Viskositäten über 100 Pa s, wie z.B. Sirup, Teer, Thermoplastschmelzen

Pastöse Stoffe: Streichfähige Emulgate mit geringem Feststoffgehalt z.B. Fette

Plastische Stoffe: Bildsame Suspensionen mit geringem Flüssigkeitsgehalt, z.B. Kitte

Elasto-Plastische Stoffe: Bildsame Stoffe mit merklichem elastischen Rückstellvermögen, z.B. Kautschukmischungen

Teigige Stoffe: Flüssigkeiten und Emulgate mit hohem Feststoffgehalt, z.B. Mehlteige

Breiige Stoffe: Zusammensetzung ist hier ähnlich den teigigen Stoffen; sie unterscheiden sich jedoch dadurch, daß sie wegen des höheren Flüssigkeitsgehaltes und des Anteils gröberer Feststoffpartikel unter Schwerkrafteinfluß fließen, wie z.B. Rohbeton

0.6.2 Rheologische Eigenschaften

Für die Auslegung eines Mischers ist die Kenntnis der Stoffeigenschaften unter Berücksichtigung der durch das Mischwerkzeug indizierten Scherkräfte, des Temperatur- und des Zeitverhaltens von größter Bedeutung. Nicht zuletzt deshalb, weil hier sehr oft merkwürdige Verhaltensweisen auftreten, die man mit dem Begriff "Fließanomalien" bezeichnet. So kann man z.B. beim Mischen einer Suspension folgender Vorgang auftreten: Statt der erwarteten Trombe klettert das Mischgut an der Werkzeugwelle hoch (Weissenberg-Effekt). Solche Anomalien treten auf bei Pasten, Kristallsuspensionen, Schlämmen, Teigen oder Farbdispersionen, also Stoffen, die in ihrer Beschaffenheit zwischen wässrigen Flüssigkeiten und Feststoffen liegen.

Zunächst sei der Begriff der ***Viskosität*** (η) definiert:

Viskosität ist die Eigenschaft eines Stoffes, unter Einwirkung einer Spannung zu fließen und irreversibel verformt zu werden. Die Viskosität ist auch ein Maß für die innere Reibung eines Stoffes. Der Viskositätskoeffizient, oft auch dynamische Viskosität genannt, ist ein stoffspezifischer Faktor, der die Viskositätseigenschaften beschreibt und wird definiert als Quotient aus Schubspannung τ und Schergeschwindigkeit γ.

$$\text{Viskosität } \eta = \frac{\text{Schubspannung } \tau}{\text{Schergeschwindigkeit } \gamma}$$

Der Viskositätskoeffizient η ist stoff- und temperaturabhängig und wird gemessen in der Dimension:

Pa s = N s/m^2 = kg/s m (früher = 10 Poise)

(Andere Einheiten können nach den Umrechnungstabellen am Ende dieses Kapitels umgerechnet werden)

Bei Flüssigkeiten fällt die Viskosität mit steigender Temperatur.

Definition der Schubspannung:

Gemäß der Abbildung gilt:
Die Schubspannung ist die auf die Fläche bezogene Kraft, deren Richtung parallel zur Angriffsfläche liegt.

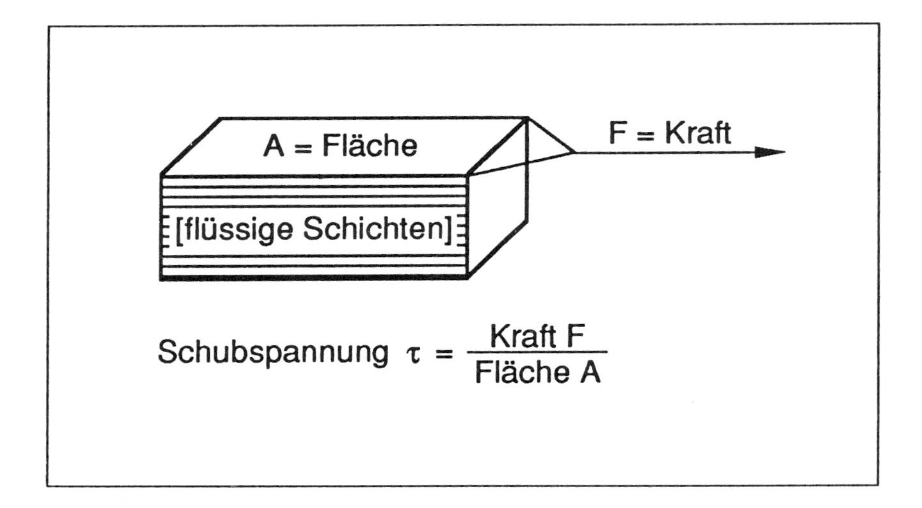

Abb. 3 Definition der Schubspannung

Definition der Schergeschwindigkeit:

In dem Maß, wie sich die Oberfläche unter der Einwirkung der Schubspannung zu bewegen beginnt, zieht sie die nachfolgende Schicht mit sich. Diese zweite Schicht zieht wiederum die dritte mit sich, diese die vierte usw.. Infolge der Zähigkeit wird diese Kettenreaktion durch den rechteckigen Stapel hindurch bis zum Boden übertragen, der fest auf dem Untergrund haften bleibt. Bezeichnet man die Geschwindigkeit der obersten Schicht mit w und die Gesamtdicke der Schicht mit y, so wird der Geschwindigkeitsgradient als Schergeschwindigkeit definiert.

Die Fließeigenschaften eines Stoffes können nun in Form von Fließkurven oder Viskositätskurven dargestellt werden.

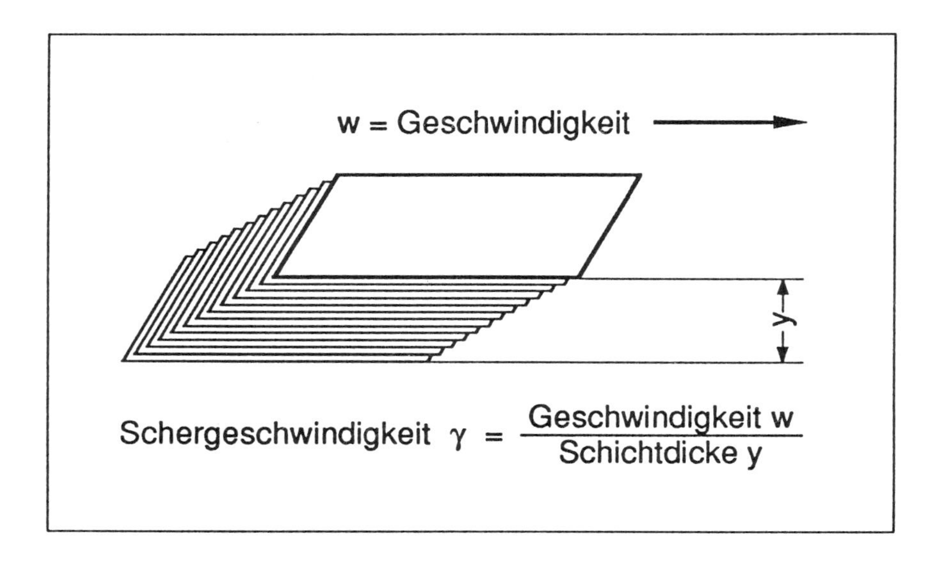

Abb 4. Definition der Schergeschwindigkeit

Newton'sche Flüssigkeiten:

Ideal viskoses Fließverhalten tritt bei den meisten Flüssigkeiten wie z.B. Wasser, Öle, Milch auf. Sie gehorchen der Newton'schen Gesetzmäßigkeit zumindest annähernd und werden dementsprechend als Newton'sche Flüssigkeiten bezeichnet.

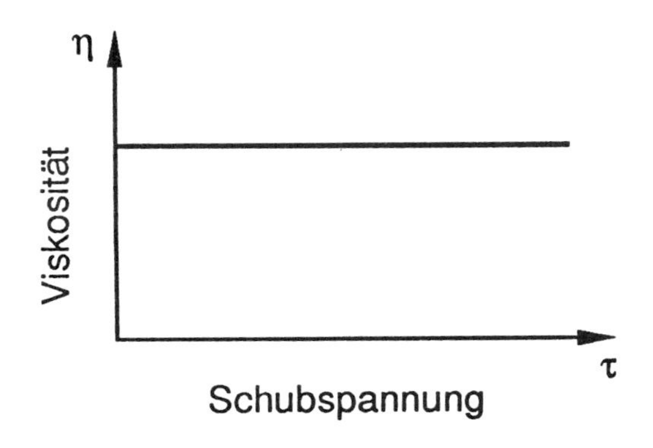

Abb. 5 η-τ-Diagramm für Newton'sche Flüssigkeiten

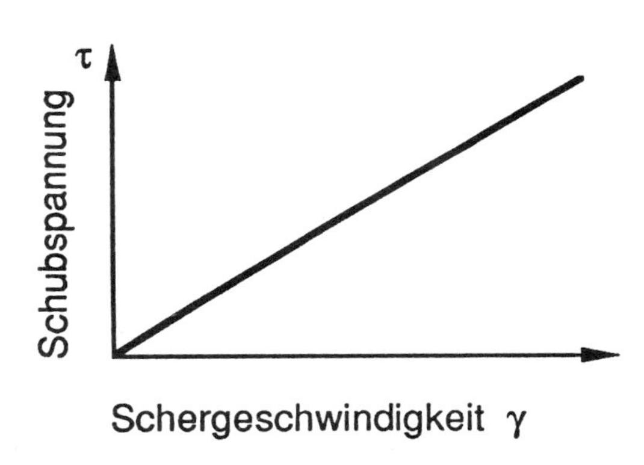

Abb. 6 τ-γ-Diagramm für Newton'sche Flüssigkeiten

Nicht Newton'sche Flüssigkeiten:

Pseudoplastisches Fließverhalten:
(Strukturviskosität oder auch Pseudoplastizität)

Zeitunabhängiges, versteifendes Fließverhalten

Bei strukturviskosen Stoffen sinkt die Viskosität mit zunehmender Schergeschwindigkeit. Bei jeder gegebenen Schergeschwindigkeit ist die Viskosität konstant. Sobald die Schergeschwindigkeit steigt, bricht die rheologische Struktur zusammen und die Viskosität nimmt ab. Mit sinkender Schergeschwindigkeit baut sich die Struktur wieder auf.

Beispiele:
Hochmolekulare Stoffe wie Polymere, Spinnlösungen, Farben, Latex, Papierbrei

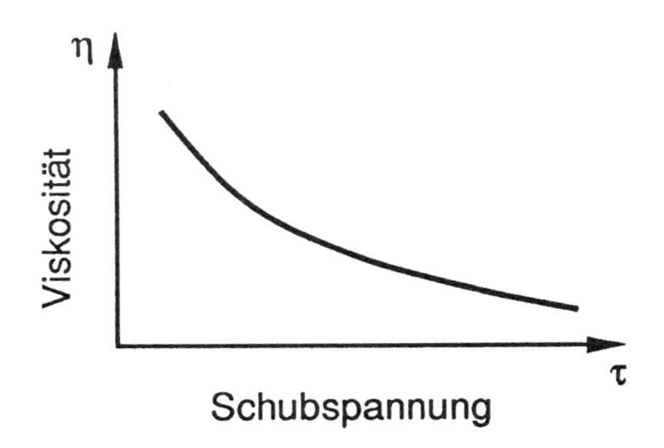

Abb. 7 η-τ-Diagramm für Nicht-Newton'sche Flüssigkeiten

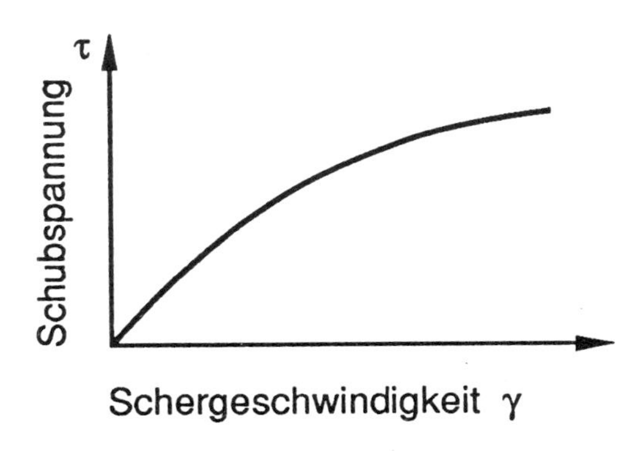

Abb. 8 τ-γ-Diagramm für Nicht-Newton'sche Flüssigkeiten

Dilatantes Fließverhalten

Zeitunabhängiges, versteifendes Fließverhalten.

Bei dilatanten Systemen nimmt die Viskosität mit wachsender Schergeschwindigkeit zu, d.h. es zeigt genau das umgekehrte Verhalten wie die Strukturviskosität. Dieses Fließverhalten ist in der Praxis relativ selten.
Im Extremfall können solche Stoffe bei sehr großen Schubspannungen so viskos werden, daß ein Bruch in der Substanz auftreten kann.

Beispiele:
Reisstärke in Wasser, Schlagsahne, Glasurmassen und Erdnußbutter.

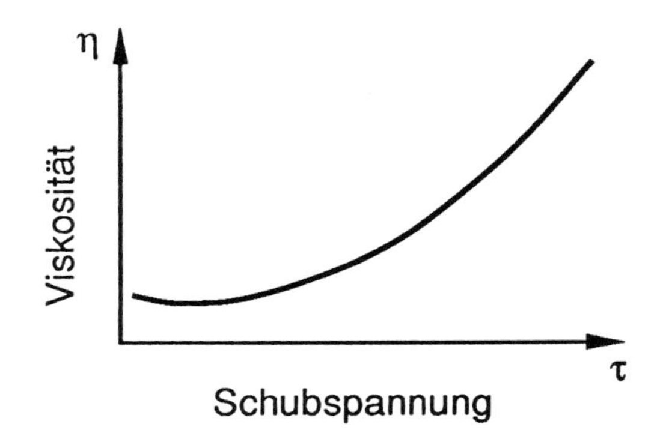

Abb.9 η-τ-Diagramm für Flüssigkeiten mit dilatantem Fließverhalten

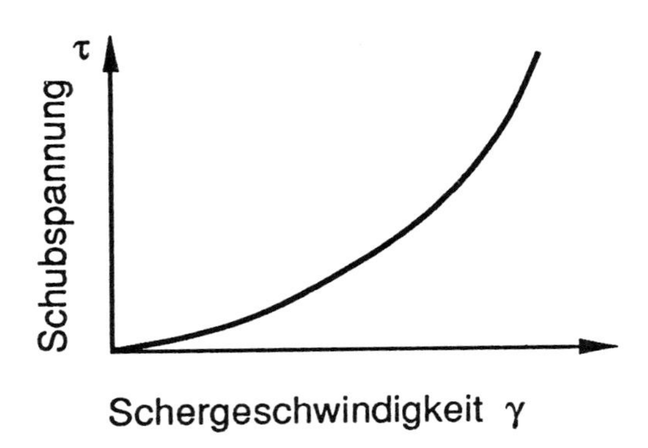

Abb. 10 τ-γ-Diagramm für Flüssigkeiten mit dilatantem Fließverhalten

Plastisches Fließverhalten

Zeitunabhängiges, verdünnendes Fließverhalten:

Die Flüssigkeiten plastischer Art sind dadurch gekennzeichnet, daß ein Fließen erst nach Überwinden einer bestimmten Schubspannung einsetzt. Das danach einsetzende Verhalten kann pseudoplastisch oder dilatant sein. Dies ist bei dispersen Stoffsystemen (Flüssigkeiten mit Feststoffen von annähernd kugeliger Form) der Fall.
Unterhalb dieser Grenze verhält sich ein disperses Stoffsystem wie ein fester Körper und ist als solcher plastisch verformbar.

Beispiele:
Eiweiß, Schokoladenmasse, Schmierfette, Zahnpasta

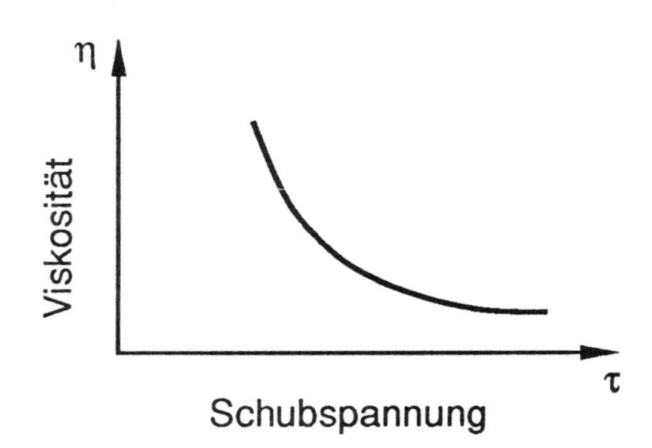

Abb.11 η-τ-Diagramm für Flüssigkeiten mit plastischem Fließverhalten

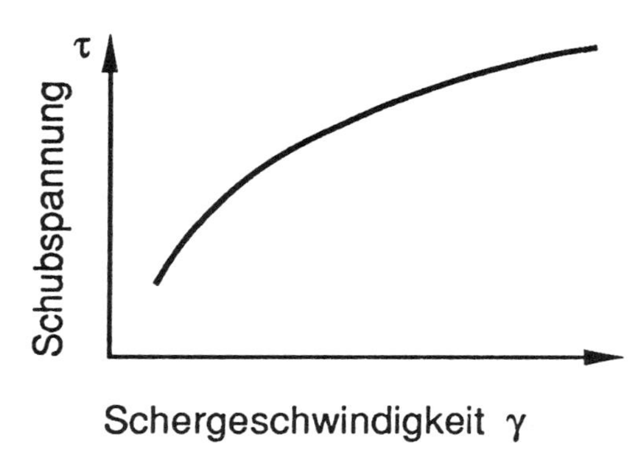

Abb. 12 τ-γ-Diagramm für Flüssigkeiten mit plastischem Fließverhalten

Elastoviskoses Fließverhalten

Elastoviskose Stoffe zeigen das Verhalten sowohl von elastischen Feststoffen als auch von Flüssigkeiten. Medien dieser Art zeigen den sogenannten Weissenberg-Effekt, d.h. anstatt einer Trombenbildung klettert das Material an der Welle hoch oder es kommt zur Strömungsumkehr in der Umgebung eines radial fördernden Rühr- oder Mischwerkzeuges.

Zeitabhängiges Fließverhalten:

Zusätzlich zur Abhängigkeit der Viskosität von der Schergeschwindigkeit liegt bei Nicht-Newton'schem Verhalten auch noch häufig Zeitabhängigkeit vor.

Thixotropes Fließverhalten (Thixotropie)

Zeitabhängiges, verdünnendes, reversibles Fließverhalten.

Es tritt bei Stoffen auf, deren Viskosität mit zunehmender mechanischer Beanspruchung abnimmt, deren strukturelles Gefüge sich jedoch nach einer gewissen Ruhezeit wieder auf den ursprünglichen Zustand zurückbildet (in manchen Fällen auf einem niedrigeren Niveau). Man bezeichnet dies auch als reversible Gel-Sol-Umwandlungen.

Beispiele:

Kaolinit, Sirup, Schmalz, Magerquark, Tonsuspensionen, Anstrichfarben, Honig, Mayonnaise, Lacke, Schlämme

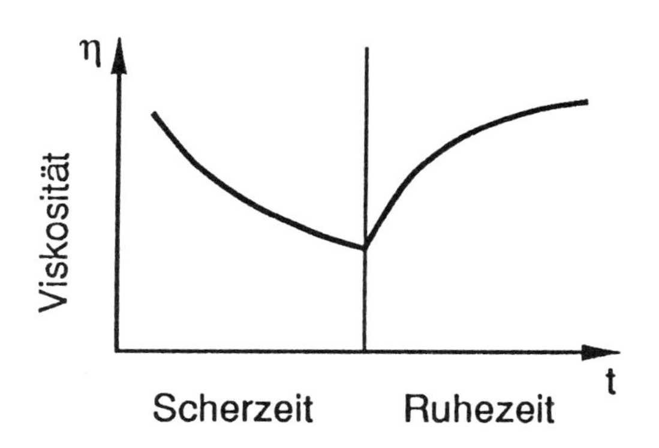

Abb. 13 η-t-Diagramm für Stoffe mit thixotropem Fließverhalten

Unechte Thixotropie

Zeitabhängiges, verdünnendes, irreversibles Fließverhalten.

Es tritt bei Substanzen auf, deren Viskosität bzw. Struktur sich nach einer gewissen zeitlichen mechanischen Einwirkung nicht wieder aufbaut. Es findet in der Ruhezeit kein Gel-Aufbau mehr statt.

Beispiel:
Joghurt

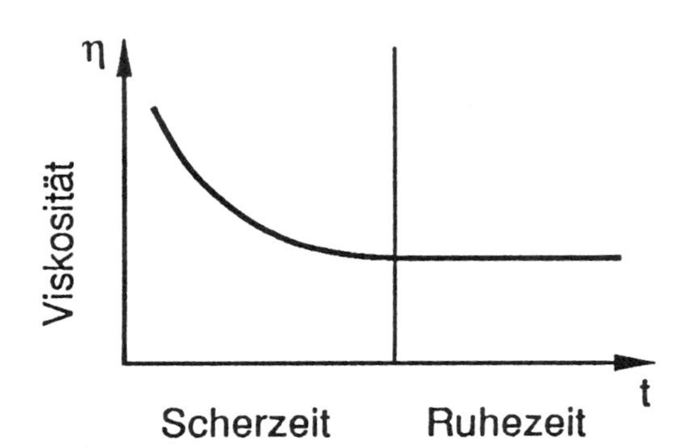

Abb. 14 η-t-Diagramm für Stoffe mit unecht-thixotropen Fließverhalten

Rheopexes Fließverhalten

Zeitabhängiges, versteifendes reversibles Fließverhalten:

Hier handelt es sich um solche Substanzen, deren Viskosität mit wachsender mechanischer Beanspruchung zunimmt, deren Struktur sich jedoch nach einer gewissen Ruhezeit wieder auf den ursprünglichen Zustand zurückbildet (in manchen Fällen auf einem höheren Niveau). - Reversible Gel-Sol-Umwandlung

Beispiele:
Bentonitsole, Gips-Wasser-Suspensionen, Vanadinoxid-Suspension, Seifensole

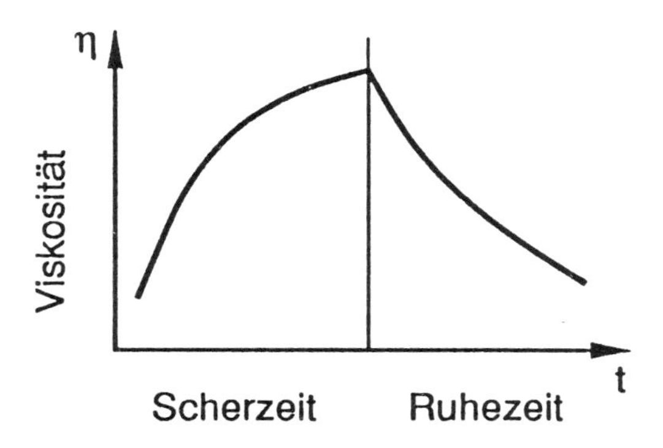

Abb. 15 η-t-Diagramm für Stoffe mit rheopexem Fließverhalten

Analog zur unechten Thixotropie können rheopexe Systeme ebenfalls irreversibel sein, d.h. ihre ursprüngliche Struktur nicht wieder herstellen.

Die beschriebenen Systeme des Fließverhaltens sind lediglich als Modellbeschreibung aufzufassen. In der Praxis sind Übergänge und Abhängigkeiten zu beobachten. So können z.B. gewisse Substanzen durch Zugabe von anderen Substanzen, Temperatur- und Druckbeeinflussung ihr Fließverhalten ändern.
Weiterhin setzt die Newton'sche Gleichung folgende Bedingungen voraus :

- Laminaren Strömungsverlauf
- Idealviskoses Fließverhalten
- Scherung zwischen zwei parallelverschobenen Platten

In der Praxis hat man es jedoch fast immer zu tun mit:

- Strömungszuständen, die teils laminar, teils turbulent verlaufen
- Unterschiedlichen, zum Teil voneinander unabhängigem (interdependentem) Fließverhalten
- komplexer Bauform von Mischergehäusen und Einbauten, sowie unterschiedlicher Spaltgeometrie

[3], [4], [5]

Umrechnungstabellen:

Da die SI-Einheiten noch immer nicht überall eingeführt sind, können die Umrechnungen der verschiedenen Einheiten für die dynamische Viskosität und die kinematische Viskosität nach den nachfolgenden Tabellen leicht durchgeführt werden.

Dynamische, Viskosität (η)

	Pa s (N s/m^2) (kg/s m)	mPa s (mN s/m^2)	cP	kg*s/m^2	kg*h/m^2	lbm/ft s	lbm/ft h	lbf s/sq.ft
1 Pa s =	1	$1{,}0 \cdot 10^{3}$	$1{,}0 \cdot 10^{3}$	$1{,}020 \cdot 10^{-1}$	$2{,}833 \cdot 10^{-5}$	$6{,}720 \cdot 10^{-1}$	$2{,}419 \cdot 10^{3}$	$2{,}089 \cdot 10^{-2}$
mPa s	$1{,}0 \cdot 10^{-3}$	1	1,0	$1{,}020 \cdot 10^{-4}$	$2{,}833 \cdot 10^{-8}$	$6{,}720 \cdot 10^{-4}$	2,419	$2{,}089 \cdot 10^{-5}$
cP	$1{,}0 \cdot 10^{-3}$	1,0	1	$1{,}020 \cdot 10^{-4}$	$2{,}833 \cdot 10^{-8}$	$6{,}720 \cdot 10^{-4}$	2,419	$2{,}089 \cdot 10^{-5}$
kg*s/m^2	9,807	$9{,}807 \cdot 10^{3}$	$9{,}807 \cdot 10^{3}$	1	$2{,}778 \cdot 10^{-4}$	6,589	$2{,}373 \cdot 10^{4}$	$2{,}048 \cdot 10^{-1}$
kg*h/m^2	$3{,}530 \cdot 10^{4}$	$3{,}530 \cdot 10^{7}$	$3{,}530 \cdot 10^{7}$	$3{,}60 \cdot 10^{3}$	1	$2{,}373 \cdot 10^{4}$	$8{,}539 \cdot 10^{7}$	$7{,}374 \cdot 10^{2}$
lbm/ft s	1,488	$1{,}488 \cdot 10^{3}$	$1{,}488 \cdot 10^{3}$	$1{,}517 \cdot 10^{-1}$	$4{,}214 \cdot 10^{-5}$	1	$3{,}60 \cdot 10^{3}$	$3{,}108 \cdot 10^{-2}$
lbm/ft h	$4{,}134 \cdot 10^{-4}$	$4{,}134 \cdot 10^{-1}$	$4{,}134 \cdot 10^{-1}$	$4{,}217 \cdot 10^{-5}$	$1{,}171 \cdot 10^{-8}$	$2{,}778 \cdot 10^{-4}$	1	$8{,}631 \cdot 10^{-6}$
lbf s/sq.ft	$4{,}788 \cdot 10^{1}$	$4{,}788 \cdot 10^{4}$	$4{,}788 \cdot 10^{4}$	4,883	$1{,}356 \cdot 10^{-3}$	$3{,}217 \cdot 10^{1}$	$1{,}158 \cdot 10^{5}$	1

Kinematische Viskosität (ν)

	m^2/s	mm^2/s	m^2/h	cSt	sq.ft/s	sq.ft/h		
1 m^2/s =	1	$1{,}0 \cdot 10^{6}$	$3{,}60 \cdot 10^{3}$	$1{,}0 \cdot 10^{6}$	$1{,}076 \cdot 10^{1}$	$3{,}875 \cdot 10^{4}$		
mm^2/s	$1{,}0 \cdot 10^{-6}$	1	$3{,}60 \cdot 10^{-3}$	1,0	$1{,}076 \cdot 10^{-5}$	$3{,}875 \cdot 10^{-2}$		
m^2/h	$2{,}778 \cdot 10^{-4}$	$2{,}778 \cdot 10^{2}$	1	$2{,}778 \cdot 10^{2}$	$2{,}989 \cdot 10^{-3}$	$1{,}076 \cdot 10^{1}$		
cSt	$1{,}0 \cdot 10^{-6}$	1,0	$3{,}60 \cdot 10^{-3}$	1	$1{,}076 \cdot 10^{-5}$	$3{,}875 \cdot 10^{-2}$		
sq.ft/s	$9{,}290 \cdot 10^{-2}$	$9{,}290 \cdot 10^{4}$	$3{,}346 \cdot 10^{2}$	$9{,}290 \cdot 10^{4}$	1	$3{,}60 \cdot 10^{3}$		
sq.ft/h	$2{,}581 \cdot 10^{-5}$	$2{,}581 \cdot 10^{1}$	$9{,}290 \cdot 10^{-2}$	$2{,}581 \cdot 10^{1}$	$2{,}778 \cdot 10^{-4}$	1		

[14]

Umrechnungstafel der verschiedenen Viskositätsskalen

Viskositäten können in verschiedenen Einheiten ermittelt werden. Um die Umrechnung der kinematischen Viskosität in die SI-Einheit durchzuführen, kann man sich nachfolgendem Diagramm bedienen.

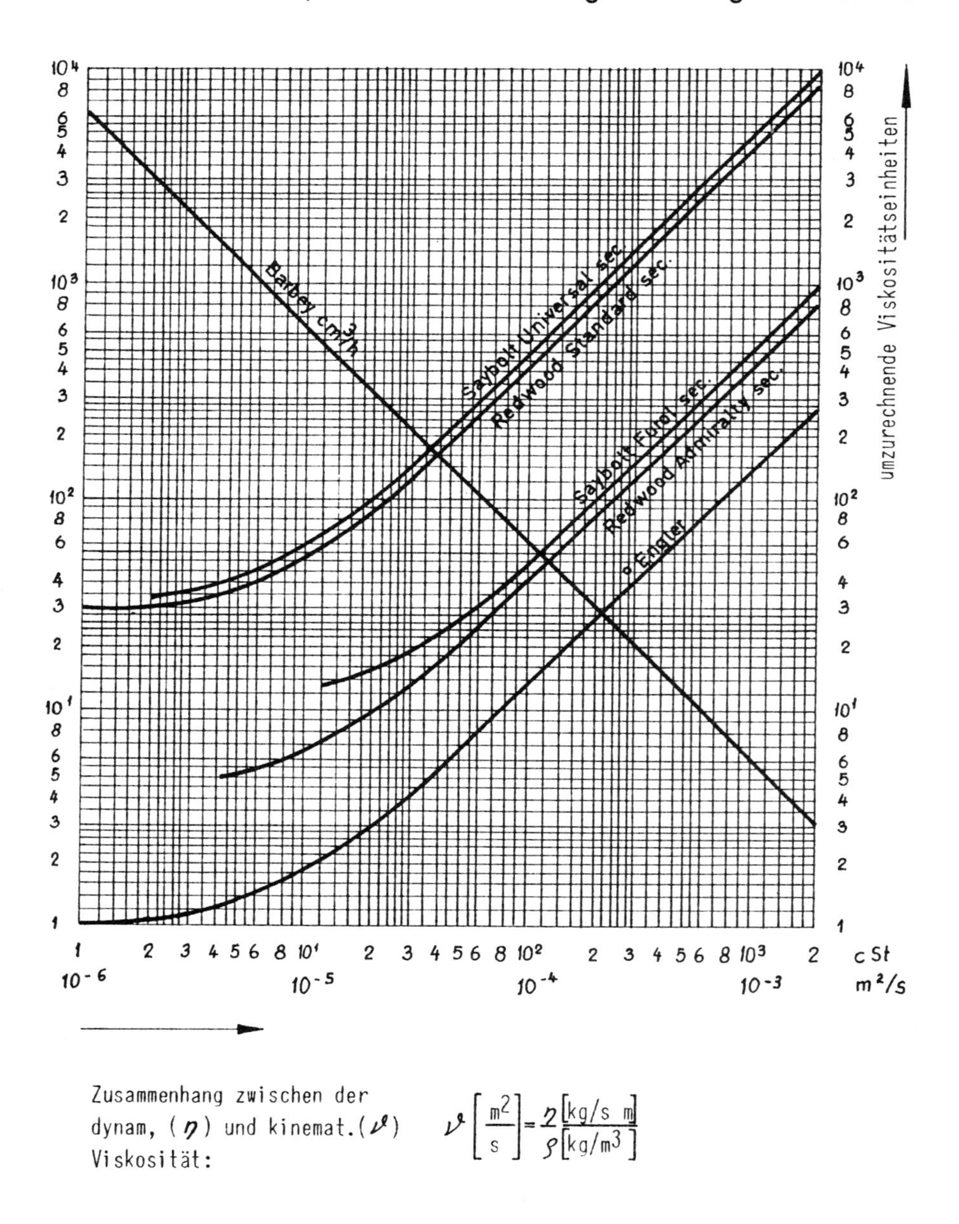

Zusammenhang zwischen der dynam. (η) und kinemat. (ν) Viskosität:

$$\nu\left[\frac{m^2}{s}\right] = \frac{\eta\,[kg/s\,m]}{\rho\,[kg/m^3]}$$

Abb.18 Umrechnungstafel der verschiedenen Viskositätstafeln [14]

1. Mechanische Mischer

1. Mechanische Mischer

In diese Gruppe sind alle Mischmaschinen eingeordnet, bei denen die Mischenergie mechanisch zugeführt wird. Dies kann über Schnecken, Knetschaufeln, Messer, Messerscheiben, Rührer und Sonderkonstruktionen, wie z.B. im Pflugscharmischer, geschehen. Auch Kombinationen verschiedener Systeme sind möglich (vgl. Kap. 1.1.2.1.1.2.3.1 Prozeßmischanlage mit mehreren parallelen Mischwellen).

Wir unterteilen die mechanischen Mischer in:

- solche mit zwangsläufigen Mischbewegungen, wie sie bei äußerem Antrieb und vorgegebener Behälterform auftreten
- Freifallmischer, bei denen das Mischgut eher zufällig abrutscht und sich so vermischt
- Rührwerke, die beim Mischen von Flüssigkeiten und niederviskosen Stoffen durch Strömungen einen Mischeffekt erzielen
- Homogenisiermühlen, die durch Scherkräfte Agglomerate zerteilen und dadurch das Produkt homogenisieren.
- Schüttelmischer, die den Mischeffekt durch rotatorische und translatorische Bewegungen des Mischbehälters erreichen.

1.1 Zwangsläufige Mischgutbewegungen

Diese Gruppe umfaßt Mischer mit äußerem Antrieb, bei denen die Mischenergie über eine oder mehrere Wellen und ein oder mehrere daran befestigte Mischwerkzeuge in das Mischgut eingebracht wird. Aus der spezifischen Antriebsleistung und der spezifischen Wärmekapazität des Mischgutes kann die spezifische Temperatursteigerung des Mischgutes errechnet werden. Diese liegt zwischen wenigen °C/h und mehreren °C/s.
Es gibt Mischprozesse, bei denen bewußt durch eine hohe spezifische Mischenergie die Temperatur durch Mischreibung bzw. thermokinetische Aufheizung erhöht wird. Die Temperaturerhöhung ist erwünscht, wenn Mischgutbestandteile während des Mischens geschmolzen werden müssen, bzw. ein bestimmter Mischungszustand erst erreicht wird, wenn die betreffenden Anteile geschmolzen sind. Typische Beispiele sind u.a. pechgebundene Kohlenstoffmassen, Kunststoffmischungen, wachs- bzw. paraffinhaltige Mischungen.
Andere Mischgüter werden bei Überschreitung einer bestimmten Temperatur negativ beeinflußt. Solche Güter dürfen nur kurz oder gar nicht einer hohen spezifischen Mischenergie ausgesetzt werden, ohne daß der Mischer gekühlt wird.

Bauarten von Zwangsmischern

Die im folgenden unter 1.1 zusammengefaßten Mischertypen werden Zwangsmischer genannt, was bedeutet, daß auf die Mischgüter durch die Mischwerkzeuge ein Zwang ausgeübt wird. Diese Gruppe wird nun, ohne die Lage des Antriebs und der Mischwellen zu berücksichtigen, nach ihrer Wirkungsweise unterteilt in:

- Schubmischer
- Wurfmischer
- Intensivmischer
- Knetmischer

In der aufgeführten Reihenfolge steigt auch der spezifische Energiebedarf an.

Schubmischer:

Bei Schubmischern werden auf das Mischgut, wie der Name schon sagt, Schubbewegungen ausgeübt. Das heißt, das Umlagern der Mischgutpartikel erfolgt mit Hilfe des Mischwerkzeugs durch Verschieben. Die Drehzahl der meist horizontal angeordneten Mischwelle ist im allgemeinen niedrig und liegt in jedem Fall unter der kritischen Drehzahl. Dies bedingt eine schonende Behandlung des Mischgutes. Zusätzliche Zerkleinerungseffekte und hohe Scherkräfte sind bei diesen Maschinen ihrer ganzen Bauart nach ausgeschlossen.

Wurfmischer:

Die Wurfmischer sind im Prinzip ähnlich wie die Schubmischer aufgebaut. Die Drehzahl ihrer Werkzeuge ist stets überkritisch d.h. daß das Mischgut aus der Schüttung herausgeschleudert wird und breit gefächert auf diese wieder auftrifft. Hierbei bestimmt zusätzlich die Formgebung der Mischwerkzeuge, wie günstig die Wurfbahnen verlaufen. Grundsätzlich muß bei den Wurfmischern über der Füllung genügend freier Raum sein, damit der Wurfeffekt überhaupt ermöglicht wird. Der zulässige Füllungsgrad liegt daher zwischen 60 und 80% des Totraumes. Wurfmischer leisten auch eine gewisse Zerkleinerungsarbeit, was aus den größeren Differenzgeschwindigkeiten resultiert. Die dadurch auch im Mischgut entstehende Reibung macht sich in einer Temperatursteigerung bemerkbar, so daß in manchen Fällen ein Behälterkühlmantel erforderlich ist. Die Anwendung reicht bis zur Verarbeitung hochviskoser Pasten, also in Grenzen, die normalerweise den Knetmischern vorbehalten sind.

Intensivmischer:

Sie bilden eine weitere Steigerung in der Mischintensität. Die Form der Mischwerkzeuge ist meist grundlegend anders als bei Schub- und Wurfmischern. Steht dort noch die Schonung des Mischgutes im Vordergrund, so sind hier hohe Schlag- und Pralleffekte erwünscht. Die Mischwerkzeuge sind fast immer messerartig ausgebildet, die das Mischgut bewegenden Flächen sind verhältnismäßig klein. Infolge der hohen Aufprallenergie wird mit den Mischwerkzeugen eine sehr hohe Turbulenz erzeugt. Die eingeleitete Antriebsenergie wird bei diesen Mischern in noch stärkerem Maße in Wärme umgewandelt, was in manchen Anwendungsfällen, wie etwa der Kunststoffverarbeitung, durchaus erwünscht sein kann; andererseits ist die Mischzeit sehr kurz. Intensivmischer kommen in horizontaler und vertikaler Bauweise vor; ihr Behälterinhalt ist auf 1 000 Liter begrenzt, was durch die sehr hohe benötigte Leistung der Antriebsmotoren begründet ist.

Knetmischer:

Hochviskose, plastische Mischgüter erfordern zur Erzielung der Mischwirkung hohe Scherkräfte; die Teilchen lassen sich nur durch solche gegeneinander verschieben. Knetmischer zeichnen sich deshalb durch robuste Bauweise, stark dimensionierte Mischwerkzeuge und die Einleitung relativ hoher Antriebskräfte aus. Die Antriebsdrehzahlen liegen im allgemeinen niedrig, es treten hohe Drehmomente auf.
Zur Gruppe der Knetmischer sind auch die mit vertikalen Mischflügelwellen ausgerüsteten Planetenmischmaschinen (Kap. 1.1.2.1.1.2.2.3) zu zählen. Ihrer Bauart nach sind sie für pastöse bis teigartige Produkte vorgesehen. Sie beherrschen also den Bereich zwischen den schweren Knetern und den meist einflügeligen, vorwiegend für pulvrige Güter eingesetzten, Hub- bzw. Wurfmischern. Für extrem hohe Belastungen sind die sogenannten Innenkneter oder Innenmischer entwickelt worden. Im prinzipiellen Aufbau entsprechen sie den doppelschaufligen Knetern konventioneller Bauweise, sind insgesamt aber erheblich stärker dimensioniert. Das Bestreben, den Innenmischerprozeß kontinuierlich ablaufen zu lassen, führte zur Entwicklung von Zweiwellengeräten mit innenmischerähnlichen Werkzeugen, den Extrudern. Ihre Antriebsleistung reicht bis hin zu etwa 4 000 kW.

Berücksichtigt man dagegen die Lage des Antriebes, so unterteilt man die Geräte in Mischer mit:

- horizontaler Mischwelle
- vertikaler Mischwelle
- schräger Mischwellenlagerung

Je nach Mischaufgabe und Mischgut muß dann das entsprechende Mischwerkzeug aus der Vielfalt der Angebote ausgewählt werden.
[3], [9]

Bild 1: Mischer mit gegenläufigem Doppelschneckenband-Mischwerk

Bild 2: Mischer in zylindrischer Form mit Einfüllschieber und zwei Entleerungsstellen

Bild 3: Mischer mit Doppelmantel, in Vakuumausführung und stufenloser Drehzahlregelung

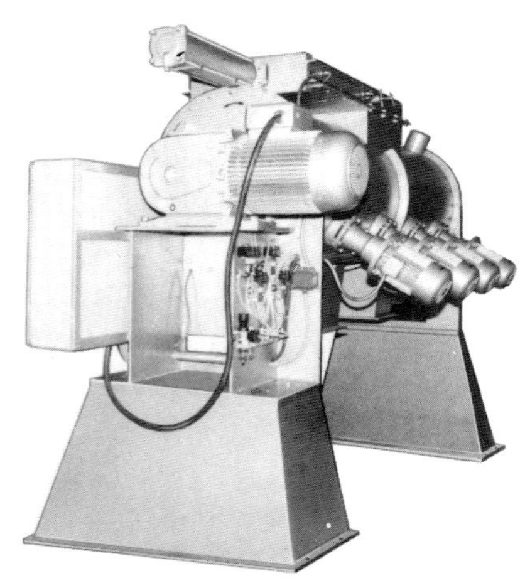

Bild 4: Rückansicht: Mischer mit vier Zerhackern

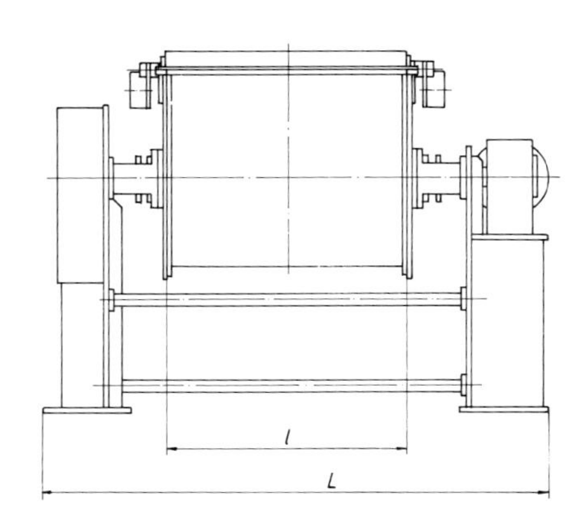

Bild 5: Hauptmaße

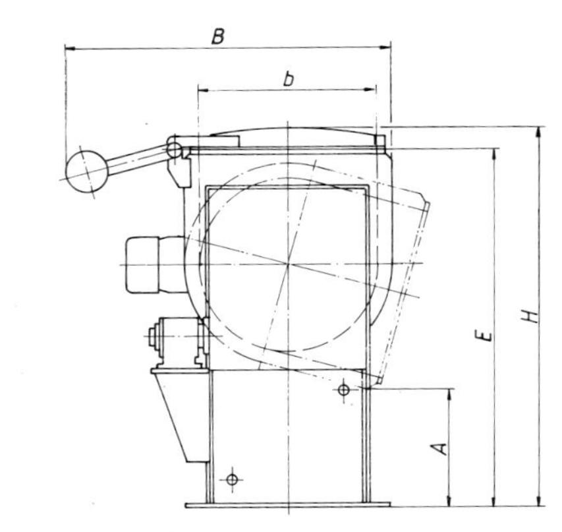

Bild 6: Hauptmaße

Tafel 1: Technische Daten

Type	Inhalt (l) Capacity (l) Capacité (l) Nutz Working Utile	Mischwerk-drehzahlen Agitator Speed Vitesse de Palette 1/min	Durchschn. Kraft-bedarf (kW) Power Consumption (normally) kW Puissance Admise (en moyenne) kW	Abmessungen in mm (unverbindlich) Measurements in mm (without obligation) Dimensions en mm (sans engagement)						
				A	B	E	H	L	b	l
M/SM 20	20	40	0,55 – 1,1	550	920	1020	1100	1110	320	320
M/SM 35	35	39	0,75 – 1,5	550	920	1020	1100	1240	320	450
M/SM 60	60	39	1,1 – 2,2	510	960	1105	1185	1275	430	430
M/SM 100	100	37,5	1,5 – 3,0	510	960	1105	1185	1650	430	650
M/SM 150	150	37,5	2,2 – 4,0	510	1115	1200	1280	1750	540	650
M/SM 200	200	37,5	3,0 – 5,5	430	1270	1270	1350	1850	640	650
M/SM 300	300	37	4,0 – 7,5	430	1270	1270	1350	2110	640	850
M/SM 400	400	35	5,5 – 11,0	430	1380	1500	1580	2110	750	850
M/SM 600	600	30	7,5 – 15,0	525	1550	1625	1705	2305	800	1100

1.1.1.1.1.1.1 Bandschneckenmischer (Schubmischer)

❐ Aufbau:

Horizontal liegender, U-förmiger oder zylindrischer Mischtrog mit zentrischer Mischwelle. Die Entleerung erfolgt bei Laborgrößen durch Kippen des Troges, sonst durch totraumfrei angeordnete Bodenklappen.

❐ Mischwerkzeug:

Einfaches, unterbrochenes oder gegenläufiges Schneckenband z.T. mit Querbarren besetzt.

❐ Mischvorgang:

Die Formgebung des Schneckenbandes erteilt dem Mischgut eine wirbelnde, dreidimensionale Bewegung.
Der Begriff "Schubmischer" drückt aus, daß bei dieser Art von Mischern das Zusammenbringen der Mischgutkomponenten durch Schubbewegungen entlang der Behälterwand und im Mischgut selbst, hervorgerufen durch das Mischwerkzeug, erfolgt.
Der erzwungenen Bewegung ist in begrenztem Maß der freie Fall des Mischgutes überlagert.
Bei einem Doppelschneckenband ist das Mischwerk so angeordnet, daß das Mischgut nach dem Gegenstromprinzip gleichzeitig in horizontaler und vertikaler Richtung bewegt wird. Dabei fördert die äußere Schnecke zur Trogmitte, die Innere zur Trogwand.

❐ Kennzeichen:

➪ Schonendes Mischverfahren
➪ Niedrige Drehzahlen (unter der kritischen Drehzahl)
➪ Praktisch kein Zerkleinerungs- und Scherkrafteffekt
➪ Niedrige Bauweise
➪ Auch schwierige Mischungen (Mischungsverhältnis und unterschiedliche Charakter) mischbar.

❐ Anwendungsgebiete:

- Pulvrige Mischgüter aller Art, fein bis grobkörnig
- Flüssige bis leicht pastöse Stoffe (seltener)
- Einsatzgrenze: Zähes, an den Mischwerkzeugen anbackendes und damit umlaufendes Mischgut (Walzenbildung)

❐ Besonderheiten, Ausstattungsvarianten:

- Druck- und Vakuumbetrieb
- Klumpenbrecher, Homogenisierköpfe, Messerköpfe, Flüssigkeitszugabe
- Heiz- oder Kühlmantel
- Produktberührte Teile aus rostfreiem Stahl oder hochverchromt bzw kunststoffverkleidet
- Beschickungs- und Abfülltrichter, Thermofühler, Explosionsschutz möglich

❐ Baugrößen, Abmessungen, Daten:

Siehe linke Seite

❐ Hersteller:

Linden

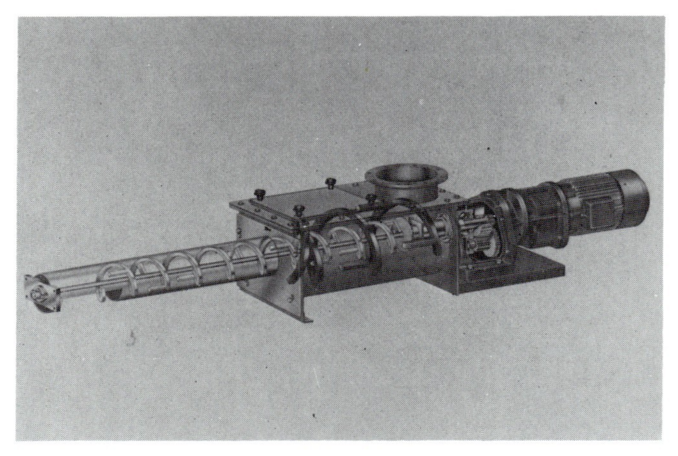

Bild 1: Schnittmodell des Mischers

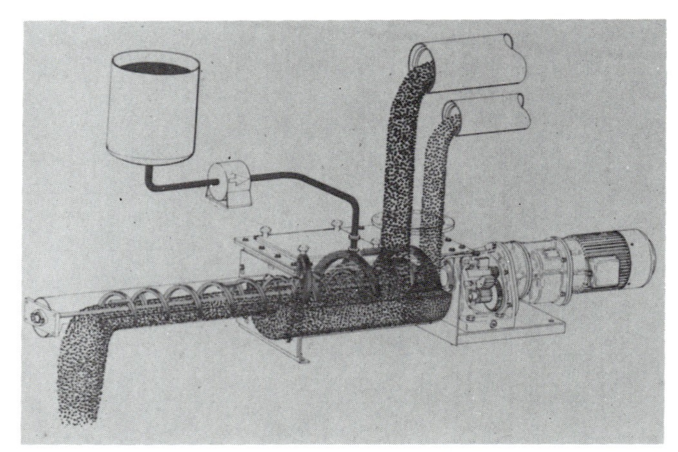

Bild 2

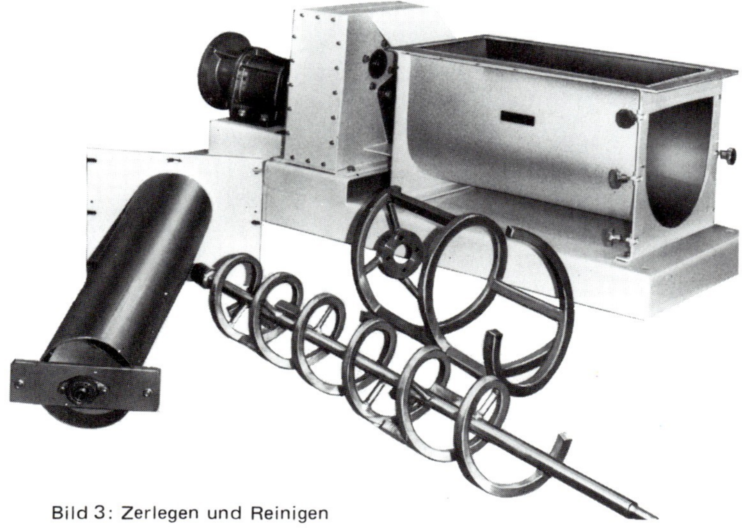

Bild 3: Zerlegen und Reinigen

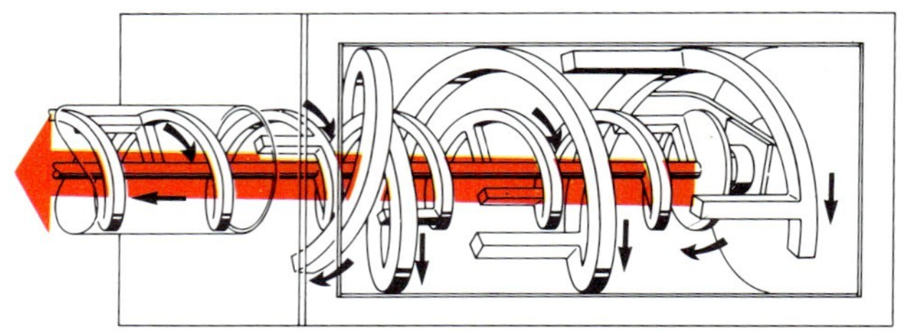

Bild 4: Mischwirkung

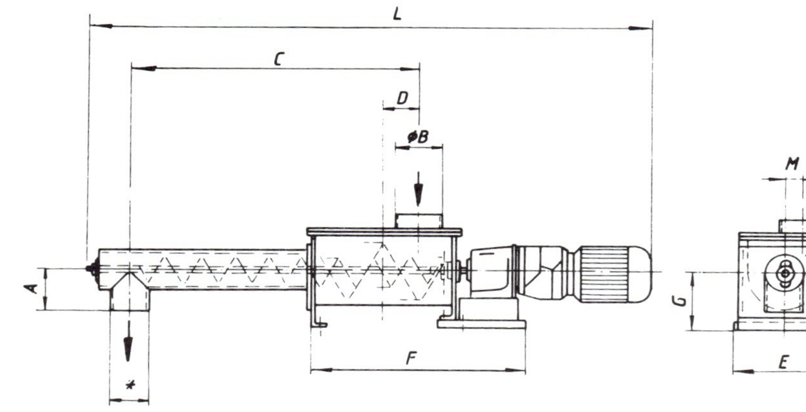

Bild 5: Hauptmaße

Tafel 1: Technische Daten

Mischer Typ	Durchsatz-Leistung max. l/h	A max.	B	C	D	E	F	G	H	L max.	M	Gewicht (kg)
GAC 307	1200	120	100	580	80	290	610	160	360	1460	30	100
GAC 351	3800	160	200	1225	195	400	920	200	430	2360	45	300
GAC 361	8500	200	250	1610	225	520	1100	310	600	2860	70	430
GAC 371	15800	240	300	1640	250	620	1266	360	720	3216	65	500
GAC 380	42000	350	max. 400	2450	300	850	2400	500	920	4700	max. 100	960

* Maß - richtet sich nach max. Durchsatzleistung

1.1.1.1.1.1.2 Bandschneckendurchlaufmischer

❐ Aufbau:

Mischbehälter als U-förmiger Trog, zylindrisches Austragsrohr

❐ Mischwerkzeug:

Gleichlaufendes Schneckenband, wobei das Innere bis ans Ende des Austragsrohres reicht. Das äußere und innere Schneckenband ist mit horizontalen Mitnehmerstäben besetzt.

❐ Mischvorgang:

Beide Bandschnecken haben gleichen Drehsinn, aber die äußere Bandschnecke dreht sich langsamer. Durch die parallel zur Achse drehenden Mitnehmerstäbe wird das Produkt tangential bewegt und angehoben. Durch sein Eigengewicht fällt es vom Bereich der äußeren Schnecke in den der inneren, schneller drehenden Schnecke. Dadurch wird das Mischgut in sämtliche Raumachsen bewegt. Gleichzeitig entsteht ein übergeordneter Strom zum Auslauf hin. Die innere Schnecke dient gleichzeitig dazu, das Produkt auszutragen, wobei die Mischwirkung im Rohr weiter stattfindet.

❐ Kennzeichen:

- ➪ Schonendes Mischverfahren für feste Komponenten
- ➪ Kurze Verweilzeit (unter 30 s)
- ➪ Sehr hohe Mischhomogenität, auch bei kleinen Komponentenanteilen (bis 1:10 000) und bei Flüssigkeitszugabe
- ➪ Geringer Platzbedarf gegenüber Chargenmischer
- ➪ Niedrige Drehzahlen (unter der kritischen Drehzahl)
- ➪ Mischung von niedrigviskosen Stoffen möglich
- ➪ Keine Entmischung
- ➪ Einfache Reinigung, da zerlegbar
- ➪ Investitionskosten günstig bei Mischung von 2 bis 3 Komponenten

❐ Anwendungsgebiete:

- Pulvrige Mischgüter aller Art, fein bis grobkörnig (Pulver, Granulate, Pellets, Fasern, Flocken, auch bruchempfindliche Güter möglich)
- Flüssige bis leicht pastöse Stoffe

❐ Besonderheiten, Ausstattungsvarianten:

- Druckstoßfeste oder druckfeste Ausführung
- Flüssigkeitszugabe
- Schutzgasüberlagerung
- Heiz-/Kühlmantel
- Zugehörige Steuerung und Regelung, frei oder fest programmiert, eventuell in Verbindung mit einer vorhandenen EDV-Anlage

❐ Baugrößen, Abmessungen, Daten:

Durchsatzleistung 1 200 bis 42 000 l/h
Siehe Tabelle linke Seite

❐ Hersteller:

Gericke

Bild 1: Kontinuierlicher Pflugscharmischer Typ KM 3000

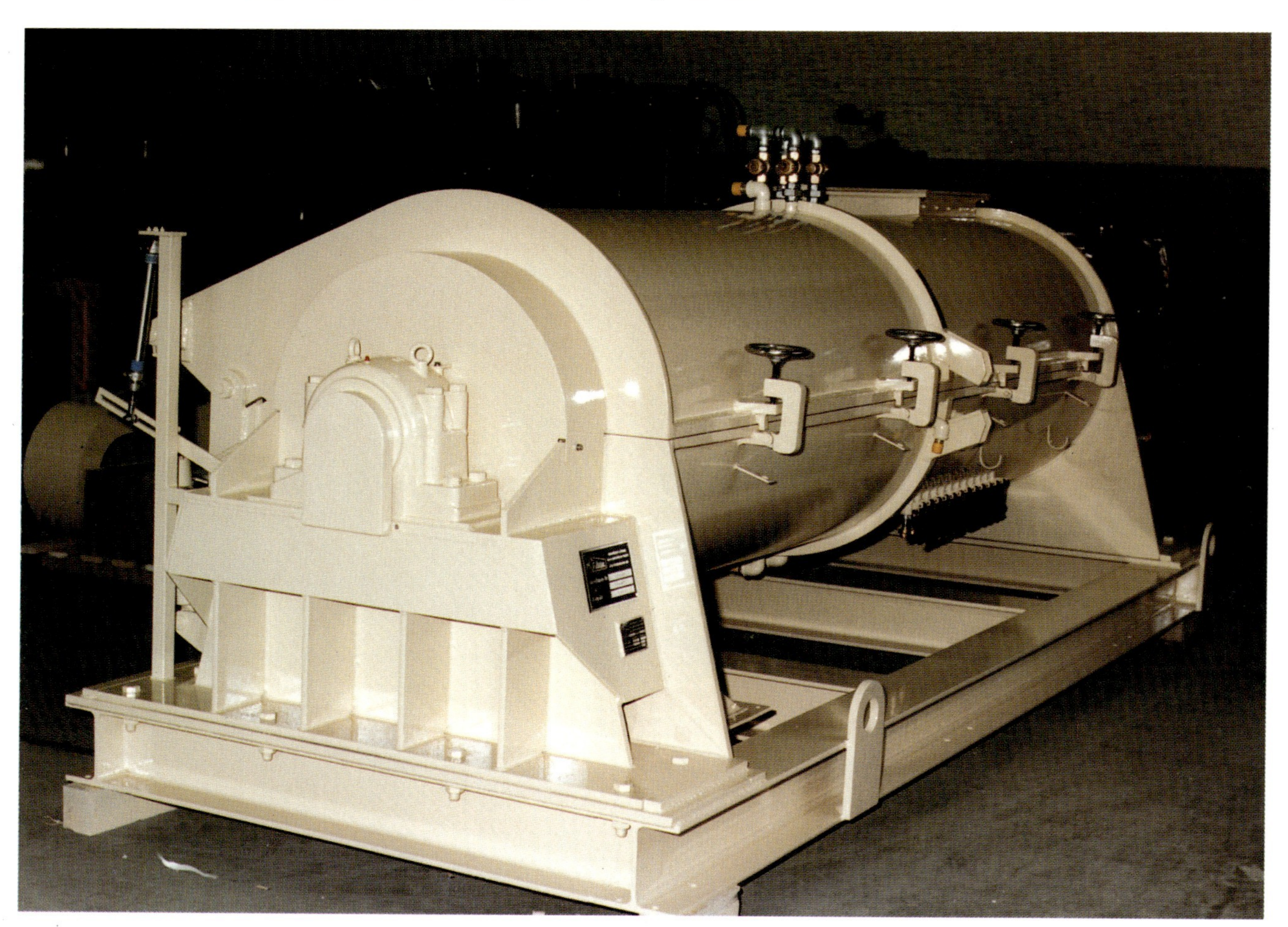

Bild 2: Hochtouriger kontinuierlicher Mischer Typ CB

1.1.1.1.1.2.1 Kontinuierlicher Pflugscharmischer

❒ Aufbau:

Horizontaler, zylindrischer Behälter mit zentrischer Mischwerkzeugwelle

❒ Mischwerkzeug:

Pflugscharähnliche, wandnahe Wurf- und Schleuderschaufeln, die auf einer Welle versetzt angeordnet sind.

❒ Mischvorgang:

In einem horizontalen, zylindrischen Mischbehälter rotieren wandnah auf der Welle versetzte, pflugscharähnliche Mischwerkzeuge, deren Größe, Anordnung, Umfangsgeschwindigkeit und geo-metrische Form so bemessen und aufeinander abgestimmt sind, daß sie das Schüttgut aus dem Gutbett in den freien Mischerraum schleudern und der Fliehkraft entgegenwirkend von der Trommelwand abheben.
Dies so - bei einer Froude-Zahl > 1 - erzeugte mechanische Wirbelbett bewirkt unter ständiger Erfassung der gesamten Mischgutmenge intensive Vermischung - auch bei hohen Mischgutdurchsätzen sowie kurzen Verweilzeiten. Durch die Formgebung der Mischwerkzeuge wird das Mischgut von der Trommelwand abgehoben und somit ein Quetschen der Partikel zwischen Wand und Werkzeug vermieden. Bei anderen spezifischen Anforderungen können die Mischwerkzeuge auch nichtabhebend eingestellt werden.

❒ Kennzeichen:

➪ Produktschonendes Kontinuierlichmischverfahren
➪ Betrieb bei überkritischer Drehzahl
➪ Füllstand: 20 bis 50 % des Behältervolumens
➪ Breites Einsatzgebiet

❒ Anwendungsgebiete:

- Trockenstoffe: pulverförmig, körnig, kurzfasrig
- Trockenstoffe und Flüssigkeiten (Befeuchtung)
- Flüssigkeiten und Pasten in weitem Viskositätsbereich
- Komponenten, die hinsichtlich Mengenverhältnis, Schüttgewicht oder Körnung/Spektrum extreme Differenzen aufweisen, werden mit hoher Mischgenauigkeit bei kurzen Verweilzeiten vermischt.
- Mischen, Reagieren, Granulieren, Suspendieren, Dispergieren, Befeuchten, Agglomerieren, Verdichten

❒ Besonderheiten, Ausstattungsvarianten:

- Befeuchtungseinrichtung
- Ein- und Mehrstufenmesserköpfe, Dispergatoren, Mahleinrichtungen (zum Aufschluß von Agglomeraten)
- Heiz-/ Kühl- bzw. Druckmantel
- Stollenschaufel (wirkt Ansatzbildung entgegen)
- Mischtrommeln und Mischwerkzeuge mit Sonderbeschichtungen möglich
- Elektromagnetische Deckelverriegelung

❒ Baugrößen, Abmessungen, Daten:

Trommelinhalt von 150 bis 50 000 l
Durchflußmenge bei 1 min Verweilzeit: ca 1 800 bis 1 500 000 l/h
Druckbereich 50 bar bis 10^{-5} mbar bei speziellen Granulier-Trocknertypen
Temperaturbereich von -20 °C bis +600 °C möglich (Produkt !)

❒ Hersteller:

Lödige, Morton Machine

Bild 1 und Bild 2: Pflugschar-Chargen-Mischer

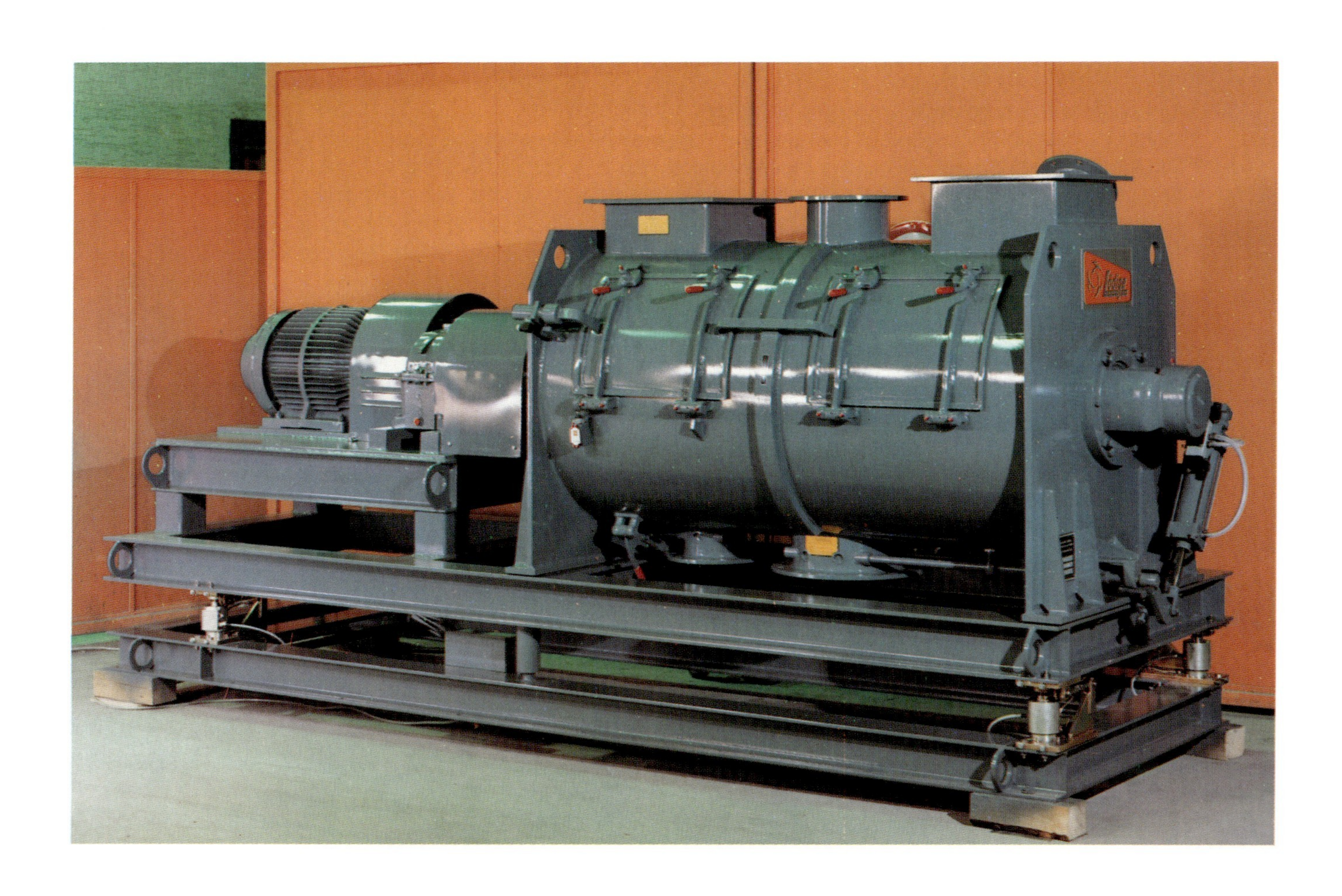

1.1.1.1.1.2.2 Diskontinuierlicher Pflugscharmischer

❐ Aufbau:

Horizontaler, zylindrischer Behälter mit zentrischer Mischwerkzeugwelle

❐ Mischwerkzeug:

Pflugscharähnliche oder modifizierte, wandnahe Wurf- und Schleuderschaufeln, die auf einer Welle versetzt angeordnet sind.

❐ Mischvorgang:

In dem horizontalen Mischbehälter rotieren versetzt auf einer Welle angeordnete pflugscharähnliche Mischwerkzeuge, die in Größe, Anzahl, Anordnung, geometrischer Form und Umfangs-geschwindigkeit derart auf die Geometrie des Mischbehälters abgestimmt sind, daß sie das Mischgut in eine dreidimensionale Bewegung zwingen und die Komponenten intensiv vermischen, auch wenn die Stoffe hinsichtlich Mengenverhältnis, Schüttgewicht oder Körnung/Spektrum extreme Differenzen aufweisen. Durch die Mischwerkzeuge wird das Schüttgut in den freien Mischerraum geschleudert und der Fliehkraft entgegenwirkend von der Trommelwand abgehoben. Dies so - bei einer Froude-Zahl > 1 - erzeugte mechanische Wirbelbett bewirkt unter ständiger Erfassung der gesamten Mischgutmenge intensive Vermischung, auch bei hohen Mischgutdurchsätzen, sowie kurze Verweilzeiten. Durch die Formgebung der Mischwerkzeuge wird das Mischgut von der Trommelwand abgehoben und somit ein Quetschen der Partikel zwischen Wand und Werkzeug vermieden. Bei abweichenden, komponentenspezifischen Anforderungen können die Mischwerkzeuge auch z.B. nichtabhebend eingestellt werden.

❐ Kennzeichen:

➪ Schnelles, produktschonendes Chargenmischverfahren
➪ Betrieb bei überkritischer Drehzahl
➪ Ausgangs- und Endfüllstand ca. 60 bis 80 % des Behältervolumens
➪ Breites Einsatzgebiet
➪ Bis Mengenverhältnis 1:100 000 verwendbar

❐ Anwendungsgebiete:

- Trockenstoffe: pulverförmig, körnig, kurzfasrig
- Trockenstoffe und Flüssigkeiten (Befeuchtung)
- Flüssigkeiten und Pasten in weitem Viskositätsbereich
- Mischen, Reagieren, Granulieren, Suspendieren, Dispergieren, Befeuchten, Agglomerieren, Verdichten in allen Anwendungsbereichen des industriellen Mischens der Chemischen, der Pharmazeutischen, der Food-, der EV-, der Baustoff- und sonstigen Grundstoffindustrie sowie des Umweltschutzes
- Für Feinchemikalien, Agrarchemikalien, Pflanzenschutz, Pharmagrundstoffe, Preßmassen und Reibbeläge, Alkoholate, Antibiotika, Hormonpräparate, Arzneimittelgemische, Kosmetika, Süßwaren und Lebensmittel (Kakaokonditionierung, Pralinenfüllmassen, Aromastoffe, Extrakte, Bonbonmassen, etc.) werden vorwiegend DVT-Vakuum-Mischtrockner eingesetzt.

❐ Besonderheiten, Ausstattungsvarianten:

- Elektromagnetische Deckel- und Reinigungsklappenverriegelung
- Ein- und Mehrstufenmesserköpfe, Dispergatoren, Mahleinrichtungen, (zum Aufschluß von Agglomeraten und Verklumpungen)
- Heiz-/Kühl- bzw. Druckmantel
- DVT-Ausführungen
- Stollenschaufeln
- Mischtrommel und Mischwerkzeuge mit Sonderbeschichtungen möglich

❐ Baugrößen, Abmessungen, Daten:

Nutzinhalt von 5 bis 50 000 l
Durchsatzleistungen bedingt durch produkt- und maschinenspezifische Taktzeit
Antriebsleistungen vom jeweiligen Mischgut und der Aufgabenstellung abhängig
Druckbereiche von 50 bar bis 10^{-5} mbar
Maschinenauslegung in Temperaturbereichen von -20 °C bis +600 °C

❐ Hersteller:

Lödige, Morton Machine

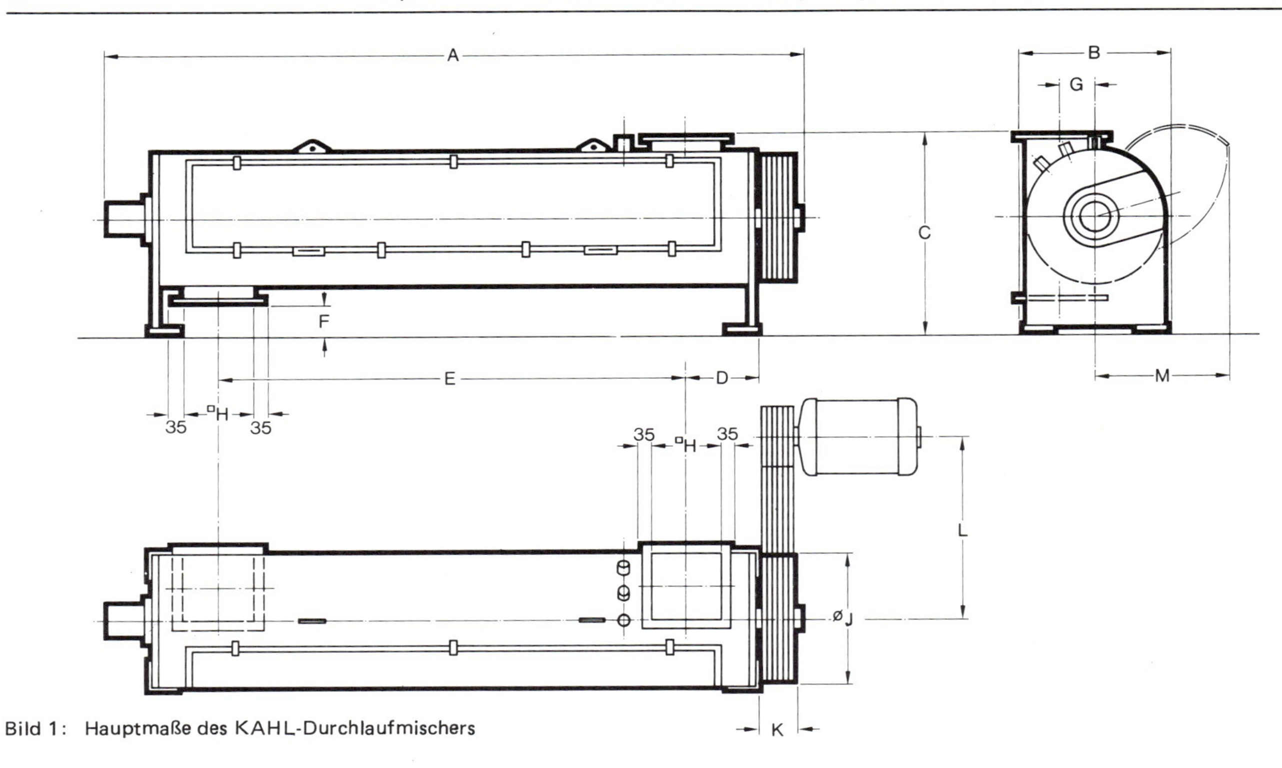

Bild 1: Hauptmaße des KAHL-Durchlaufmischers

Tafel 1: Technische Daten

KAHL-Durchlaufmischer Größe	I			II			III			V		
Motorleistung kW*	7,5	11	15	15	22	30	30	37	45	55	75	90
Gesamtlänge A mm	2205			2555			2955			3475		
Breite B mm	415			500			590			790		
Gesamthöhe C mm	650			740			840			1050		
Länge D mm	275			275			300			325		
Achsabstand Stutzen E mm	1250			1600			1950			2400		
Höhe Auslaufstutzen F mm	150			160			160			150		
Abstand Achse-Stutzenmitte G mm	71			111			134			205		
Lichte Weite Stutzen □ H mm	250			250			300			350		
Durchmesser Keilriemenscheibe J mm	355			500			560			800		
Breite Keilriemenscheibe K mm	82			120			120			139		
Achsabstand L mm	747			754			822			1092		
Schwenkbereich Klappe M mm (ca.)	450			540			600			760		
Gewicht kg	425			640			780			1350		

* Die Motorleistung ist abhängig vom Produkt, der Art und der Menge des Flüssigkeitszusatzes

Bild 2: KAHL-Durchlaufwaage und Durchlaufmischer für Trägerstoff und Flüssigkeiten, Leistung 125 t/h

Bild 3: KAHL-Durchlaufmischer, Größe V, Leistung 125 t/h

1.1.1.1.1.3.1 Einwelliger Paddelmischer

❐ Aufbau:

Horizontaler, zylindrischer Behälter mit zentraler Mischwelle

❐ Mischwerkzeug:

Paddelförmige, randnahe Mischelemente, die auf einer Welle versetzt angeordnet sind und jeweils gegenüberliegend gleiche Anstellwinkel aufweisen.

❐ Mischvorgang:

In dem horizontalen Behälter rotieren mehrere paddelförmige Mischelemente, die in Umfangsgeschwindigkeit, Anzahl, Größe und geometrischer Form derart aufeinander abgestimmt sind, daß sie das Mischgut in eine dreidimensionale Bewegung zwingen. Die Krümmung der Paddel im wandnahen Bereich verhindert, daß sich Partikel des Mischgutes zwischen Wand und Werkzeug verklemmen. Das so erzeugte Wirbelbett füllt den gesamten Raum aus, ohne daß es zur Bildung toter Zonen kommt.

❐ Kennzeichen:

➪ Hohe Durchsatzleistung
➪ Mischwirkung in weiten Grenzen an das Produkt anpaßbar
➪ Hohe Drehzahl (wegen geringen Durchmessers und überkritischer Betriebsweise)
➪ Füllstand ca. 20 bis 50 % des Behältervolumens
➪ Klumpenfreies Mischen möglich

❐ Anwendungsgebiete:

- Trockenstoffe mit mehliger, körniger, fasriger oder flockiger Struktur
- Zur Temperierung und homogenem Vermischen von Trägerstoffen mit Flüssigkeiten, z.B. mehlförmiges Mischfutter und Mineralmischungen und/oder Aufbereitung für das Pelletieren
- Trockenstoffe und Flüssigkeiten (Befeuchten) oder Dampf

❐ Besonderheiten, Ausstattungsvarianten:

- Verstellbare Paddel (Wirbelbildung und Durchlaufzeit einstellbar) aus verschleißfestem Sondermaterial
- Vorrichtung zum Einleiten von Flüssigkeiten
- Große Laufruhe durch dynamisch ausgewuchtete Mischwelle
- Steuerung manuell bis automatische Regelung verbunden mit vorhandener EDV-Anlage
- Auswechselbare Auskleidung aus Kunststoff oder verschleißfestem Stahl
- Geringer Wartungsbedarf

❐ Baugrößen, Abmessungen, Daten:

Motorleistung je nach Mischgutbeschaffenheit zwischen 7,5 und 90 kW
Durchsatzleistung von 1 bis 125 t/h

❐ Hersteller:

Kahl, Linden, Walter

Mischer

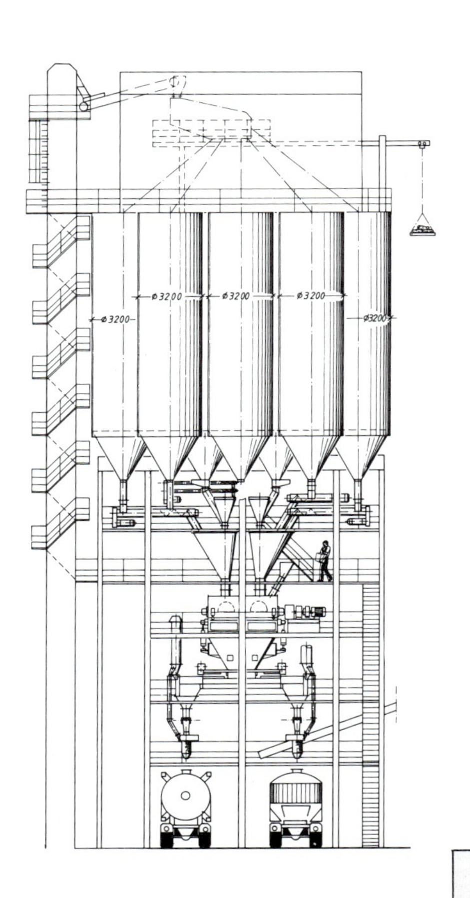

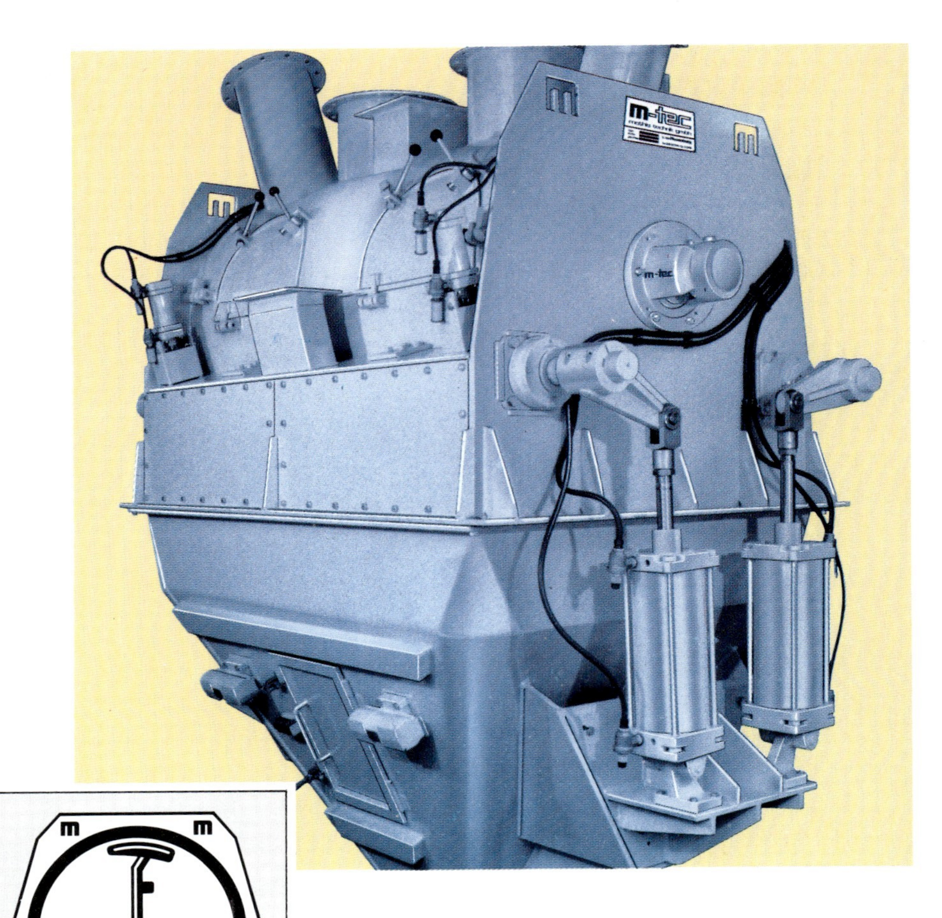

1.1.1.1.1.3.2 Schleudermischer mit rückstandsfreier und konventioneller Entleerung

❒ Aufbau:

Die der Typen MR und MS sind diskontinuierliche, horizontale Zwangsmischer, die nach dem Schleudermischprinzip arbeiten. Der Typ MR verfügt über eine rückstandsfreie Entleerung, der Typ MS wird konventionell über relativ kleine Klappen mit umgebenen Stutzen entleert.

❒ Mischwerkzeug:

Verschleißarme Spezialschleuderschaufeln sind über schraubbare Steckverbindungen versetzt auf der Mischwelle angebracht. Präzises Einstellen von Winkeln und Randabstand in kurzer Zeit möglich.

❒ Mischvorgang:

Die spezielle Mischwerkzeugkonstruktion und Anordnung des Schleudermischers erzeugt eine dreidimensionale Teilchenbewegung der zu mischenden Komponenten, was hohe Mischgüte bei kurzer Mischzeit garantiert. Beim Schleudermischer befinden sich während des gesamten Mischvorganges alle Mischkomponenten in Bewegung.
Dieses Mischprinzip gewährleistet somit die homogene Untermischung auch geringster Mengen (im pro-Mille-Bereich) von Kleinkomponenten, wie Additive, Farbpigmente usw. in kürzester Zeit.
Schleudermischer benötigen einen geringen spezifischen Energiebedarf, da durch die Mischwerkzeugkonstruktion und Anordnung hohe Scherkräfte in das Mischgut eingeleitet werden, welche Mischverlustleistung minimieren.

❒ Kennzeichen:

- ➪ Optimales produktschonendes Mischergebnis
- ➪ Kurze Mischzeiten
- ➪ Füllstand: bis 75 % des Mischerbruttovolumens
- ➪ Rückstandsfreie Entleerung durch zwei breite, sich über die gesamte Mischerlänge erstreckende Entleerklappen. (Typ MR)
- ➪ Kontinuierliche Produktion da Entleerung in den Nachbehälter (Typ MR)
- ➪ Hohe produktionstechnische Flexibilität

❒ Anwendungsgebiete:

- Rieselförmige Schüttgüter unterschiedlichster Schüttdichte
- Faserhaltige Produkte
- Feststoffe mit Flüssigkeiten unterschiedlichster Mengenverhältnisse
- Benetzung und Agglomerierung

❒ Besonderheiten, Ausstattungsvarianten:

- Mischer in verschleißarmer Ausführung, Edelstahl und diverse Beschichtungen
- Druckstoß gesicherte Ausführung
- Zusatzmischwerkzeuge (Wirbler) mit unterschiedlicher Form und Leistung
- Flüssigkeitseindüsung

❒ Baugrößen, Abmessungen, Daten:

Mischervolumen von 110 - 6100 Liter, netto
Antriebsleistung von 5,5 - 110 kW
Kontinuierliche Durchsatzleistung bis 120 000 Liter/Stunde

❒ Hersteller:

m-tec mathis technik GmbH

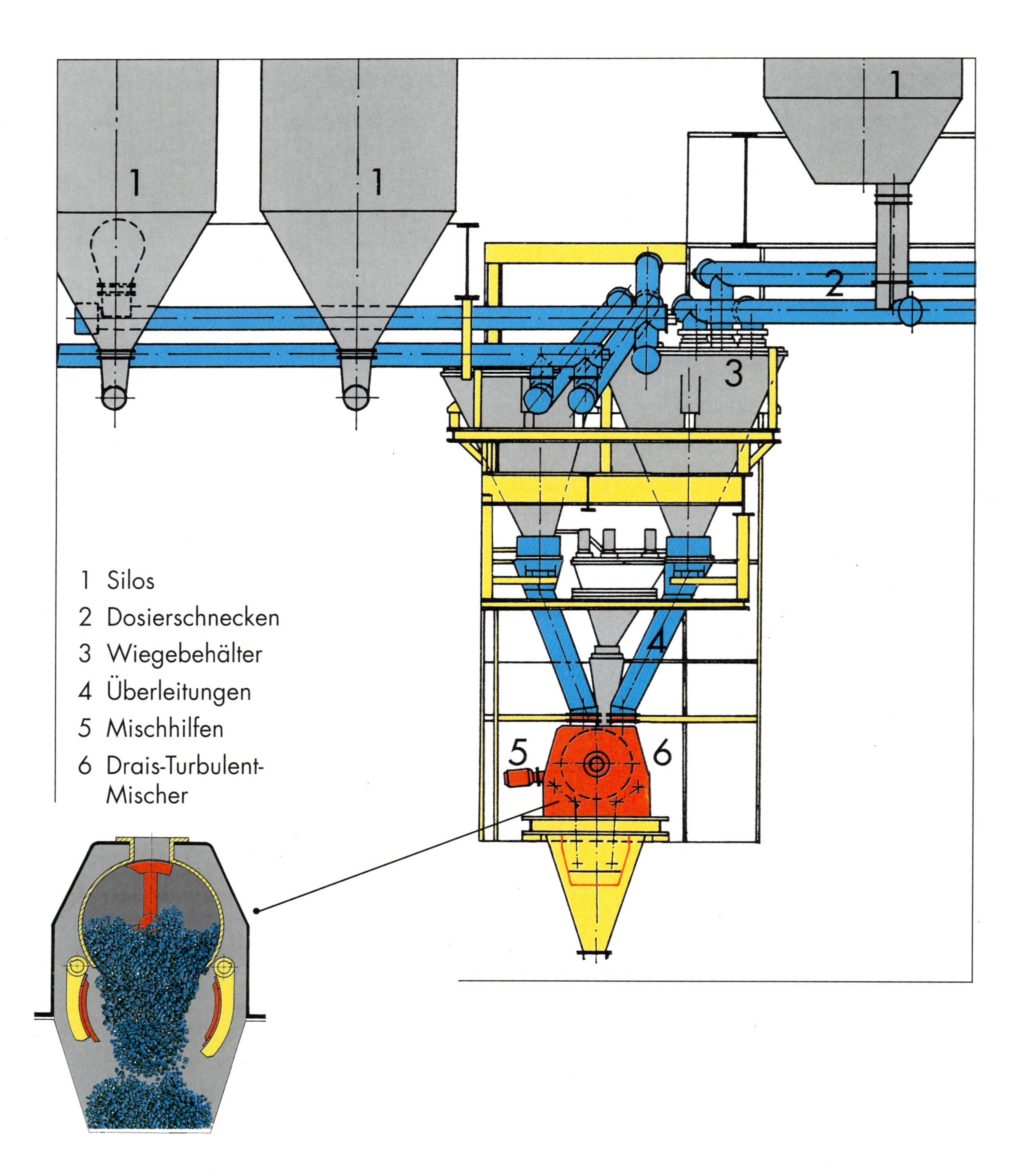

Anlage –

DRAIS Turbulent-Mischer mit rückstandsfreier Entleerung.

1.1.1.1.1.3.3 Turbulent-Mischer mit rückstandsfreier Entleerung

❐ Aufbau:

In einem waagrechten zylindrischen Behälter arbeitet ein mit Mischflügel ausgestattetes Mischwerk im Gegenstromprinzip.

❐ Mischwerkzeug:

Flügelmischwerkzeuge an Trägerstäben fest verschweißt oder auch nachstellbar, auch mit aufgepanzertem Verschleißschutz und Stirnwandabstreifer.

❐ Mischvorgang:

Das randgängige Turbulent-Mischwerk rotiert in dem horizontalen Behälter und durchpflügt mit wechselnden Angriffswinkeln das Mischgut. Das Mischwerk sorgt für eine extrem starke Beschleunigung des Mischgutes in Wechselwirkung (Abstimmung von Anzahl, Größe, geometrischer Form, Anstellwinkel und Umfangsgeschwindigkeit bewirkt die intensive Mischgutbewegung in axialer und radialer Richtung). In wenigen Minuten führt das zu einer gleichmäßigen Zerteilung und Verteilung auch unterschiedlicher Komponenten und Schüttgüter.

❐ Kennzeichen:

➪ Vollständiges Öffnen des unteren Mischerraumes zwischen den Mischerstirnwänden durch pneumatisch betätigte Klappen möglich.
➪ Zusammenfassung mehrerer Prozesse möglich.
➪ Breites Eisatzgebiet
➪ Hohe Mischleistung (-intensität)
➪ Unter- und überkritischer Betrieb (je nach Werkzeug)

❐ Anwendungsgebiete:

- Die Möglichkeiten reichen vom Mischen trocken-rieselfähiger Feststoffe über Benetzungsprozesse bis zu Pastenansätzen hoher Viskosität.
- Trocknungs- und Reaktionsprozesse, die herkömmlich in mehreren, hintereinander geschalteten Maschinen ablaufen, können in einer einzigen Maschine (im Drais-Turbulent-Mischreaktor) zusammengefaßt werden.

❐ Besonderheiten, Ausstattungsvarianten:

- Mischbehälter mit Doppelmantel für Kühlung und Heizung
- Innendruck oder Vakuum
- Zusätzlich eingebaute Mischhilfen

❐ Baugrößen, Abmessungen, Daten:

Gesamtvolumen von 2,5 bis 30. 000 Liter.
Antriebsleistung von 1,1 bis 400 kW, in Einzelfällen noch höher.

❐ Hersteller:

DRAISWERKE GmbH

1.1.1.1.2.1 Kontinuierlicher Einwellenmischer (Extruder)

❒ Aufbau:

Mischbehälter als Rohr mit zentrischer Mischwelle.

❒ Mischwerkzeug:

Schneckenspindel eventuell mit verschiedenen Steigungen.

❒ Mischvorgang:

Durch die Drehbewegung der Schneckenspindel gegenüber dem feststehenden Zylinder entsteht eine Schleppströmung im Schneckengang, die von der Druckströmung, die sich aufgrund des Druckaufbaus in der Schnecke ergibt , überlagert wird. Entscheidender als diese Primärströmung ist für Wärmeübertragung und Mischverhalten die Sekundärströmung über die Kämme der Schneckenspindel und die Zirkulationsströmung im Schneckengang. Diese resultiert aus der axialen Differenzgeschwindigkeit zwischen Schneckenspindel und Gehäuse.
Im Stiftzylinder-Extruder erhöhen die Stifte den Reibungskoeffizienten; kontinuierliches Umschichten und Aufteilen des Extrudats in Teilströme sind die Folge.

❒ Kennzeichen:

➪ Anwendung beim Auftreten hoher Zähigkeitskräfte im Mischgut
➪ Hohe Mischgüte im Drosselbetrieb (Druckerzeugung)
➪ Hoher Energiebedarf
➪ Großer Dissipationswärmestrom
➪ Füllstand 20 bis 100 %

❒ Anwendungsgebiete:

- Feststoffe; Haupteinsatzgebiete: Kunststoffe (HDPE, LDPE, PP, SAN, ABS, PVC)
- Hochzähe Flüssigkeiten und Pasten
- Allgemein zum Plastifizieren, Mischen, Homogenisieren, Entgasen, Granulieren, Compoundieren, Regenerieren und Fördern

❒ Besonderheiten, Ausstattungsvarianten:

- Entgasungseinrichtung
- Siebeinrichtung
- Heiz- und/oder Kühlzonen (Temperiergeräte)
- Elektrische Steuerungen und rechnergeführte Anlagen
- Extruderspritzköpfe
- Stiftverstelleinrichtung

❒ Baugrößen, Abmessungen, Daten:

Schneckendurchmesser bis 600 mm
Schneckenlängenverhältnis bis L/D = 48
Antriebsleistung bis 3 900 W
Ausstoßleistung bis 20 000 kg/h

❒ Hersteller:

Berstorff

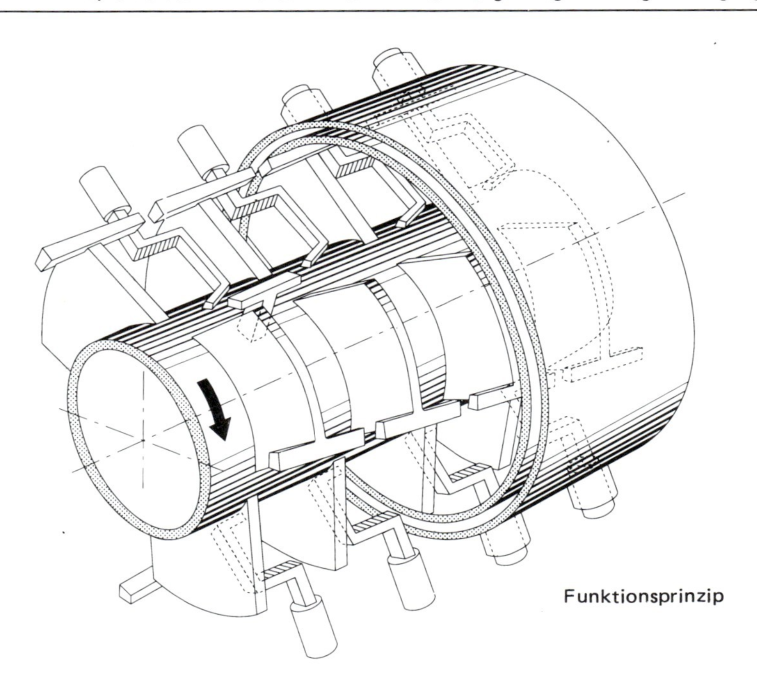

Funktionsprinzip

DISCOTHERM B 2500 CONTI

DISCOTHERM B 6300 CONTI für die Trocknung von Lackschlämmen

1.1.1.1.2.2 Mischkneter - Knettrockner (DISCOTHERM B)

❐ Aufbau:

Zylindrischer, horizontaler Behälter mit zentrischer Mischwelle.

❐ Mischwerkzeug:

Auf einer Hohlwelle sind hohle Scheibensegmente angebracht, an deren äußerem Durchmesser Mischbarren befestigt sind. Die Scheibensegmente werden von innen beheizt oder gekühlt.

❐ Mischvorgang:

In dem zylindrischen Gehäuse (heiz-/kühlbar) rotiert die Mischwelle mit den heiz-/kühlbaren Scheibensegmenten. Der axiale Produkttransport wird durch die Neigung der Mischbarren erzeugt. Diese sind zwischen den Scheibenreihen unterbrochen. Im nicht bestrichenen Gehäuseteil sind feststehende Knetelemente eingesetzt, die sowohl die Scheibensegmente als auch die Welle reinigen. Die Wechselwirkung zwischen den umlaufenden Scheibensegmenten und den feststehenden Gegenhaken ergibt eine gute Misch- und Knetwirkung sowie eine ca. 90 %-ige Selbstreinigung.

❐ Kennzeichen:

- ➪ Mehrere Prozeßstufen in einem Apparat (z.B. Kolbe-Schmitt Prozeß)
- ➪ Intensiver Wärmeübergang durch gute Misch- / Zerkleinerungswirkung, d.h. stetige Erneuerung der Phasengrenzflächen
- ➪ Selbstreinigung der Heiz- und Kühlflächen
- ➪ Speziell für pastöse, hochviskose und/oder anbackende Produkte geeignet
- ➪ Große Wärmeaustauschflächen
- ➪ Große Nutzvolumina, d.h. lange Verweilzeit im kontinuierlichen Betrieb
- ➪ Die Form der Knetelemente wird den speziellen Anforderungen der Prozesse/Produkte angepasst

❐ Anwendungsgebiete:

- Thermische Behandlung von Produkten, die während des Prozesses längere pastöse Phasen, Knollen und Krusten bilden und bei denen eine gute Knetwirkung prozeßtechnisch vorteilhaft ist.

❐ Besonderheiten, Ausstattungsvarianten:

- Kontinuierliche wie auch diskontinuierliche Bauweise
- Vakuum- oder Überdruckbetrieb
- Auswechselbare Verschleißteile bei abrasiven Produkten
- Von außen verstellbare Stauplatte zur Optimierung des Füllniveaus (für rieselfähige und pastöse Produkte bei kontinuierlichem Betrieb)
- Zerfasereinsätze für Cellulose
- Austragsvorrichtungen für rieselfähige und pastöse Produkte
- Große Querschnitte für Zu- und Abfuhr von Gasen

❐ Baugrößen, Abmessungen, Daten:

Betriebsdruck: Produktraum: Vakuum oder bis 6 bar
Heizraum: bis 16 bar
Betriebstemperatur bis 350°C
Behältervolumen bis 16 350 l
Nutzvolumen bis 11 500 l
Antriebsleistung bis 250 kW
(Sonderbauarten für höhere Drücke, Temperaturen und Behälterinhalte)

❐ Hersteller:

List AG

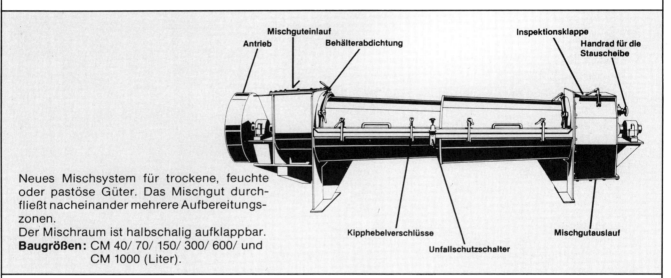

1.1.1.2.1 Zweiwelliger Paddelmischer

❐ Aufbau:

Gehäuse in Doppel-U-Form als nach oben offener Trog ausgebildet. Darin längs rotierendes Doppelrotorsystem.

❐ Mischwerkzeuge:

Zwei gegenläufige Mischpaddelwellen, wobei die jeweiligen Paddelflächen unterschiedliche Anstellwinkel aufweisen.

❐ Mischvorgang:

In dem doppel-u-förmigen Mischtrog arbeitet ein Doppelrotorsystem derart, daß das Mischgut, von den Außenrändern erfaßt, in der Mitte über den Mischwellen hochgeschleudert wird, so daß eine gewichtslose Zone d.h. ein mechanisches Wirbelbett, erzeugt wird. Dies ist nur durch eine exakte Anpassung der Umfangsgeschwindigkeit an das Produkt möglich. Die verschiedenen Paddel sind dabei so ausgebildet, daß nicht nur ein linearer Stofftransport stattfindet sondern auch ein intensiver Austausch der Partikel quer zur Transportrichtung.

❐ Kennzeichen:

➪ Schnelles und zugleich schonendes Mischverfahren durch geringe Umfangsgeschwindigkeiten
➪ Hohe Mischleistung
➪ Große Homogenität auch bei unterschiedlicher Größe und Gewicht der einzelnen Mischungskomponenten
➪ Geringer Verschleiß im Mischer

❐ Anwendungsgebiete:

- Trockene, aber auch feuchte Pulver und Granulate
- Zusatz von Flüssigkeiten (Anfeuchten) sehr gut möglich
- Allgemein für Nahrungsmittel (Gewürze, Gemüse, Trockensuppen, Tee, Müsli, etc.), Futtermittelindustrie, Seifen- und Waschmittelindustrie, Düngemittelindustrie, Müllereiindustrie, Gipsindustrie, keramische Industrie, Steine und Erden, Bauchemie, Kunststoffindustrie

❐ Besonderheiten, Ausstattungsvarianten:

- Beim Anfeuchten kommt es nicht zu Klumpenbildung
- Korngröße und Dichte des Mischgutes haben keinen Einfluß auf die Qualität der Mischung
- Auflösevorrichtung (Messerwelle in fluidisierter Zone) zerstört Agglomerate und Knollen
- Beheizung und Kühlung nach Wunsch

❐ Baugrößen, Abmessungen, Daten:

Nutzinhalt von 5 bis 4 000l
Stundenleistung 2 bis 150 m^3/h
Antriebsleistung von 0,75 bis 37 kW
Mischzeit zwischen 5 und 40 s, bis 60 Mischungen pro Stunde

❐ Hersteller:

Kreyenborg, Ruberg

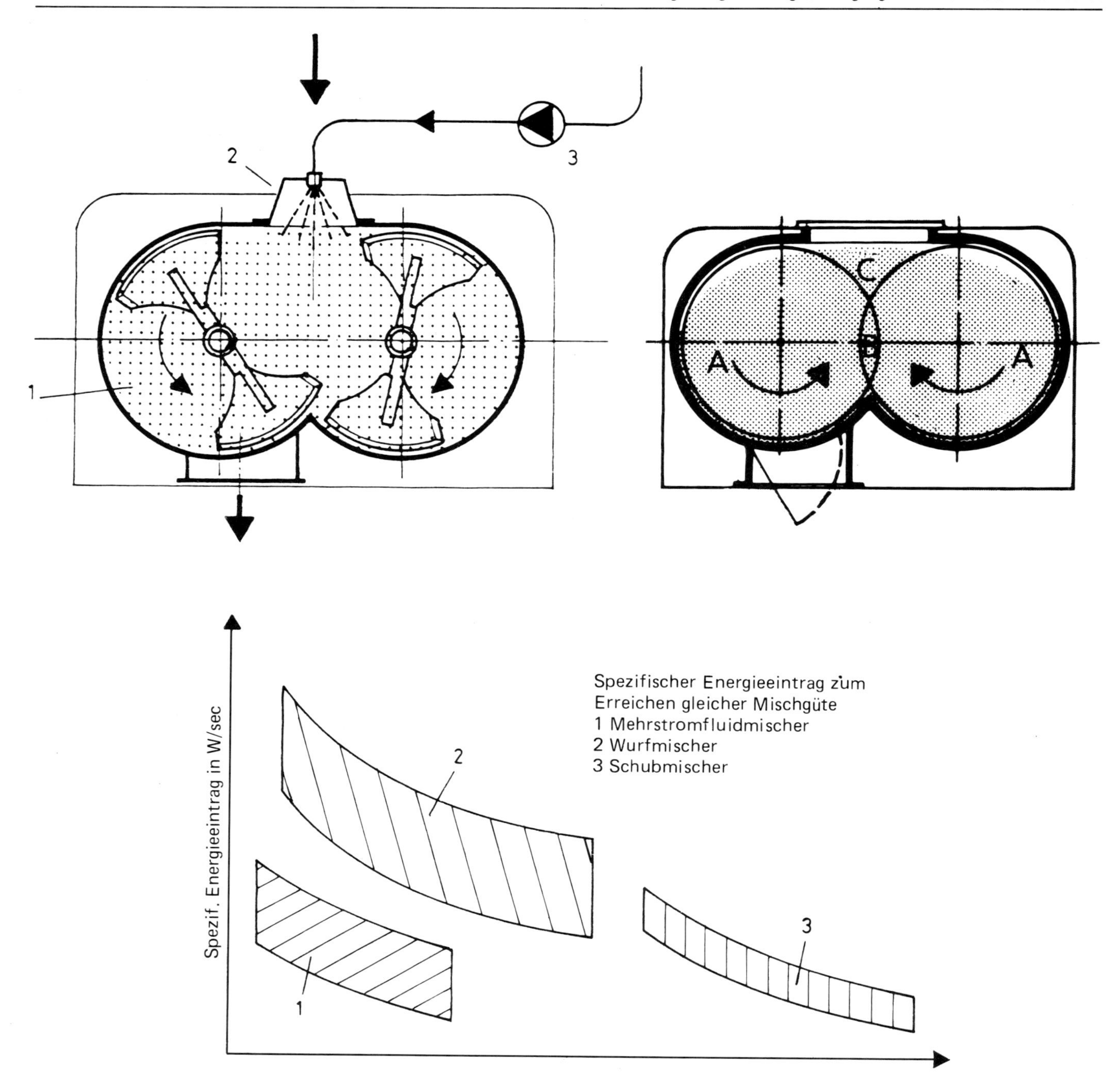
2
3
1
C
A
A
Spezif. Energieeintrag in W/sec
Spezifischer Energieeintrag zum
Erreichen gleicher Mischgüte
1 Mehrstromfluidmischer
2 Wurfmischer
3 Schubmischer
2
3
1

Gericke

1.1.1.2.2 Mehrstromfluidmischer

❐ Aufbau:

Horizontaler Mischtrog mit zwei parallelen kämmenden Mischrotoren.

❐ Mischwerkzeuge:

Rotoren mit Mischschaufeln in kämmender Anordnung, die das Mischgut sowohl in Quer-, als auch in Längsrichtung transportieren.

❐ Mischvorgang:

Der Mischer ist für Mischarbeit im Bereich der Froudezahl wenig über 1 ausgelegt, d.h. das Gut wird gerade noch in einen Schwebezustand versetzt. Die Doppelrotorbauart erzeugt verschiedene Gutströme, die laufend neu ineinander verflochten werden. Das Ineinandergreifen der beiden Gutströme im Schwebebereich und die unterschiedliche Teilung der Ströme bewirkt sowohl eine Vermengung (Längsmischung) über größere Distanzen als auch eine intensive Feinverteilung des Gutes. Der Energieaufwand bleibt daher minimal.

❐ Kennzeichen:

- ➪ Sehr schonende Mischung für feste Komponenten
- ➪ Extrem kurze Mischzeit (bis 1 000 l Inhalt unter 30 s) bei gleichzeitig niedrigem Energieeintrag
- ➪ Größtmögliche Mischhomogenität wird erreicht, auch bei starken Unterschieden in Korngrößen und Schüttdichten der Komponenten sowie bei kleinen Komponentenanteilen.
- ➪ Flüssigkeitszugabe mit Feinstverteilung und erfahrungsgemäß geringerer Knollenbildung als bei anderen Mischsystemen.
- ➪ Knollenauflöser
- ➪ Praktisch keine Entmischungserscheinungen
- ➪ Geringer Platzbedarf
- ➪ Relativ kleine Baugröße für gleiche Durchsatzleistungen wegen kurzer Misch- und Entleerzeiten

❐ Anwendungsgebiete:

- Mischung von fein- bis grobkörnigen Pulvern, Granulaten, Pellets, Fasern, Flocken, Instant-produkten, auch sehr bruch- und abriebempfindliche sowie temperaturempfindliche Güter
- Für Chemikalien, Pflanzenschutzmittel, Farbstoffe, Kunststoffe und Kunststoff-Additive, Pharmazeutika, Nahrungsmittel, Gewürze, Waschmittel, Kosmetika, Produkte der Bauchemie.
- Mischung mit Flüssigkeitszugabe, auch in hohen Prozentsätzen, mit oder ohne gleichzeitiger Erwärmung oder Kühlung.

❐ Besonderheiten, Ausstattungsvarianten:

- Kompakter Mischtrog ohne Totraum
- Heiz- und Kühlmantel
- Reinigungstüren
- Schutzgasüberlagerung
- Flüssigkeitszugabe
- CIP-Reinigung
- Füllungsgrad von 20 bis 90 % variabel

❐ Baugrößen, Abmessungen, Daten:

Mischergrößen von 25 bis 4 300 l

❐ Hersteller:

Gericke

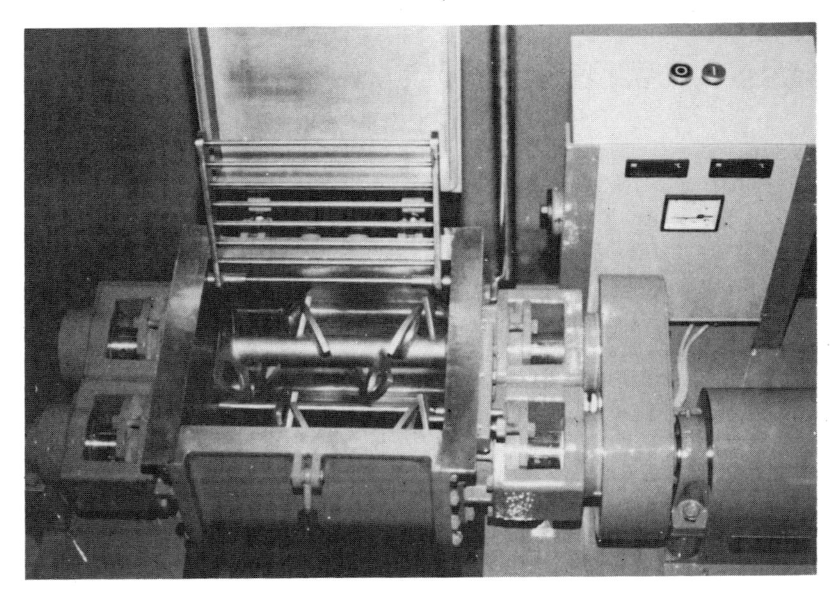

Bild 1: Knetmaschine Beetz MK 2 in Laborgröße, fahrbare Ausführung mit Blick auf die Knetwerkzeuge

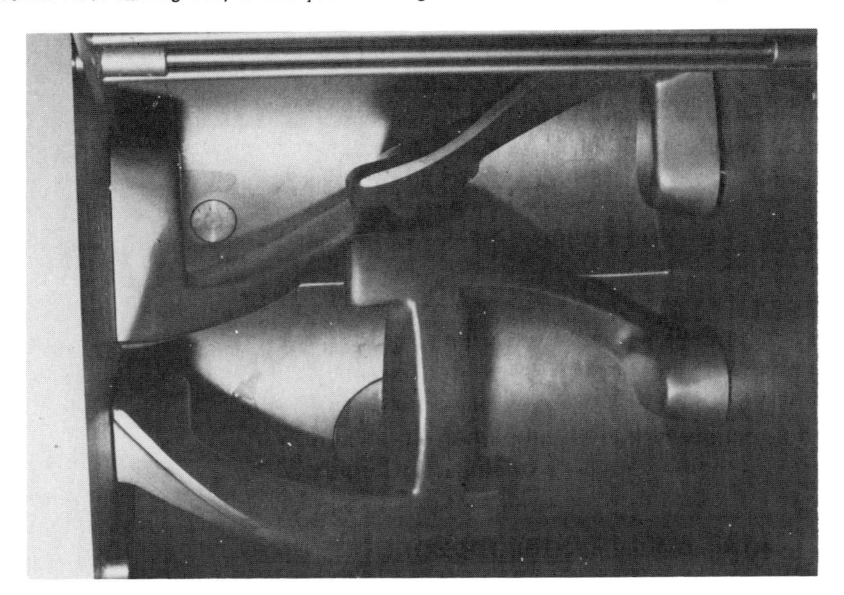

Bild 2: Blick auf die Werkzeuge des Beetz UMK ohne Masse

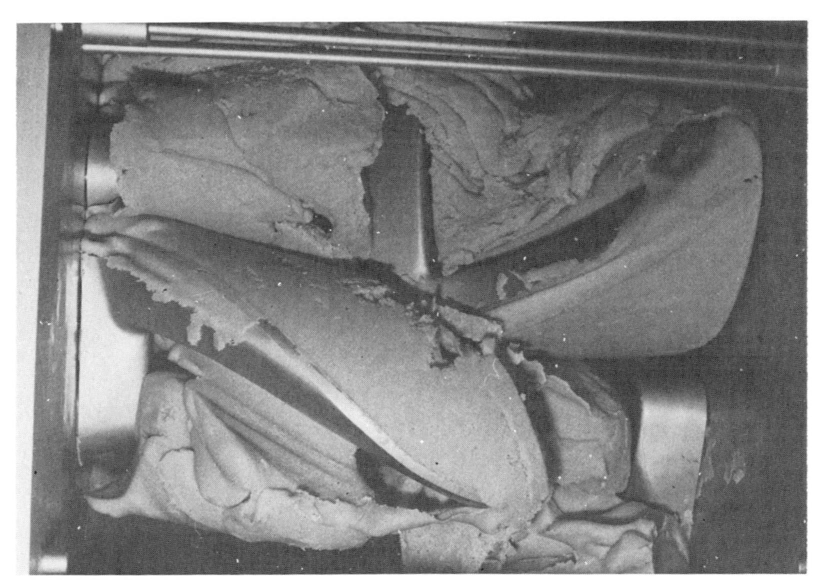

Bild 3: Blick in den Beetz UMK mit hochviskoser Masse; gut zu erkennen: Zerstörung der gebildeten Walzen

1.1.1.2.2.1 Doppelwellen-Misch-Kneter

❐ Aufbau:

Gehäuse in Doppel-U-Form, als nach oben offener Trog ausgebildet. Darin längs gegenläufiges Doppelschaufelsystem.

❐ Mischwerkzeuge:

Zwei z-förmige, gegossene Knetarme

❐ Mischvorgang:

In dem doppel-u-förmigen Trog rotieren zwei ineinandergreifende Knetarme mit gleicher Drehzahl. Sie berühren sich meist tangential kurz vor dem Trogsattel. Beim Beetz-Kneter laut Abbildung greifen die Werkzeuge ineinander. Durch den Schaufeldruck wird das Mischgut an den Sattel des Troges angepreßt und zerteilt. Ein Teil des Mischgutes verläßt dabei den Wirkungsbereich des einen Knetarmes und wird durch den zweiten Knetarm erfaßt. Das gleiche geschieht auch mit dem Mischgut, das durch den zweiten Knetarm über den Trogsattel geschoben wird.
Es werden laufend neue Materialschichten der Wirkung von Scherkräften unterworfen, wodurch neue Oberflächen gebildet werden, in welche die Komponenten eindringen können. Durch die Verwindung der Knetarme wird bei jeder Umdrehung ein seitlicher Gegenschub in Axialrichtung hervorgerufen. Durch das Ineinandergreifen der Werkzeuge und die dadurch entstehenden Druckzonen wird Walzenbildung vermieden.

❐ Kennzeichen:

- ➪ Erzeugung hoher Scher- und Druckkräfte
- ➪ Hohe spezifische Energieeinleitung in das Mischgut
- ➪ Konstruktiv stabile, massive Bauweise
- ➪ Hohe Drehmomente an den Mischwerkzeugen
- ➪ Niedrige Drehzahlen

❐ Anwendungsgebiete:

Homogenisierung und Plastifizierung pastöser, plastischer, klebriger, zäher bis hochviskoser Produkte

❐ Besonderheiten, Ausstattungsvarianten:

- Heiz-/ Kühlmantel
- Anlaufkupplung
- Überdruck-/ Vakuumausführung
- Auspreßkneter mit oder ohne Austragsschnecke
- Kippentleerung
- Bedienung manuell, halbautomatisch oder vollelektronisch

❐ Baugrößen, Abmessungen, Daten:

Nutzvolumen bis ca. 3 000 l
Antriebsleistung bis ca. 200 kW
Gewicht bis 12 000 kg

❐ Hersteller:

Beetz,	anders: Linden, AMK
(ineinandergreifende Drehkreise)	(tangierende Drehkreise)

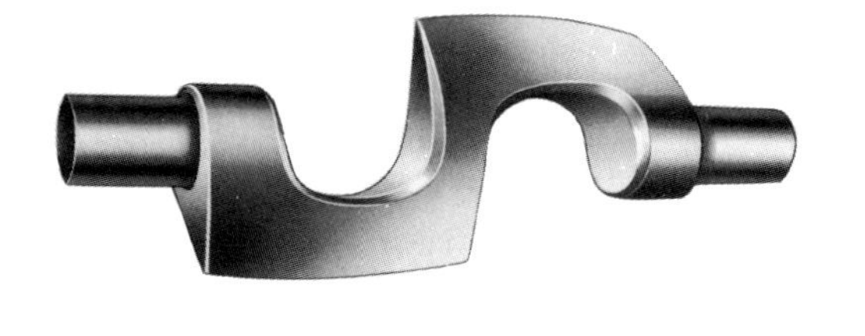

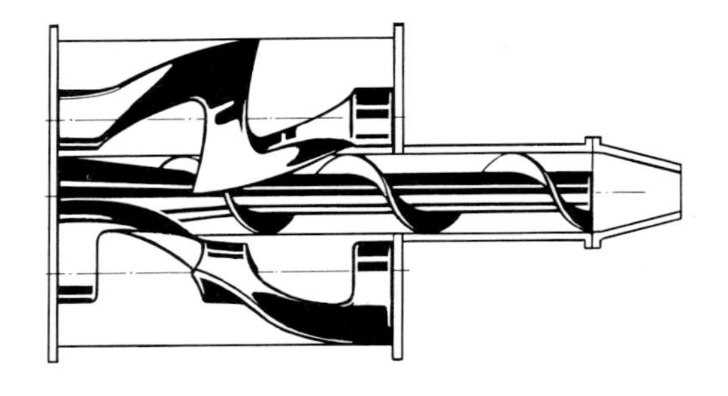

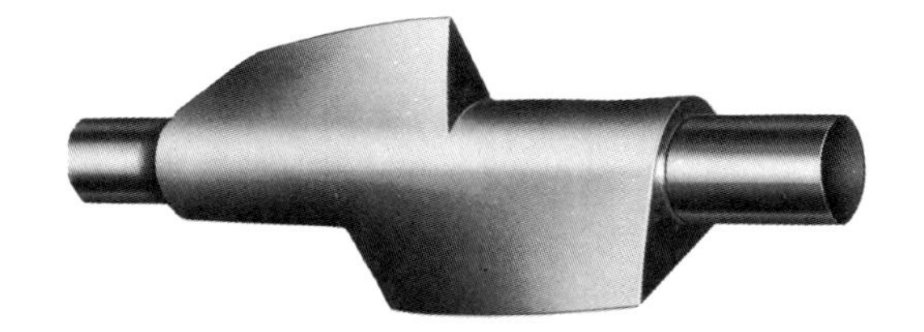

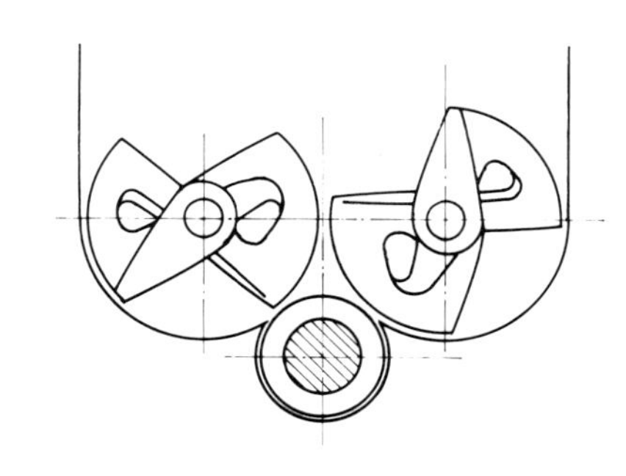

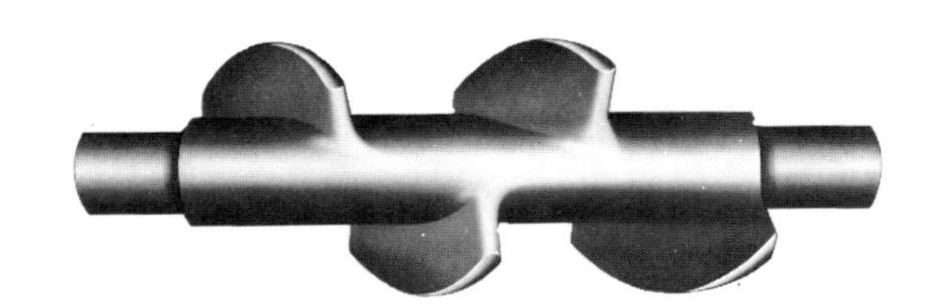

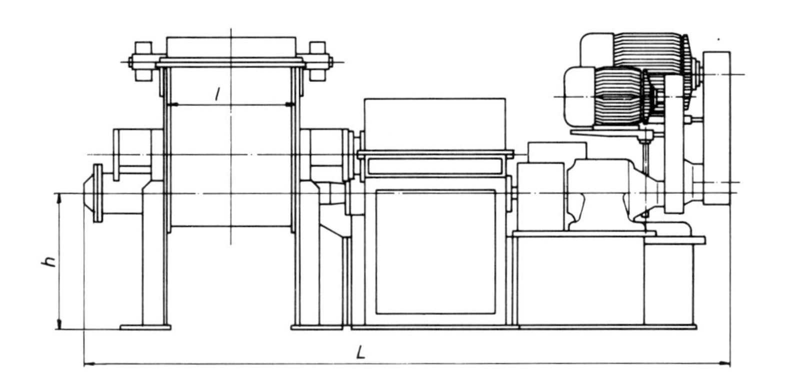

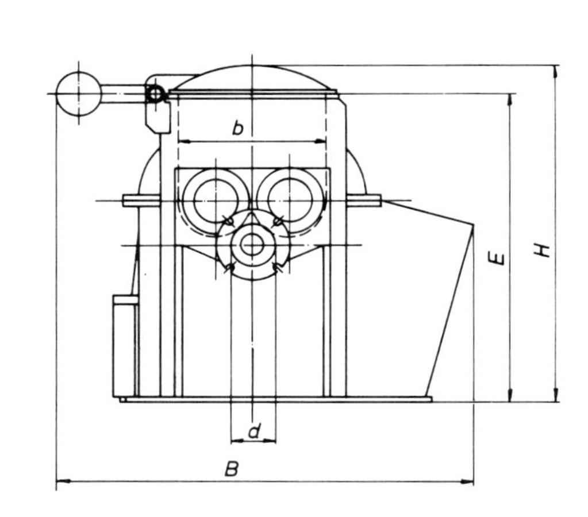

Type	Inhalt (l) Capacity (l) Capacité (l) Nutz Working Utile	Total Total Totale	Durchschn. Kraftbedarf kW Power Consumption (normally) kW Puissance Admise (en moyenne) kW	Abmessungen in mm (unverbindlich) Measurements in mm (without obligation) Dimensions en mm (sans engagement) B	E	H	L	b	d	h	l
K III 20A	20	32	3,0 – 10,0	955	800	880	2030	360	90	570	350
K III 35A	35	48	4,0 – 10,0	1030	980	1060	2200	400	100	635	400
K III 60A	60	90	5,5 – 15,0	1385	1110	1190	2480	520	140	570	430
K III 100A	100	135	5,5 – 20,0	1385	1110	1190	2570	520	140	570	520
K III 150A	150	225	7,5 – 30,0	1650	1300	1380	3000	648	180	650	700
K III 200A	200	300	7,5 – 41,0	1700	1310	1390	3020	760	210	650	700
K III 300A	300	400	10,0 – 50,0	1830	1380	1460	3150	820	220	700	840
K III 450A	450	650	15,0 – 75,0	2000	1550	1650	3750	960	240	725	1000
K III 600A	600	830	20,0 – 75,0	2150	1600	1700	4100	1050	260	750	1100
K III 800A	800	1100	25,0 – 100,0	2350	1750	1850	4350	1140	290	750	1250
K III 1000A	1000	1530	30,0 – 125,0	2450	1870	1970	4820	1260	320	800	1300
K III 1500A	1500	2250	40,0 – 150,0	2700	2100	2200	5500	1380	350	900	1440
K III 2000A	2000	2750	50,0 – 180,0	2700	2100	2200	5750	1380	350	900	1600

1.1.1.2.2.2 Knetmischer mit Austragsschnecke

❐ Aufbau:

In einer Doppelmulde rotieren zwei gegenläufige Knetarme. Eine Schnecke ist parallel zu den zwei Knetarmen angebracht und liegt in einer dritten Mulde etwas vertieft.

❐ Mischwerkzeug:

Die Knetarme zerteilen das Material und führen es an anderer Stelle wieder zusammen. Während des Mischzyklusses transportiert die Austragsschnecke das Mischgut immer wieder in den Bereich der Knetarme.

❐ Mischvorgang:

Bei diesen Maschinen rotieren in einer Doppelmulde zwei gegenläufige Knetarme mit unterschiedlicher Drehzahl, etwa im Verhältnis 2:3. Sie berühren sich meist tangential kurz vor dem Trogsattel.
Durch den Schaufeldruck wird das Mischgut an den Sattel des Troges angepreßt und zerteilt. Ein Teil verläßt dabei den Wirkungsbereich des einen Knetarmes und wird durch den zweiten Knetarm erfaßt. Das gleiche geschieht auch mit dem Mischgut, das durch den zweiten Knetarm über den Trogsattel geschoben wird.
Es werden laufend neue Materialschichten der Wirkung von Scherkräften unterworfen, wodurch neue Oberflächen gebildet werden, in welche die Komponenten eindringen können.
Während des Mischzyklusses transportiert die Austragsschnecke das Mischgut immer wieder in den Bereich der beiden Knetarme, unterstützt dabei die Mischphase und verkürzt die Mischzeit. Zur Entleerung wird die Drehrichtung der Schnecke umgesteuert.

❐ Kennzeichen:

⇨ Austragsschnecke von einem separaten Motor angetrieben
⇨ Verschiedene Knetflügelformen, je nach Mischgut, wählbar

❐ Anwendungsgebiete:

Chemische Industrie, Farben-, Lack- und Druckfarbenindustrie, Kaugummiindustrie, Nahrungs- und Genußmittelindustrie, Kunststoffindustrie, Kitt- und Dichtungsindustrie, pharmazeutische und kosmetische Industrie, Sprengstoffindustrie u.a.m. .

❐ Besonderheiten, Ausstattungsvarianten:

- Verschiedene Schaufelformen
- Austrags-Mundstück dem Produkt angepaßt lieferbar
- Verschiedene Werkstoffe stehen zur Verfügung
- Verschleißbleche
- Doppelmantel
- Vakuum-/Druckausführung

❐ Baugrößen, Abmessungen, Daten:

siehe linke Seite

❐ Hersteller:

Linden

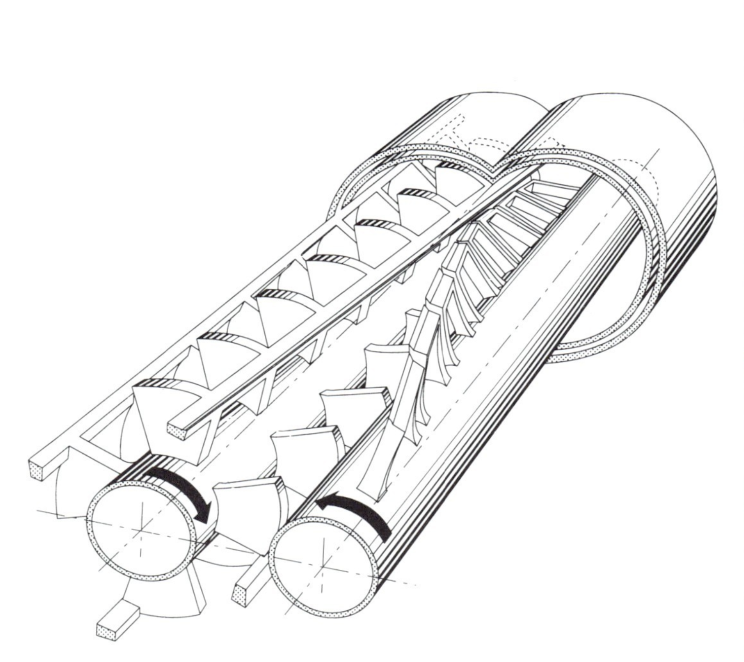

Funktionsprinzip

AP 2500 CONTI

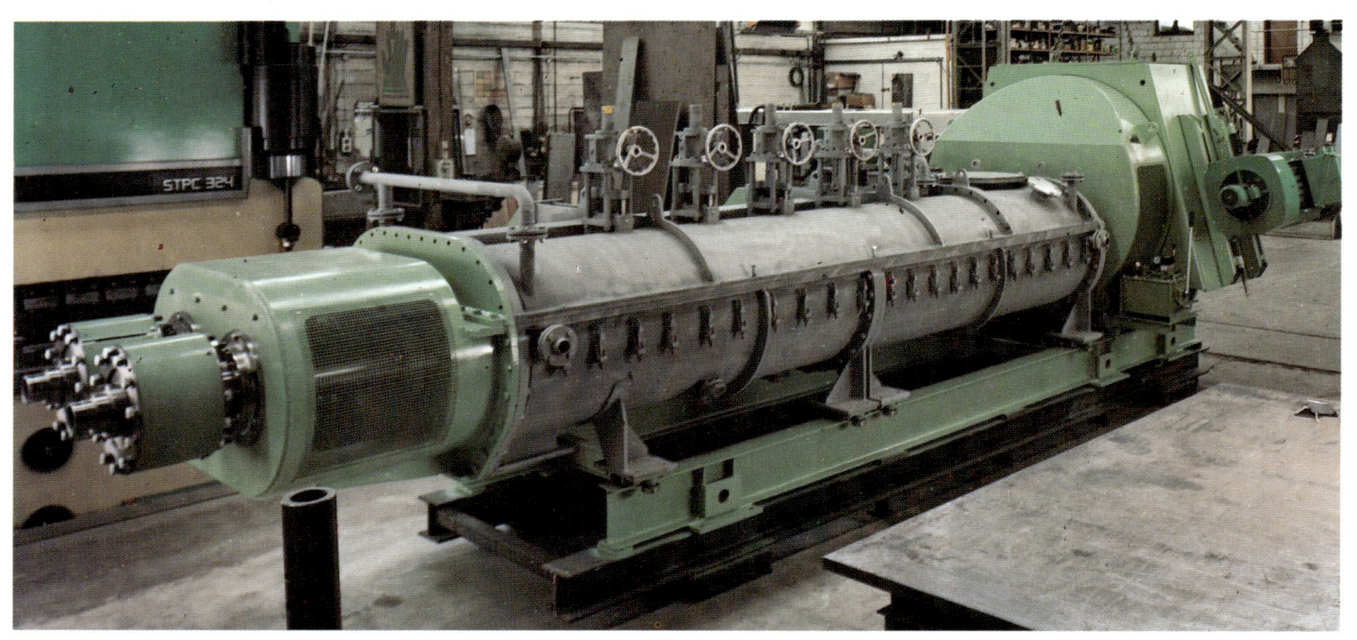

AP 2500 CONTI für die Herstellung von Kohleelektrodenmasse

1.1.1.2.3 Allphasenmisch- / Knetapparat

❐ Aufbau:

8-förmiges Gehäuse, in dem zwei ineinandergreifende, parallel arbeitende Misch-/Knetwerkzeuge rotieren.

❐ Mischwerkzeuge:

Die Hauptwelle ist mit hohlen, heiz- oder kühlbaren Scheibensegmenten bestückt, die am Umfang mit Mischbarren verbunden sind. Auf der Putzwelle (heiz-/kühlbar) sind Rührrahmen in wendelförmiger Anordnung angebracht.

❐ Mischvorgang:

In dem 8-förmigen Gehäuse rotieren zwei sich in ihrem Wirkungsbereich überschneidende Misch-/Knetwerkzeuge. In die mit Scheibensegmenten bestückte Hauptwelle und den am Umfang angebrachten Mischbarren greift die 4-fach schneller rotierende Putzwelle mit den Rührrahmen ein. Diese reinigen einen Teil der Gehäusewandung sowie die Scheibenelemente der Hauptwelle von anhaftendem oder verkrustetem Mischgut. Die wendelförmig aufgeschweißten Mischbarren der Hauptwelle sowie die wendelförmig angeordneten Rührrahmen reinigen die Gehäusewandung und sorgen mit ihrer Anstellung für den axialen Produkttransport. Die Wechselwirkung beider Werkzeuge ergibt eine intensive Misch- und Knetwirkung sowie eine ca. 90 %-ige Selbstreinigung.

❐ Kennzeichen:

- ➪ Weiche Knetwirkung, kein Zerreißen, intensive Erneuerung der Phasengrenzflächen
- ➪ Mehrere Prozeßstufen in einem Apparat (Reaktor)
- ➪ Intensiver Wärmeübergang durch gute Misch- und Knetwirkung
- ➪ Speziell für pastöse, hochviskose und/oder anbackende Produkte geeignet
- ➪ Selbstreinigung der Heiz-/Kühlflächen
- ➪ Große Volumina, für lange Verweilzeit geeignet
- ➪ Enges Verweilzeitspektrum
- ➪ Kammerung der Kneträume zur Optimierung der Knetintensität

❐ Anwendungsgebiete:

Thermische Behandlung flüssiger, pastöser, pastös-viskoser, rieselfähiger aber auch hochviskoser Produkte bzw. solche, die während der Behandlung hochviskose Phasen durchlaufen und gleichzeitig eine intensive Misch- und Knetwirkung benötigen.

❐ Besonderheiten, Ausstattungsvarianten:

- Kontinuierliche Bauweise
- Gehäuse und Misch- /Knetwerkzeuge sind kühl-/heizbar
- Verweilzeit nur über Durchsatz, nicht über Drehzahl der Werkzeuge beeinflußbar
- Von außen verstellbare Stauplatte zur Optimierung des Füllniveaus
- Große Querschnitte für Zu- und Abfuhr von Gasen
- Vakuum- und Überdruckbetrieb
- Austragsvorrichtungen für rieselfähige und pastöse Produkte

❐ Baugrößen, Abmessungen, Daten:

Betriebsdruck: Produktraum: Vakuum oder bis zu 2 bar (abs.)
Heizraum: bis 12 bar
Betriebstemperatur bis 350°C
Behältervolumen bis 4 000 l
Antriebsleistung bis 135 kW
(Sonderbauarten für höhere Drücke, Temperaturen, Behälterinhalte und stärkere Antriebe)

❐ Hersteller:

List AG

Bild 1: Segment-Schaufel für die verschiedensten Bedürfnisse
Beetz MK 1

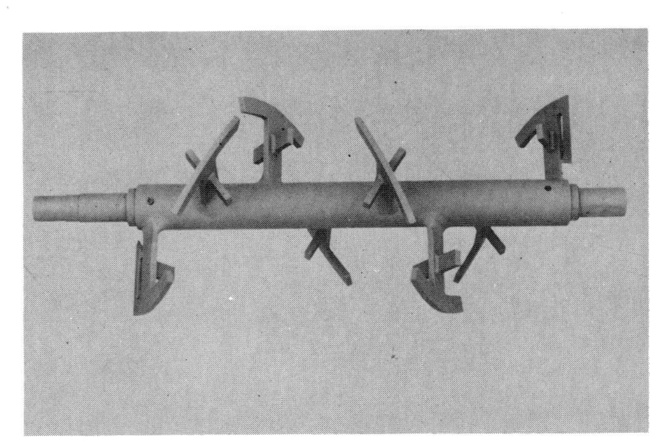

Bild 2: T-förmige Schaufel für trockene und fließfähige Materialien
Beetz MK 1-T

Bild 3: Tangierende Doppelwellen, hocheffektiv bei verschiedenen Aggregatzuständen
Beetz MK 2

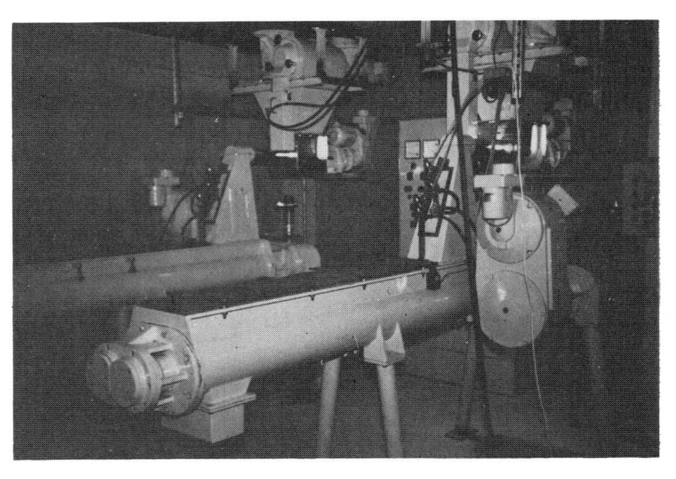

Bild 4: Doppelschnecke mit ineinandergreifenden Schneckenwellen verschiedene Abschnitte sind zu erkennen
Beetz kontinuierlicher Schneckenkneter

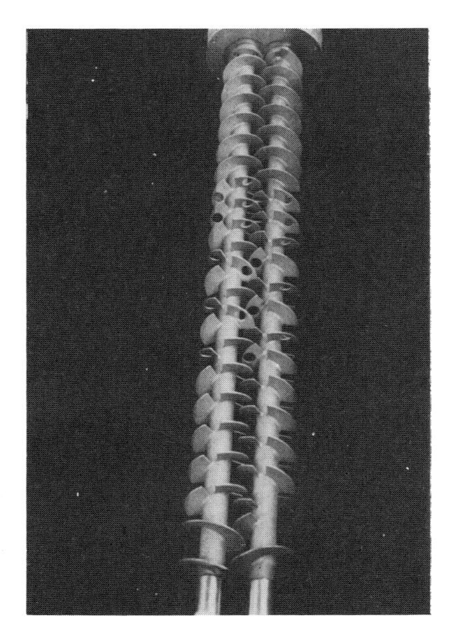

Bild 5: Mischer im eingebauten Zustand
Beetz Mischwellen eines kont. Schneckenmischers

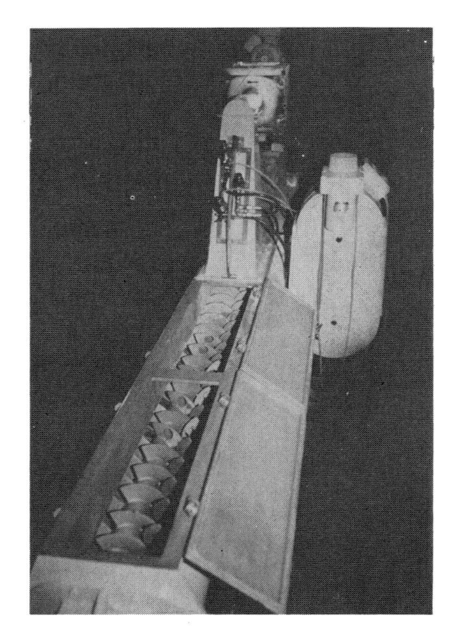

Bild 6: Sicht in einen geöffneten kontinuierlichen Schneckenmischer

1.1.1.2.4 Ein- und Doppelschneckenmischer

❑ Aufbau:

Gehäuse in U- oder Doppel-U-Form als nach oben offener Trog ausgebildet. Darin längs eine Welle oder gleich- oder gegenläufiges Doppelschneckensystem.

❑ Mischwerkzeuge:

Eine oder zwei Voll-, Band-, oder Schaufelschnecken.

❑ Mischvorgang:

In dem doppel-u-förmigen Mischtrog arbeiten zwei parallel liegende Schnecken mit entgegengesetzter Förderrichtung. Steigung und Drehrichtung beider Wellen sind so aufeinander abgestimmt, daß sich das Mischgut in gegeneinanderlaufenden Strömen bewegt und sich in der Mitte beider Schnecken eine Wirbelzone ausbildet. Hierbei besorgt die Schnecke (in allen Varianten) sowohl die axiale als auch die radiale Bewegung des Mischgutes. Bei kontinuierlichen Doppelschneckenmischern wie auch bei Mischförderern arbeiten die Schnecken (meist Schaufelschnecken) mit gleicher Förderrichtung, aber entgegengesetzter Drehrichtung (dadurch bessere radiale Durchmischung).

❑ Kennzeichen:

➪ Schnelles und zugleich schonendes Mischverfahren
➪ Niedrige Drehzahlen (meist unterkritisch)
➪ Geringe Bauhöhe
➪ Großer Durchsatz

❑ Anwendungsgebiete:

- Pulvrige Mischgüter aller Art; fein bis grobkörnig
- Flüssige bis leicht pastöse Stoffe (selten)
- Einsatzgrenze: Zähes, an den Mischwerkzeugen stark anhaftendes und damit umlaufendes Mischgut
- Sprengstoffmischungen

❑ Besonderheiten, Ausstattungsvarianten:

- Kunststoffauskleidungen für den Mischtrog
- Verschleißfeste Schaufeln bei Schaufelschneckenmischern

❑ Baugrößen, Abmessungen, Daten:

Antriebsleisungen bis ca. 100 kW
Bauhöhe meist unter 1,9 m
Durchsatz von ca. 100 m^3/h
Eine Charge ca. 10 m^3
Mischzeit ca. 3 bis 4 min.

❑ Hersteller:

Beetz, BHS, Engelsmann, Kahl, Niepmann, Tellex

1.1.1.2.5 Kontinuierlicher Zweischneckenextruder

❐ Aufbau:

8-förmiges Gehäuse, in dem zwei gleichsinnig drehende Mischschnecken arbeiten.

❐ Mischwerkzeuge:

Kombination aus 2- oder 3-gängigen Schnecken und verschiedenartig aufgebauten Scher- und Mischelementen.

❐ Mischvorgang:

In dem 8-förmigen Gehäuse rotieren dichtkämmende, gleichläufige Doppelschnecken, die ähnlich der Einzelschnecke ein zusammenhängend umlaufenden Kanal bilden, doch tritt im Zwickel-Bereich eine starke Änderung der Mischgutbewegungsrichtung mit Gutübergabe durch wechselweises Abstreifen ein. Die Dichtheit der Schnecken in Verbindung mit ihrer Förderwirkung dient der Druckerzeugung.
Um die Misch- und Scherwirkung zu erhöhen, gelangt das Mischgut in den Bereich wenig kämmender oder nicht kämmender Knetscheibensysteme, die je nach Bedarf in ihrer Förderrichtung variabel sein können. Der hierbei vorhandene Druckverlust wird durch einen anschließenden, dicht kämmenden Schneckenteil kompensiert.
Als weitere Möglichkeiten bieten sich auf den Wellen aufgeschobene Walzenteile an, in deren engen Spalt hohe Scherung auftritt oder gar drosselnde Scherkegel, die eine zu- oder abnehmende Scherung erlauben.

❐ Kennzeichen:

➪ Große Variationsbreite bei Misch-, Scher-, und Förderteilen
➪ Mehrere verfahrenstechnische Vorgänge in einem Apparat
➪ Anwendung beim Auftreten hoher Zähigkeitskräfte im Mischgut
➪ Hoher Energiebedarf

❐ Anwendungsgebiete:

Fördern, Erwärmen, Kühlen, Komprimieren, Homogenisieren, Dispergieren usw. von Kunststoffen

❐ Besonderheiten, Ausstattungsvarianten:

- Einzelne, miteinander verschraubte Gehäuseschüsse
- Temperiereinrichtung
- Entgasungseinrichtung
- Beliebiger Aufbau der Wellen durch aufsteckbare Elemente (Baukastenbauweise)

❐ Baugrößen, Abmessungen, Daten:

Schneckendurchmesser 25 bis 650 mm
Drehmoment ca. 2 x 75 000 Nm
Antriebsleistung bis etwa 3 900 kW

❐ Hersteller:

Berstorff

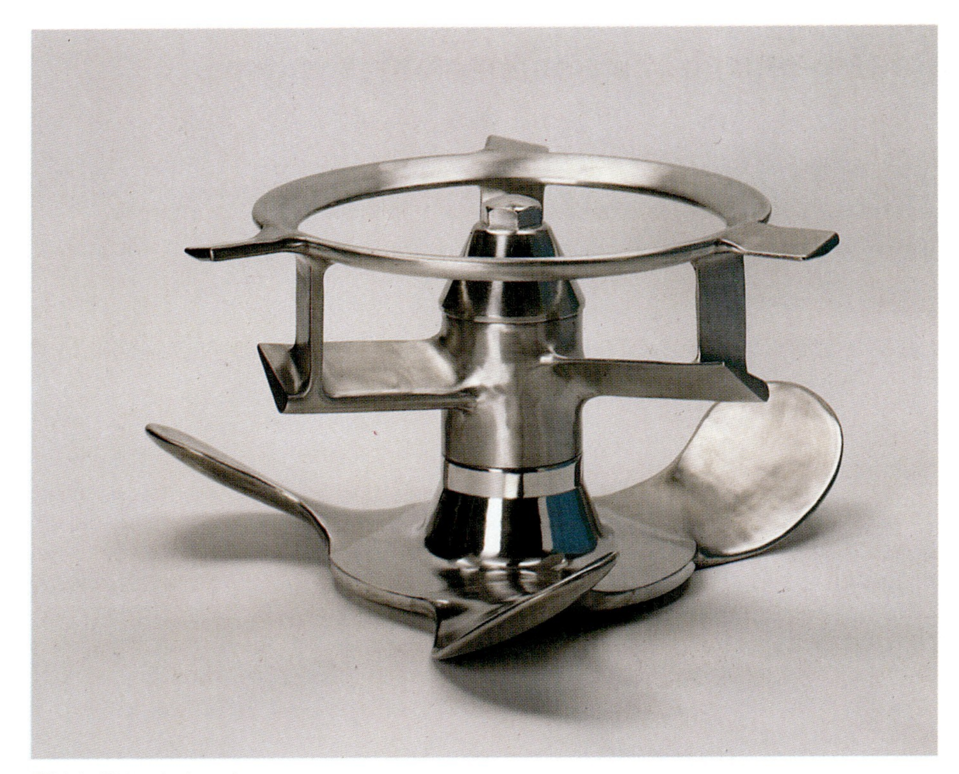

Bild 1: Heizmischwerkzeug

Bild 2: Heiz-Kühl-Mischer Kombination

1.1.2.1.1.1.1.1 Heizmischer (Fluidmischer)

❐ Aufbau:

Vertikaler, konischer Behälter mit mehrstufig arbeitendem, hochtourigem Mischwerkzeug. Der Behälter ist mit einem Deckel verschlossen.

❐ Mischwerkzeug:

Hochleistungsmischwerkzeug bestehend aus Schaufelteller und Kreiselsogmesser, wahlweise mit zusätzlichem Materialspurer.

❐ Mischvorgang:

Die speziellen Mischwerkzeuge in Verbindung mit der konischen Behältergeometrie führen zu einer ausgeprägten Mischguttrombe, die eine extrem schnelle, vertikale und axiale Vermischung über den gesamten Behälterinhalt ermöglicht. Diese gezielte Mischgutbewegung ist auch bei vergleichsweise niedrigen Umfangsgeschwindigkeiten möglich, da die für den Prozeß erforderliche Reibungswärme nicht nur durch den Kontakt zwischen Produkt und Werkzeug erreicht wird, sondern ebenso durch die intensive Materialbewegung innerhalb der Partikel zueinander. Durch die herabgesetzte Werkzeuggeschwindigkeit vermeidet man eine übermäßige Erwärmung der Werkzeugspitzen und damit auch eine mögliche Produktschädigung durch zu hohe thermische Belastung.

❐ Kennzeichen:

➪ Produktschonendes Friktionsmischverfahren
➪ Geringe Umfangsgeschwindigkeit
➪ Variabler Füllstand von 25 bis 80% des Behältervolumens
➪ Breites Einsatzgebiet

❐ Anwendungsgebiete:

- Mischen von pulverförmigen, körnigen oder kurzfasrigen Trockenstoffen, auch mit flüssigen oder pastösen Komponenten
- Friktionsmischen z.B. Hart- und Weich-PVC-Aufbereitung
  Thermoplastische Compounds
  Masterbatches
  Recycling
  Faseraufbereitung
- Sonstige Misch-, Sinter-, und Agglomerationsprozesse

❐ Besonderheiten, Ausstattungsvarianten:

- Sonderwerkzeuge (auch gekühlte Ausführung)
- Heiz-/Kühl- bzw. Druckmantel
- Ein- und Mehrstufenmesserköpfe
- SPS-Steuerung
- Nachgeschalteter Kühlmischer für Abkühlungsprozesse möglich (horizontale oder vertikale Bauart)

❐ Baugrößen, Abmessungen, Daten:

Behältervolumen von 10 bis 2 000 l
Antriebsleistungen bis 600 kW
Temperaturbereich bis 280°C möglich

❐ Hersteller:

Papenmeier, Dierks & Söhne, Mixaco

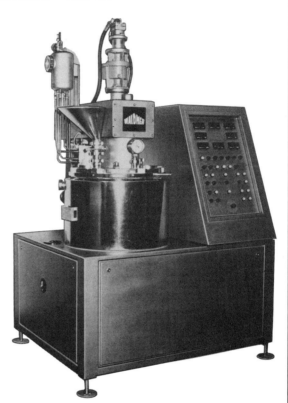

1.1.2.1.1.1.2.1 Kühlmischer

❐ Aufbau:

Vertikaler, flacher, zylindrischer Behälter, der als Doppelmantel ausgeführt ist. Am Behälterboden rotiert ein propellerförmiges Mischwerkzeug. Unter dem Kühlmischerdeckel ist eine doppelwandige Innenkühlkammer verschraubt, die als zusätzliche Kühlfläche beidseitig beaufschlagt wird.

❐ Mischwerkzeug:

Meist 2-flügeliges, propellerförmiges Mischwerkzeug bzw. Ringmischwerkzeug.

❐ Mischvorgang:

Das vom Heizmischer erwärmte Mischgut gelangt über den Befüllstutzen in den Innenkammerbereich des Kühlmischers und wird durch die Zentrifugalbewegung des Materials durch den Spalt Innenkammer/Werkzeugring in die Außenkammer des Kühlmischers geführt.
Die Außenkammer ist als Kühlkanal ausgelegt, d.h. alle Flächen (Außenfläche, Deckel, Boden, Innenfläche) sind külwasserdurchströmt.
Durch die niedrige Bauweise und den großen Durchmesser des Mischers wird eine große, effektiv genutzte Gesamtkühlfläche erreicht, die einen optimalen Wärmeaustausch garantiert.

❐ Kennzeichen:

➪ Erheblich geringere Umfangsgeschwindigkeit als beim Heizmischer (max. 6 - 8 m/s)
➪ Behältervolumen 2- bis 4-mal größer als bei Heizmischern damit:
- Beide Mischer gleiche Taktzeiten haben (totzeitfreier Chargenbetrieb)
- Die Kühlfläche möglichst groß ist
- Abkühlung von 120 bis 130°C auf ca. 30 bis 60°C

❐ Anwendungsgebiete:

- Schnelle und gleichmäßige Abkühlung von Mischgut, das im Heizmischer behandelt wurde, damit es lager-, rieselfähig und trocken wird (Dryblend oder Compound)
- Zerkleinerung von Agglomeraten

❐ Besonderheiten, Ausstattungsvarianten:

- Kühlwasserdurchflossenes Mischwerkzeug
- Agglomeratzerkleinerer
- Gebläse zur direkten Oberflächenkühlung mit Luft
- Kontrollierter Kühlwasserzulauf zur Wasserverbrauchssenkung
- Abschwenkbare Ausläufe zur leichteren Reinigung
- Keine Kondensatbildung an der Behälterwand

❐ Baugrößen Abmessungen, Daten:

Behälterinhalt zwischen 25 und 2 900 l
Antriebsleistung von 0,55 bis 46 kW
Werkzeugdrehzahl: 58 bis 385 1/min

❐ Hersteller:

Mixaco, Dierks & Söhne, Papenmeier

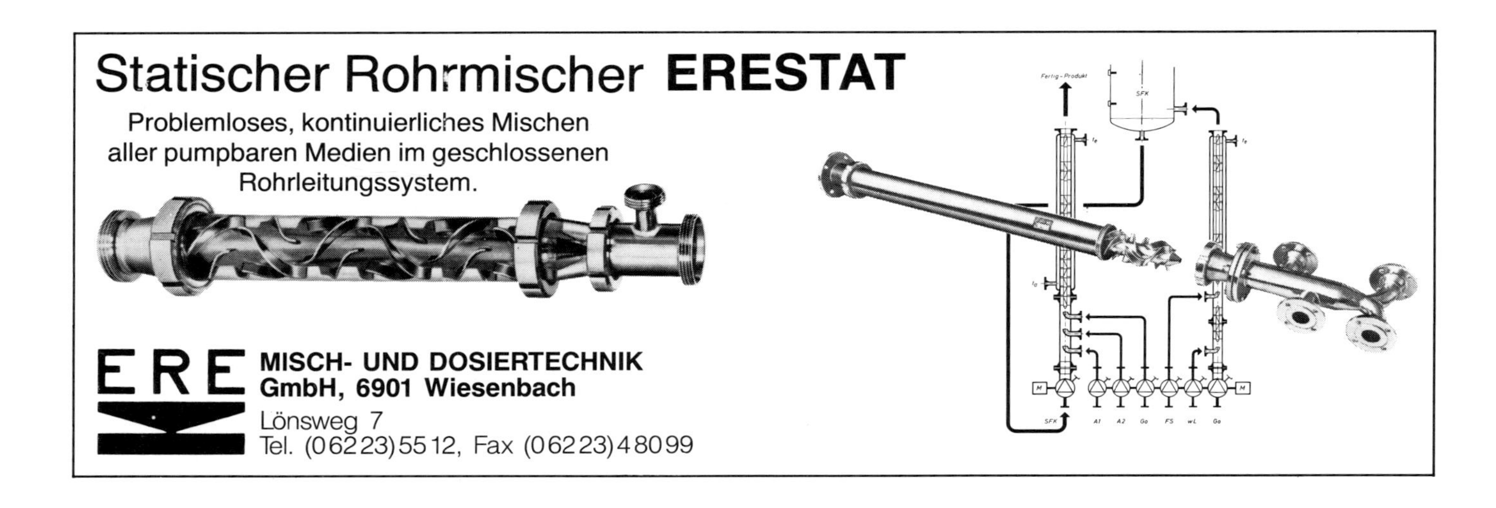
Statischer Rohrmischer **ERESTAT**
Problemloses, kontinuierliches Mischen aller pumpbaren Medien im geschlossenen Rohrleitungssystem.
ERE
MISCH- UND DOSIERTECHNIK GmbH, 6901 Wiesenbach
Lönsweg 7
Tel. (06223) 5512, Fax (06223) 48099
Fertig-Produkt
SFX
A1
A2
FS

1.1.2.1.1.1.2.2 Kesselmischer (Mischgranulator)

❒ Aufbau:

Vertikaler, meist nach oben konisch verjüngter, zylindrischer Behälter (Kessel). In Bodennähe rotiert zentrisch ein 3- oder 4-flügeliges Mischwerkzeug.

❒ Mischwerkzeug:

3- bis 4-flügeliges, bodennah rotierendes, propellerartiges Mischwerkzeug

❒ Mischvorgang:

Die Mischgutpartikel werden von dem Mischwerkzeug erfaßt, wobei sie eine Beschleunigung zum Behälterrand hin erfahren. Die Anstellung des Mischwerkzeugflügels ergibt eine weitere Beschleunigungskomponente, die nach oben zeigt. Der nach oben hin enger werdende Behälter lenkt das Mischgut zur Mitte, wo es den gleichen Prozeß immer wieder durchläuft. Insgesamt ergibt sich ein trombenförmiger Verlauf des Mischgutes, dem eine Rotation um die Mischwerkzeugachse überlagert ist.

❒ Kennzeichen:

➪ Schonendes Mischverfahren (Mischgüter werden nicht durch Schlag, Reibung oder Erwärmung beeinflußt)
➪ Umfangsgeschwindigkeit niedrig (4-8 m/s)
➪ Geringe Scherkrafteinwirkung und Erwärmung

❒ Anwendungsgebiete:

- Mischen, Dispergieren, Benetzen und Feuchtgranulieren von pulverförmigen bis grobkörnigen, sowie fließfähigen Materialien, einschließlich Flüssigkeiten: z.B. Einfärben von Kunststoffpulvern und -Granulaten
- Herstellung von kalten Hart- und Weich-PVC-Vormischungen
- Vermischung von Zement-Einzelproben zur Erzielung einer Querschnittsprobe
- Herstellung von Gewürzmischungen, Tomatenketchup, Kartoffelgerichten usw.

❒ Besonderheiten, Ausstattungsvarianten:

- Agglormeratzerkleinerer (Messerköpfe) bei Feuchtgranulatoren
- Ausführung mit Doppelmantel zum Heizen oder Kühlen
- Hoher Füllgrad von 90 % möglich
- Luftspaltabdichtung an der Hauptwelle
- Ausführung in Edelstahl
- Auslauf abklappbar
- Pneumatisch oder mechanisch auswerfbare Dichtungen an Haupt- und Zerhackerwelle
- Einrichtung zur Vakuumbeschickung und Bindemittelzugabe

❒ Baugrößen, Abmessungen, Daten:

Nutzinhalt von 22 bis 1 400 l
Antriebsleistung von 0,5 bis 70 kW
Nutzvolumen max. 90 % des Totalinhaltes

❒ Hersteller:

Dierks & Söhne, Vollrath

1.1.2.1.1.2.1.1 Kegelstumpfmischer

❐ Aufbau:

Der Behälter hat die Form eines Kegelstumpfes. Darin rotiert eine zentrisch gelagerte, von oben angetriebene Mischwelle mit einem Bandschneckenwerkzeug.

❐ Mischwerkzeug:

Zwei koaxiale Bandschnecken sind auf einer Welle angebracht. Eine ist der kegelstumpfförmigen Behälterwand angepaßt, die andere ist zylindrisch konturiert und hat entgegengesetzte Steigung.

❐ Mischvorgang:

In dem als Kegelstumpf ausgebildeten Mischbehälter rotiert eine von oben angetriebene, vertikale, zentrisch gelagerte Welle, an der das Mischwerkzeug befestigt ist. Das am Boden befindliche Mischgut wird von einem schneepflugähnlichen Ausräumer umgewälzt und in den Wirkungsbereich der äußeren Schnecke transportiert. Diese fördert das Mischgut nach oben. Ein Teil davon gelangt aber durch Abgleiten in die Randzone des Wirkungsbereiches. Die innere Schnecke fördert in Richtung Boden, und auch hier geschieht der gerade beschriebene Vorgang. Insgesamt zirkuliert das Mischgut an der Behälterwand nach oben, in der Behältermitte nach unten, wobei eine intensive, radiale Stoffumlagerung stattfindet.

❐ Kennzeichen:

➪ Langsam drehendes Mischorgan
➪ Schonendes Mischverfahren
➪ Ideal bei zerkleinerungs- und wärmeempfindlichen Stoffen
➪ Sehr gute Homogenität bei relativ kleiner Mischzeit
➪ Minimale Bauhöhe bei optimalem Nutzinhalt
➪ Verschleiß im Mischer auch beim Mischen stark verschließender Stoffe gering

❐ Anwendungsgebiete:

- Trockenstoffe (pulverförmig, kleinkörnig, kurzfaserig)
- Dünn- und dickflüssige Teige
- Flüssiglkeiten bis zu mittleren Viskositäten
- Befeuchten, Trocknen, chemische Reaktionen unter Druck oder Vakuum
- z.B.: Suppenmischungen, Backmischungen, Gewürzmischungen, Futtermittel, Pflanzenschutzmittel, Toner

❐ Besonderheiten, Ausstattungsvarianten:

- Druck-/Vakuumausführung
- Heiz-/Kühlbarer Außenmantel

❐ Baugrößen, Abmessungen, Daten:

Siehe linke Seite

❐ Hersteller:

Alpine

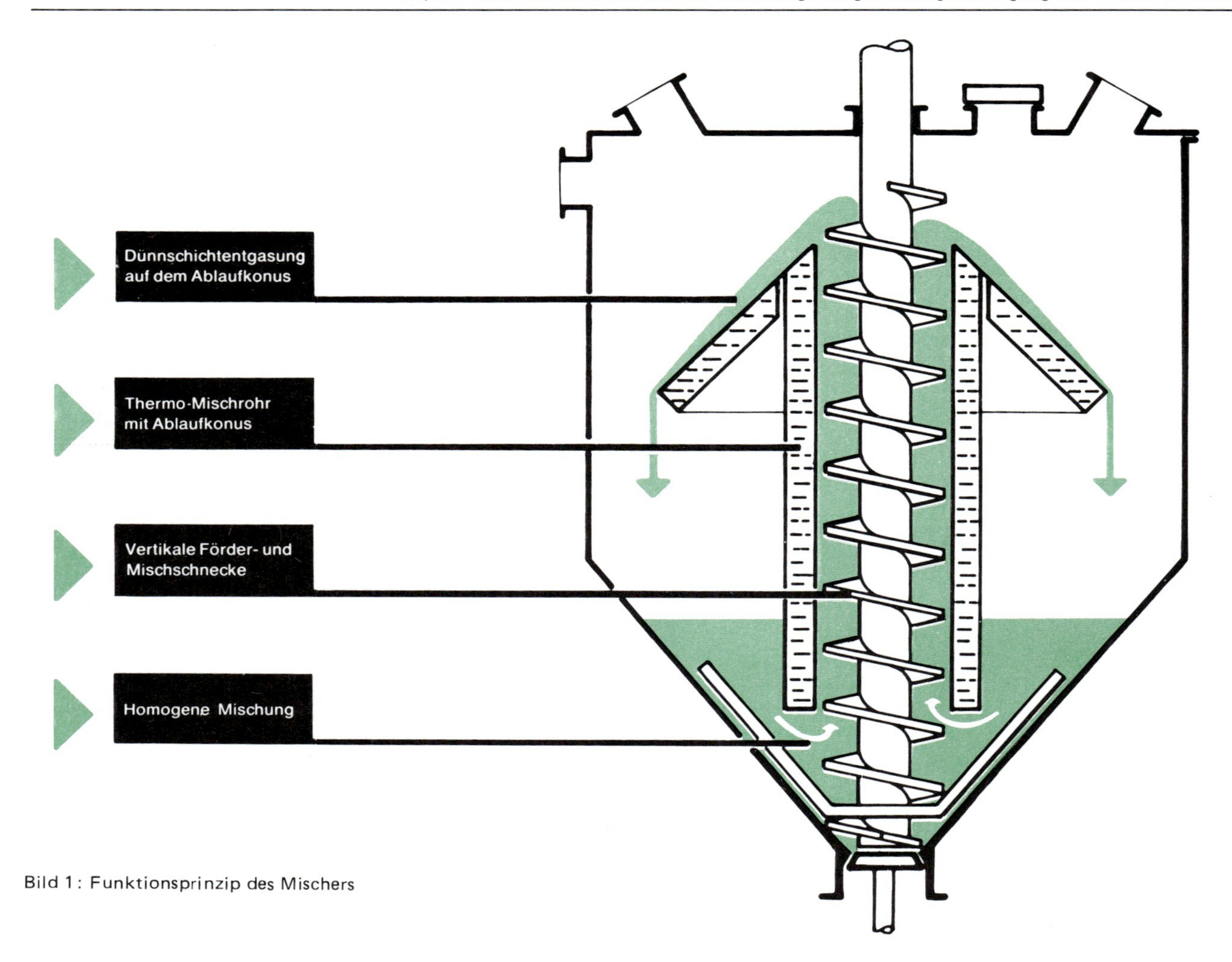

Bild 1: Funktionsprinzip des Mischers

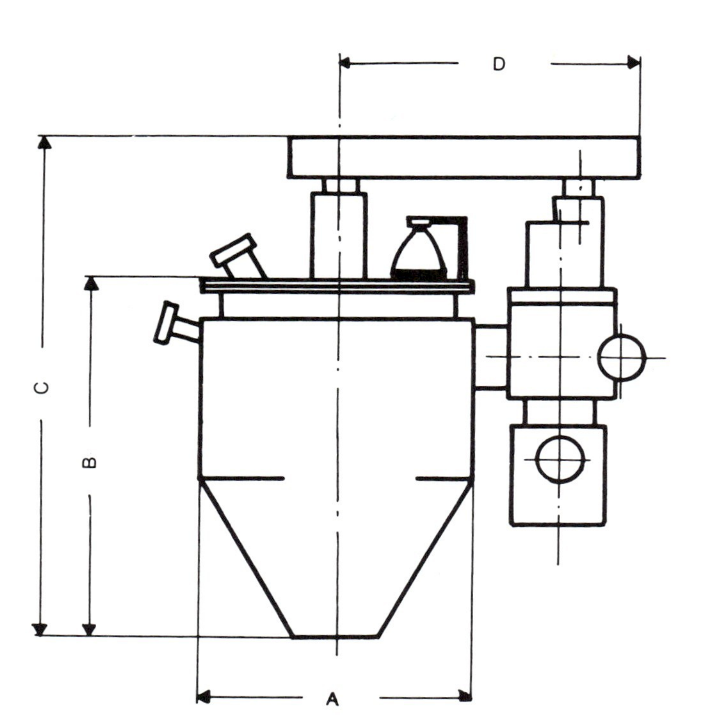

Bild 2: Hauptmaße

Nutz-volumen (l)	A	B	C	D
10	500	588	1310	–
30	650	794	1074	730
60	650	954	1234	730
120	805	1173	1503	920
240	960	1355	1670	1120
300	970	1405	1745	1200
500	1360	1565	1945	1330

Änderungen vorbehalten

1.1.2.1.1.2.1.2 Dünnschichtentgasungsmischer

❒ Aufbau:

Vertikaler, zylindrischer Silobehälter mit kegelstumpfförmigem Boden, in dem ein vertikales Rohrschneckensystem arbeitet. Am oberen Ende des Rohres ist ein Ablaufkonus angebracht.

❒ Mischwerkzeug:

In einem Rohr geführte Misch- und Förderschnecke, an deren Fuß ein, der Behälterwand angepaßtes, Abstreifwerkzeug montiert ist.

❒ Mischvorgang:

In dem Silobehälter rotiert eine im Rohr geführte, vertikale Förder- und Mischschnecke, die das Mischgut ständig nach oben fördert. Durch die hohe Turbulenz des Teilstromes innerhalb des Mischrohres wird ein schneller Stoffaustausch erzielt.
Nach dem Austritt aus dem Mischrohr fließt das Mischgut auf den Ablaufkonus zurück, wobei infolge verkleinerter Schichtdicke durch die größer werdende Oberfläche eine intensive Entgasung erfolgt. Das so behandelte Mischgut fällt wieder in den Behälter, um dem Prozeß erneut zugeführt werden zu können. Am Fuß der Misch- und Förderschnecke ist ein, der konischen Behälterwandung angepaßtes Abstreifwerkzeug befestigt, um dort befindliches Mischgut aufzuwirbeln und der Schnecke zuzuführen.

❒ Kennzeichen:

➪ Mehrere Verfahren in einem Apparat
➪ Schnelles, intensives Mischen durch Zwangsumwälzung
➪ Vom Füllstand unabhängige Misch- und Entgasungseigenschaften
➪ Geringes Nutzvolumen

❒ Anwendungsgebiete:

- Behandlung von Stoffen verschiedenster Art und Konsistenz: Flüssig-flüssig, flüssig-fest, flüssig-gasförmig, fest-fest, fest-gasförmig.
- Mögliche Verfahrensschritte : Mischen, Dispergieren, Extrahieren, Eindicken, Entgasen, Verdampfen, Trocknen u.a.m.

❒ Besonderheiten, Ausstattungsvarianten :

- Außenmantel , Mischerrohr und Ablaufkonus können als Doppelmantel zum Kühlen oder Heizen ausgeführt werden.

❒ Baugrößen, Abmessungen, Daten:

Angaben zu Antriebsleistung und Schneckendrehzahl beim Hersteller abrufbar.
Abmessungen und Nutzvolumina siehe linke Seite.

❒ Hersteller:

Hedrich

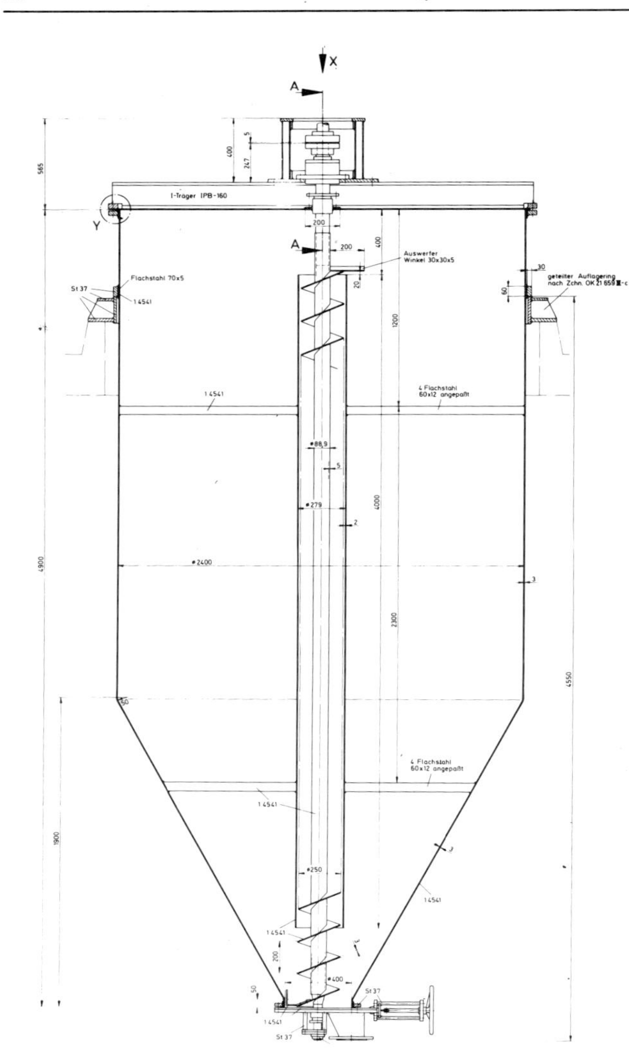

Bild 1: Hauptmaße

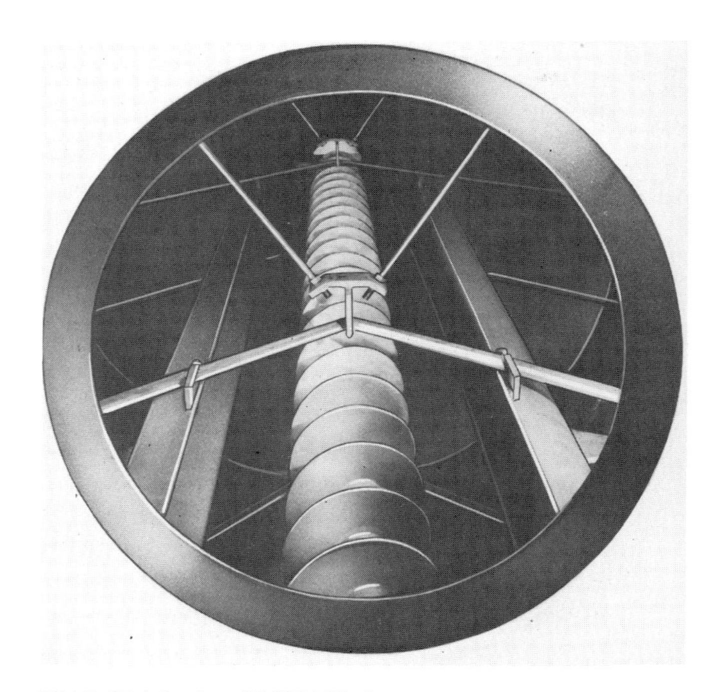

Bild 2: Blick in einen 15 000 l Mischer

Tafel 1: Technische Daten

Behälter Nr.	Nutz-inhalt m³	Gesamt-inhalt dm³	Kegel-inhalt dm³	Zylinger inhalt dm³	h_1	h_2	h_3	h_4	dmax	DZ	Gewichte in kp					Gesamt-gewicht mal Antrieb in kp
											Behälter	Schnecke	Schieber	Lager	Antrieb	
1	0,3–0,4	500	280	220	280	1072	737	300	442	1000	249	60	72	60	33	474
2	0,6–0,8	987	280	707	900	1072	1357	300	561	1000	294	94	72	60	80	600
3	0,8–1,2	1497	280	1217	1550	1072	2007	300	686	1000	343	132	72	60	128	735
4	0,8–1,2	1615	485	1130	1000	1286	1571	300	621	1200	370	111	72	60	128	741
5	1,3–1,7	2181	485	1696	1500	1286	2171	300	718	1200	414	141	72	60	136	823
6	1,8–2,4	3155	947	2208	1250	1608	2143	400	712	1500	502	140	72	60	136	910
7	2,5–2,9	3596	947	2649	1500	1608	2393	400	761	1500	530	156	72	60	184	1002
8	3,0–3,8	4477	947	3530	2000	1608	2893	400	857	1500	586	190	72	60	240	1148
9	3,9–4,3	5451	1636	3815	1500	1930	2715	400	822	1800	832	177	72	60	240	1381
10	4,4–5,4	6723	1636	5087	2000	1930	3215	400	919	1800	920	212	72	60	240	1504
11	5,5–6,8	7995	1636	6359	2500	1930	3715	400	1015	2100	1201	320	72	109	483	2002
12	6,9–7,6	9523	2599	6924	2000	2251	3436	500	961	2100	1201	295	72	109	473	2101
13	7,7–9,3	11254	2599	8655	2500	2251	3936	500	1058	2100	1304	339	72	109	569	2393
14	9,4–11,1	12958	2599	10386	3000	2251	4436	500	1154	2100	1408	384	72	109	629	2602
15	11,2–12,5	15182	3878	11304	2500	2573	4258	500	1120	2400	1583	358	72	109	629	2761
16	12,6–14,8	17443	3878	13565	3000	2573	4758	500	1216	2400	1712	551	72	167	829	3331
17	14,9–16,0	19799	3878	14921	3300	2573	5058	500	1274	2400	1783	584	72	167	1033	3639
18	16,1–20,9	24622	6159	18463	3000	3002	5187	500	1298	2800	2446	602	72	167	1033	4320
19	20,9–23,8	27699	6159	21540	3500	3002	5687	500	1395	2800	2619	662	72	167	1370	4890
20	23,9–26,8	30777	6159	24618	4000	3002	6187	500	1491	2800	2791	724	72	167	1526	5316
21	23,1–24,3	28771	7576	21195	3000	3216	5401	500	1340	3000	2682	627	72	167	1407	4955
22	26,0	32304	7576	24728	3500	3216	5901	500	1463	3000	2867	688	72	167	1562	5358
23	30,7	35836	7576	28260	4000	3216	6401	500	1532	3000	3052	752	72	167	1562	5605

Änderungen vorbehalten — Subject to change without notice

1.1.2.1.1.2.1.3 Zylinderschneckenmischer

❐ Aufbau:

In einem oben zylindrischen und nach unten konisch zulaufenden Mischbehälter ist eine zentrisch geführte, zylindrische Mischschnecke angeordnet. Der Antrieb, auf einer Konsole montiert, befindet sich auf dem Mischerdeckel. Neben der Lagerung am Ende des Konus befindet sich der Schieberverschluß. Die zentrisch geführte Mischschnecke hat oben ein Pendelrollen-Axiallager und unten ein Spurlager mit Buchse, hartmetallgepanzert. Das Dichtungsproblem entfällt dadurch.

❐ Mischwerkzeug:

Die Mischschnecke fördert Produkt aus dem Mischraum über das Produktniveau.

❐ Mischvorgang:

Eine im Zentrum des Mischbehälters nicht ummantelte oder im Rohrtrog geführte Schnecke fördert die in ihren Einzugsbereich gelangende Ware über das Produktniveau und wirft es dort aus.
Der am Konusende frei werdende Raum füllt sich kontinuierlich mit der, durch die Schwerkraft und der Schräge der Wandung nachrutschende, Ware auf. Die so in Umlauf gebrachten Mischkomponenten wechseln ständig ihre Zusammensetzung.

❐ Kennzeichen:

➪ Zylindrische Transportschnecke
➪ Rohrhalbschalen, zur Reinigung pneumatisch ausfahrbar

❐ Anwendungsgebiete:

Feinkörnige, nachfließende Produkte, bei welchen sich aus verfahrenstechnischen oder räumlichen Gründen ein Vertikalmischer empfiehlt, jedoch eine zwangsweise Nach-Oben-Führung der Mischkomponenten erforderlich ist.

❐ Besonderheiten, Ausstattungsvarianten:

- Reinigungsöffnung oder Mannloch
- Schaugläser
- Füllstandsmelder
- Probennehmer
- Belüftungsringleitungen
- Doppelwandung für Kühl- und Heizmedien
- u.a.m.

❐ Baugrößen, Abmessungen, Daten:

siehe linke Seite

❐ Hersteller:

J. Engelsmann AG

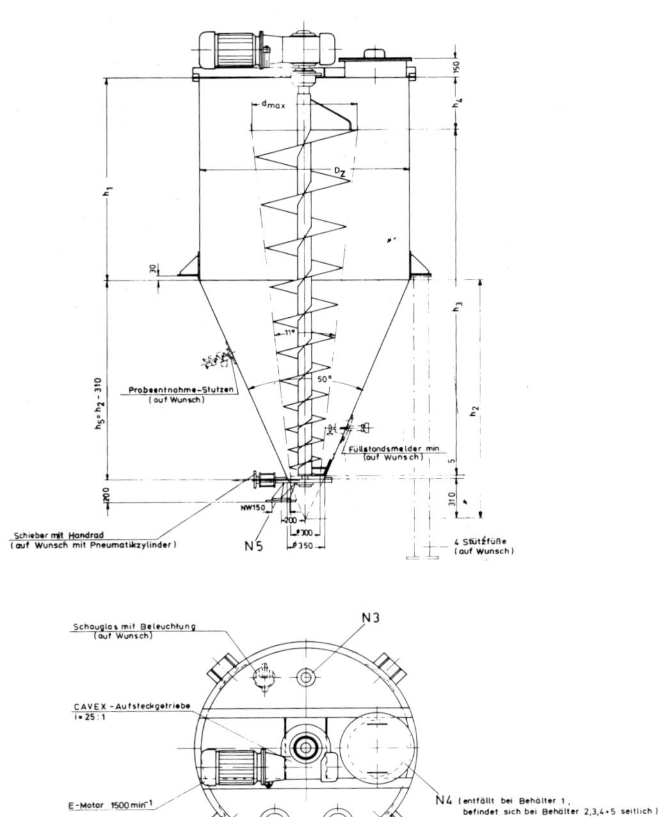

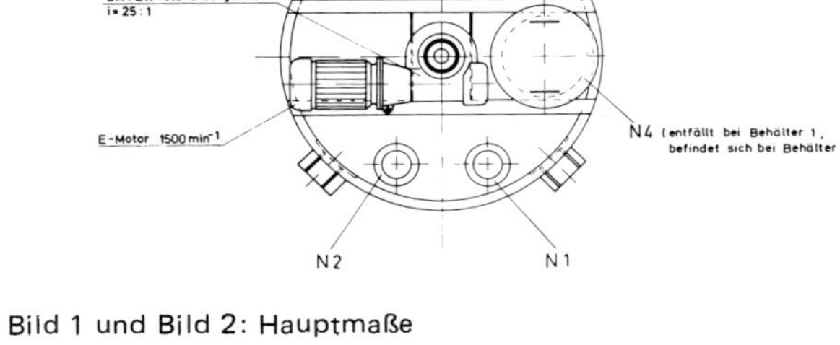

Bild 1 und Bild 2: Hauptmaße

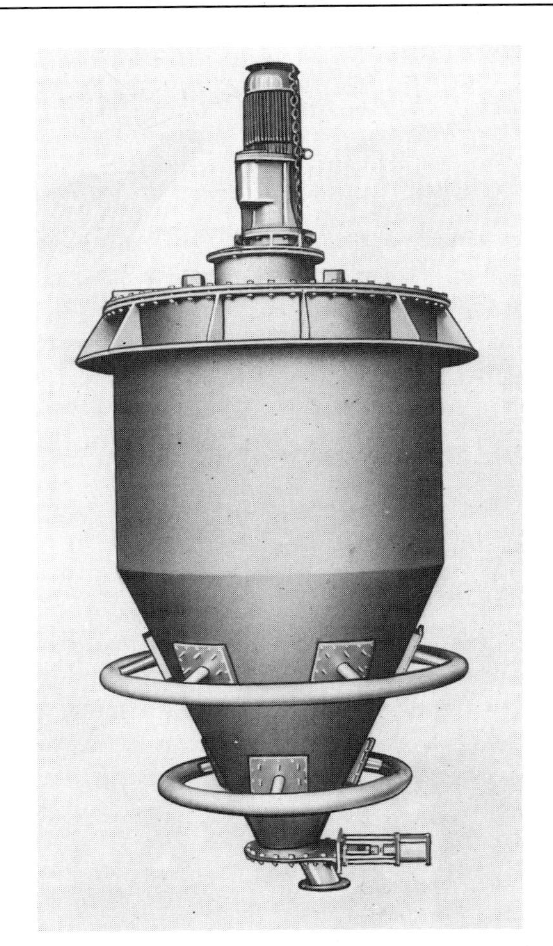

Bild 3: Gesamtansicht

Tafel 1: Technische Daten

Behälter Nr.	Nutz-inhalt m³	Gesamt-inhalt dm³	Kegel-inhalt dm³	Zylinger inhalt dm³	h_1	h_2	h_3	h_4	dmax	DZ	Gewichte in kp					Gesamt-gewicht mal Antrieb in kp
											Behälter	Schnecke	Schieber	Lager	Antrieb	
1	0,3–0,4	500	280	220	280	1072	737	300	442	1000	249	60	72	60	33	474
2	0,6–0,8	987	280	707	900	1072	1357	300	561	1000	294	94	72	60	80	600
3	0,8–1,2	1497	280	1217	1550	1072	2007	300	686	1000	343	132	72	60	128	735
4	0,8–1,2	1615	485	1130	1000	1286	1571	300	621	1200	370	111	72	60	128	741
5	1,3–1,7	2181	485	1696	1500	1286	2171	300	718	1200	414	141	72	60	136	823
6	1,8–2,4	3155	947	2208	1250	1608	2143	400	712	1500	502	140	72	60	136	910
7	2,5–2,9	3596	947	2649	1500	1608	2393	400	761	1500	530	156	72	60	184	1002
8	3,0–3,8	4477	947	3530	2000	1608	2893	400	857	1500	586	190	72	60	240	1148
9	3,9–4,3	5451	1636	3815	1500	1930	2715	400	822	1800	832	177	72	60	240	1381
10	4,4–5,4	6723	1636	5087	2000	1930	3215	400	919	1800	920	212	72	60	240	1504
11	5,5–6,8	7995	1636	6359	2500	1930	3715	400	1015	2100	1201	320	72	109	483	2002
12	6,9–7,6	9523	2599	6924	2000	2251	3436	500	961	2100	1201	295	72	109	473	2101
13	7,7–9,3	11254	2599	8655	2500	2251	3936	500	1058	2100	1304	339	72	109	569	2393
14	9,4–11,1	12958	2599	10386	3000	2251	4436	500	1154	2100	1408	384	72	109	629	2602
15	11,2–12,5	15182	3878	11304	2500	2573	4258	500	1120	2400	1583	358	72	109	629	2761
16	12,6–14,8	17443	3878	13565	3000	2573	4758	500	1216	2400	1712	551	72	167	829	3331
17	14,9–16,0	19799	3878	14921	3300	2573	5058	500	1274	2400	1783	584	72	167	1033	3639
18	16,1–20,9	24622	6159	18463	3000	3002	5187	500	1298	2800	2446	602	72	167	1033	4320
19	20,9–23,8	27699	6159	21540	3500	3002	5687	500	1395	2800	2619	662	72	167	1370	4890
20	23,9–26,8	30777	6159	24618	4000	3002	6187	500	1491	2800	2791	724	72	167	1526	5316
21	23,1–24,3	28771	7576	21195	3000	3216	5401	500	1340	3000	2682	627	72	167	1407	4955
22	26,0	32304	7576	24728	3500	3216	5901	500	1463	3000	2867	688	72	167	1562	5358
23	30,7	35836	7576	28260	4000	3216	6401	500	1532	3000	3052	752	72	167	1562	5605

Änderungen vorbehalten — Subject to change without notice

1.1.2.1.1.2.1.4 Kegelschneckenmischer

❐ Aufbau:

In einem oben zylindrischen und nach unten konisch zulaufenden Mischbehälter ist eine zentrisch geführte, konische Mischschnecke angeordnet. Der Deckel mit Einlaufstutzen dient auch zur Montage des Antriebes. Neben der Lagerung am Ende des Konus befindet sich der Auslauf mit Schieberverschluß.

❐ Mischwerkzeug:

Die Mischschnecke fördert Produkt aus dem Mischraum über das Produktniveau.

❐ Mischvorgang:

Eine sich im Durchmesser nach unten verjüngende, vertikal im Zentrum des Mischbehälters angeordnete Schnecke, fördert das in ihrem Einzugsbereich lagernde Produkt nach oben. Dort wird es ausgeworfen, rutscht an den Wänden nach unten und wird erneut von der Mischschnecke erfaßt.
Der Antrieb erfolgt von oben. Austrag der gemischten Ware an der Unterseite des Kegelmischers.

❐ Kennzeichen:

⇨ konische Transportschnecke
⇨ Dichtungsproblem an der Schnecke entfällt durch Pendelrollen-Axiallager oben und Spurlager mit Buchse, hartmetallgepanzert, unten.

❐ Anwendungsgebiete:

Mischen von pulver- bis granulatförmigen Produkten aus allen Industrien, eventuell unter Zugabe flüssiger oder trockener Additive, z.B. in der Getreidemüllerei für Mehl und Grieß.

❐ Besonderheiten, Ausstattungsvarianten:

- Reinigungsöffnung bzw. Mannloch
- Schaugläser
- Füllstandsmelder
- Probenehmer
- Belüftungsringleitungen, druckstoßfest
- Doppelwandung für Heiz- und Kühlmedium
- Rührarme
- u.a.m.

❐ Baugrößen, Abmessungen, Daten:

siehe linke Seite

❐ Hersteller:

J. Engelsmann AG

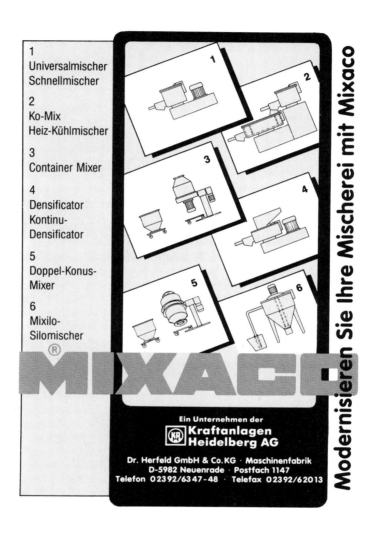

1.1.2.1.1.2.1.5 Container-Mischer mit Mischwerkzeug

❐ Aufbau:

Im Container wird mit einem vertikal angeordneten Universal-Mischwerkzeug und eventuell einem schnellaufenden Dispersionsflügel am Boden gemischt.

❐ Mischwerkzeug:

Universal-Mischwerkzeug zur schonenden Umwälzung und zusätzlich ein Dispersionsflügel zur Agglomeratzerkleinerung.

❐ Mischvorgang:

Der fahrbare Mischcontainer, der alle Mischungskomponenten enthält, wird über einen pneumatischen Hubzylinder und pneumatisch betätigte Spannpratzen automatisch mit dem Mischkopf verbunden. Die Funktionen werden über eine 2-Handbetätigung in der Anlagensteuerung durchgeführt. Nach dem Spannvorgang senkt der Hubzylinder wieder ab und die gesamte Mischeinheit einschließlich Container wird über einen Schwenkgetriebemotor um 180° in die Mischposition gedreht. Der Container steht nun oben und das Mischgut fällt auf das untenliegende Mischwerkzeug.
Das Mischgut gerät beim Mischvorgang in Zentrifugalbewegung, danach steigt es in den konischen Teil des Behälters nach oben und wird zur Behältermitte umgelenkt. Die entstehende Mischtrombe sorgt für eine intensive und gute Vermischung auch der kleinsten Mischungsbestandteile.
Die Mischzeiten liegen je nach Material zwischen 0,5 und 10 min. Nach dem Mischvorgang wird der Behälter automatisch in die Abkuppelposition gedreht und abgekuppelt.

❐ Kennzeichen:

➪ Nach der Mischung leichte Reinigung des Mischerbodens
➪ Mischwerkzeug bequem durch Kippeinrichtung zugänglich
➪ Misch-, Transport- und Beschickungsvorrichtung in einem System

❐ Anwendungsgebiete:

- Mischen von Pulvern, Granulaten, Pigmenten, Pasten und Flüssigkeiten
- z.B. in der Pulverlackindustrie oft verwendeter Mischer

❐ Besonderheiten, Ausstattungsvarianten:

- Schnellaufender Dispersionsflügel gegen Mehrpreis
- Pneumatisch betätigte Spannverschlüsse
- Zwei Drehzahlen oder stufenloser Antrieb auf Sonderwunsch

❐ Baugrößen, Abmessungen, Daten:

Siehe linke Seite

❐ Hersteller:

Mixaco

1.1.2.1.1.2.2.1.1 Einwellen-Dissolver

❐ Aufbau:

In einem Mischkessel rotiert eine vertikale, zentrische Welle, an der eine Zahnscheibe befestigt ist.

❐ Mischwerkzeug:

Sägeblattähnliche Scheibe, bei der die Zähne eine axiale Ausrichtung aufweisen.

❐ Mischvorgang:

In dem Mischkessel rotiert eine, an einer vertikalen Welle befestigte Zahn- oder Dissolverscheibe mit einer Umfangsgeschwindigkeit von 25 bis 30 m/s. Die hohe Umfangsgeschwindigkeit erzeugt zwischen den von der Zahnscheibe hochbeschleunigten und den in der Nähe befindlichen, langsamen Teilchen ein hohes Schergefälle, das in der Lage ist, Sekundäragglomerate oder andere, unerwünschte Zusammenballungen aufzulösen und in der flüssigen Phase zu verteilen. Die von der Zahnscheibe erfaßten und beschleunigten Partikel werden wegen der Fliehkraft radial nach außen weggeschleudert, was eine axiale Ansaugung von oben und unten zur Folge hat.
Damit auch bei hochviskosen Produkten eine einwandfreie Umwälzung des Behälterinhaltes gewährleistet ist, sollte das Verhältnis von Zahnscheibendurchmesser zu Behälterdurchmesser Werte von 1 : 1,3 bis 1 : 3 haben. Die Viskosität des Ansatzes, d.h. der Anteil Feststoffe in einem Flüssigkeitsanteil ist entscheidend für einen turbulenzfreien Umlauf des Ansatzes. Bei richtiger Viskosität entsteht der Doughnut-Effekt, der auf Trombenbildung im Ansatz zurückzuführen ist.

❐ Kennzeichen:

➪ Hohe Umfangsgeschwindigkeit bis zu 30 m/s
➪ Hoher spezifischer Energieeintrag in das Mischgut
➪ Starke Erwärmung des Mischgutes
➪ Optimale Feindispergierung im hochviskosen Bereich

❐ Anwendungsgebiete:

- Dispergieren, Suspendieren, Emulgieren, Lösen und Homogenisieren fließender bis hochviskoser Medien.

❐ Besonderheiten, Ausstattungsvarianten:

- Lastabhängige Drehzahlregelung
- Vakuumausführung

❐ Baugrößen, Abmessungen, Daten:

- Behälterinhalt bis 1 400 l
- Antriebsleistung - bis 100 kW (Elektromotor)
  - bis 220 kW (bei hydrostatischem Antrieb)

❐ Hersteller:

VMA-Getzmann, Vollrath

1.1.2.1.1.2.2.1.2 Mehr-Wellen-Dissolver

❐ Aufbau:

In einem Mischkessel rotieren mehrere, von oben angetriebene, vertikale Wellen, an denen Zahnscheiben befestigt sind.

❐ Mischwerkzeug:

Sägeblattähnliche Scheiben, deren Zähne axiale Ausrichtungen aufweisen.

❐ Mischvorgang:

Das Mischwerkzeug wird mittels einer Hubvorrichtung in den Mischkessel eingetaucht. Im Mischkessel rotieren mehrere, an vertikalen, von oben angetriebenen, parallelen Wellen befestigte Zahn- oder Dissolverscheiben, die durch ihre ineinandergreifende Anordnung besondere Schergefälle aufbauen und damit effektive Mischeffekte erzielen. Dabei treffen die von der Zahnscheibe beschleunigten Partikel auf die langsamen, in der Umgebung befindlichen Agglomerate und zerteilen diese.

❐ Kennzeichen:

➪ Hohe Umfangsgeschwindigkeiten
➪ Hoher spezifischer Energieeintrag ins Mischgut
➪ Starke Erwärmung des Mischgutes
➪ Ineinandergreifende Mischwerkzeuge

❐ Anwendungsgebiete:

- Dispergieren, Suspendieren, Emulgieren, Lösen und Homogenisieren fließender bis hochviskoser Medien.
- Farben- und Lackindustrie
- Druckfarbenindustrie
- Chemische- und Kunststoffindustrie
- Pharmazeutische Industrie
- Nahrungsmittel-Industrie

❐ Besonderheiten, Ausstattungsvarianten:

- Hubeinrichtung

❐ Baugrößen, Abmessungen, Daten:

Siehe linke Seite

❐ Hersteller:

Vollrath

1.1.2.1.1.2.2.2 Faßmischer (Zweiwellen-Vertikalmischer)

❒ Aufbau:

In einem zylindrischen, vertikalen Mischbehälter rotieren zwei parallele, gegenläufige und ineinandergreifende Mischwerkzeuge mit oberem Antrieb.

❒ Mischwerkzeug:

Je nach Einsatzgebiet geformte Mischwerkzeuge, z.B. haken- oder korbförmige Mischwerkzeuge.

❒ Mischvorgang:

In dem zylindrischen Mischbehälter (Faß) arbeiten zwei gegenläufig drehende, ineinandergreifende Mischwerkzeuge, die einen Zwangsmischvorgang bewirken. Zur Intensivierung der Mischwirkung läßt man den Behälter - bei exzentrischer Ausrichtung der Werkzeugwellen zur Behälterachse und einem zusätzlich anmontierten Wandabstreifer - auf einem separat angetriebenen Drehteller rotieren. Die Gegenläufigkeit der Werkzeuge verhindert sowohl die Bildung einer trichterförmigen Mischgutorberfläche, als auch Rückstellmomente, die beim Arbeiten mit einem Handmischgerät das Halten und Führen erschweren würden.

❒ Kennzeichen:

➪ Vielseitiger Mischapparat für einfache Aufgaben
➪ Schnelles intensives Mischen kleiner Mengen
➪ Transportabel (trag- oder fahrbar)
➪ Geringe Baugröße
➪ Gute Anpassung an verschiedene Produkte und Behälterabmessungen

❒ Anwendungsgebiete:

- Mischen und Dispergieren von Medien niedriger bis hoher Viskosität
- trockene Stoffe von fein- bis grobkörnig, ebenso zäh-flüssige, klebrige und gießfähige Produkte.

❒ Besonderheiten, Ausstattungsvarianten:

- Drehteller- oder Handmischerausführung
- elektrischer, pneumatischer oder hydrostatischer Antrieb

❒ Baugrößen, Abmessungen, Daten:

Nutzinhalt zwischen 5 und 200 l, in Sonderausführungen bis 400 l
Antriebsleistung zwischen 0,8 und 6 kW
Drehzahl der Mischwerkzeuge bis 750 1/min

❒ Hersteller:

Bahnsen

Inhalt

VULKAN VERLAG
ESSEN
Fachinformation
aus erster Hand

1.1.2.1.1.2.2.3 Planeten-Misch- und Knetmaschine

❒ Aufbau:

In einem stationären Mischkessel rotieren meist ein oder zwei von oben angetriebene Mischwellen mit unterschiedlichen Mischelementen planetenartig um eine zentrische Rotationsachse.

❒ Mischwerkzeug:

Je nach Einsatz kommen Knetarme, Scherflügel, Stabrührer usw. zur Anwendung.

❒ Mischvorgang:

Die beiden vertikal angeordneten Mischwerkzeuge bewegen sich nach dem Planetenprinzip entlang der Kesselwand und rotieren dabei gleichzeitig mit höherer als aus der Planetenübersetzung resultierender Drehbewegung um die eigene Achse.
Überwiegend kommen Flügelmischwerkzeuge mit schraubenförmig gegeneinander versetzten Mischflügelen zur Anwendung. Diese überschneiden sich und es werden gleichzeitig radiale und axiale Bewegungsimpulse auf das Mischgut ausgeübt. Dadurch entstehen Druck- und Gegendruckkräfte in beiden Ebenen, und es wird neben der hohen Scher- und Dispergierwirkung eine vollständige Materialumschichtung im Mischbehälter erreicht.
Bei adhäsiven Medien bringt ein Kesselwandabstreifer das Mischgut immer wieder zu den Mischwerkzeugen.

❒ Kennzeichen:

➪ Intensive Durchmischung
➪ Totraumfreies Mischen möglich
➪ Mehrere Verfahrensschritte in einem Apparat
➪ Universeller Einsatz durch entsprechende Werkzeugauswahl

❒ Anwendungsgebiete:

- Mischen und Kneten fließender bis pastöser Massen
- In Verbindung mit Zusatzaggregaten: Evakuieren, Homogenisieren und Desagglomerieren auch bei höheren Viskositäten

❒ Besonderheiten, Ausstattungsvarianten:

- Druck-/Vakuumausführung
- Heiz-/Kühlmantel
- Kombination mit Dissolverscheibe oder Homogenisierkopf

❒ Baugrößen, Abmessungen, Daten:

Nutzinhalt von 1,6 bis 1 600 l
Antriebsleistung von 7 bis ca. 300 kW

❒ Hersteller:

Herbst, Rico Rego, Linden

1.1.2.1.1.2.2.4 Planeten-Gegenstom-Mischmaschine

❐ Aufbau:

In einem drehenden Mischbottich bewegen sich am Deckel rotierende Mischwerkzeuge

❐ Mischwerkzeug:

Sowohl das Drehen der Mischtrommel als auch die Eigenbewegung der Mischflügeleinsätze im Gleich- oder Gegenlauf wirken vermischend.

❐ Mischvorgang:

Im Gegensatz zum klassischen Planetenmischer wird auch der drehende Mischbottich angetrieben. Der Mischflügel ist exzentrisch zur Bottichachse im Deckel angeordnet und wird wahlweise im Gleichlauf und im Gegenlauf zum Bottich angetrieben. Von den maschinell bearbeiteten Bottichwandungen wird das Mischgut mittels eines Abstreifers abgestreift und in das Innere des Bottichs geleitet. Mischflügeleinsätze und der Abstreifer sind einstellbar und können bei eintretendem Verschleiß nachgestellt werden.

❐ Kennzeichen:

➪ Alle Bewegungen des Bottichs sind elektrisch verriegelt
➪ Abstreifer sind bei Verschleiß nachstellbar

❐ Anwendungsgebiete:

- Mischungen bis zu feinkörnigen Materialien möglich

❐ Besonderheiten, Ausstattungsvarianten:

- Hochtourig arbeitendes Schneidwerkzeug zum Zerstören von Agglomeraten als Zusatzeinrichtung lieferbar.

❐ Baugrößen, Abmessungen, Daten:

Nutzinhalt 1 bis 400 l
Auszug aus der Maßtabelle siehe linke Seite

❐ Hersteller:

Aachener Misch- und Knetmaschinen (AMK)

PROZESS ROHR LEITUNGEN

IN ANLAGEN DER CHEMIETECHNIK VERFAHRENSTECHNIK ENERGIETECHNIK

HANDBUCH
2. AUSGABE

Herausgeber:
Dipl.-Ing. F. Langheim, Direktor des Zentralbereichs Betriebstechnik der Hüls AG, Marl, Obmann des Fachausschusses „Rohrleitungstechnik" der VDI-Gesellschaft Verfahrenstechnik und Chemieingenieurwesen (GVC)

Dr.-Ing. G. Reuter, Mitglied des Vorstandes der Kraftanlagen AG, Heidelberg, Vorsitzender der Fachgemeinschaft Rohrleitungsbau im Fachverband Dampfkessel-, Behälter- und Rohrleitungsbau e.V. (FDBR)

Zusammenstellung und Bearbeitung:
Dipl.-Ing. B. Thier, Ingenieurbüro IBT, Marl

1989. 450 Seiten mit zahlreichen Abbildungen und Tabellen. Format 21 x 29,7 cm (DIN A4). Bestell-Nr. 2683. ISBN 3-8027-2683-9. Fest gebunden DM 186,–

Nachdem das Jahrbuch „Prozessrohrleitungen" - 1. Ausgabe 1986/87 in der Fachwelt ein äußerst positives Echo ausgelöst hat, folgt nun die 2. Ausgabe des Handbuches.

Die gebündelte aktuelle Information eines speziellen Gebietes der Rohrleitungstechnik in enger Verzahnung mit der Prozeßtechnik ist für Fachleute eine wertvolle Arbeitsunterlage, die durch ein umfangreiches Literaturverzeichnis ergänzt wird.

Bei Prozeßanlagen sind Rohrleitungen ein wesentliches Element, das wirtschaftlich und technologisch zu beachten ist.

Die durch den Prozeß ausgelösten physikalischen, chemischen und technischen Vorgänge werden in der Regel in Rohrleitungssystemen hineingetragen, was bei der Auslegung zu berücksichtigen ist.

So können in Rohrleitungssystemen Beanspruchungen auftreten, die z. B. aus Wärmedehnungen, Schwingungen und Druckstößen hervorgerufen und entsprechend durch Kompensations- bzw. Dämpfungsmaßnahmen abgefangen werden müssen.

Weiterhin können, bedingt durch den Prozeß, hohe Temperaturen und Drücke auftreten sowie Werkstofflegierungen für Rohrleitungen verlangt werden, die ein hohes Maß an Fertigung, Verlegung und Qualitätsprüfung erfordern.

Rohrleitungen übernehmen die Versorgung der Anlage mit Energie und Produkt sowie ihre Entsorgung über Entlüftungs-, Entspannungs- oder Fackelleitungen. Die Verknüpfung mit dem verfahrenstechnischen Prozeß und die Integration der Rohrleitungssysteme in das sicherheitstechnische Konzept der Gesamtanlage ist dabei eine wesentliche Voraussetzung für die einwandfreie Funktion der Anlage.

Komplizierte Rohrleitungsschaltungen moderner Anlagen, die Sicherheitsfunktion dieser Systeme und der hohe Kostenanteil erfordern rationelle und ingenieurmäßige Abwicklungsmethoden bei der Planung, Konstruktion und Montage.

Die Fülle und Vielfalt der Publikationen auf dem Gebiet der Rohrleitungstechnik ist für den Anwender nur schwer überschaubar. Es ist daher besonders vorteilhaft, spezielle Fachgebiete wie Prozeßrohrleitungen in enger Verknüpfung mit der Anlagentechnik gebündelt darzustellen und somit dem Interessenten einen schnellen Überblick über die wesentlichen Entwicklungen eines bestimmten Zeitraumes zu geben.

Dem Handbuch liegt eine umfangreiche internationale Literaturrecherche zugrunde, die der Leser, nach Sachgebieten gegliedert und mit Suchbegriffen versehen, nutzen und sich somit schnell und gründlich informieren kann.

Das Buch ist, entsprechend den Sachgebieten, in 10 Kapiteln gegliedert, in welchen jeweils deutschsprachige Beiträge verschiedener Autoren wiedergegeben werden. Die Auswahl der Beiträge erfolgt nach Kriterien wie Aktualität, breite Themenübersicht und Anwenderbezogenheit.

Dabei ist die Beschränkung auf ca. 60 Einzelbeiträge, wenn sie mit der Literaturrecherche zusammen genutzt werden, keine zu große Einengung.

Eine wichtige Ergänzung des Jahrbuches bildet der Anzeigenteil mit Herstellern und Dienstleistungsbetrieben der Rohrleitungs- und Armaturentechnik in Verbindung mit einem ausführlichen deutsch-englischen Inserenten-Bezugsquellenverzeichnis. Dadurch wird dem Benutzer des Handbuches das Auffinden geeigneter Anbieter erleichtert.

Das Buch wendet sich an Betriebs- und Planungsingenieure, Rohrleitungsingenieure, Chemiker, Techniker und ist auch für Studierende der entsprechenden Fachrichtungen eine wertvolle Arbeitsunterlage.

Bitte ausschneiden und einsenden an:

Vulkan-Verlag
Postfach 10 39 62
4300 Essen 1

Hiermit bestelle ich zur sofortigen Lieferung gegen Rechnung:

_____ Expl. **„Jahrbuch Prozessrohrleitungen" je DM 186,–**

Name: ______________________

Anschrift: ______________________

Firma: ______________________

Datum/Unterschrift: ______________________

1.1.2.1.1.2.3.1 Prozeßmischanlage mit mehreren parallelen Mischwellen

❐ Aufbau:

In einem evakuierbaren, zylindrischen Mischkessel rotieren ein Ankerrührer und z.B. 1 bis 2 Dissolverscheiben, Schneckensegmentrührer, Zahnkolloidmühlen oder ein Rotor-Stator-System.

❐ Mischwerkzeug:

Ankerrührer mit zusätzlichen Wandabstreifelementen, Dissolverscheiben (1-, 2- oder 3-stöckig), Schneckensegmentrührer oder Zahnkolloidmühle. Insgesamt sind bis zu drei parallele Mischwellen in einem Behälter möglich.

❐ Mischvorgang:

Der Ankerrührer teilt das Mischgut in zwei Hauptströme. Der erste wird direkt vor dem Anker umgelenkt und verwirbelt sich mit dem Produkt, während der zweite Strom zu den Abstreifelementen gelenkt wird. Hinter dem Abstreifer bildet sich ein Verwirbelungsgebiet, in dem das Produkt nachstrebt. Dies zusammen ergibt eine gute Mischwirkung und sehr guten Wärmeübergang.
Schneckensegmentrührer verstärken eine axiale Durchmischung, während Dissolver ein Dispergieren bewirken. Meist wird zum Feindispergieren eine Kolloidmühle hinzugezogen, wobei der aus der Mühle austretende, dünne Produktfilm noch zusätzlich entgast werden kann, indem man den Mischbehälter evakuiert.

❐ Kennzeichen:

➪ Totraumfreies Mischen
➪ Intensiver Wärme- und Stoffaustausch
➪ Mehrere verfahrenstechnische Prozesse nacheinander oder gleichzeitig in einem Apparat

❐ Anwendungsgebiete:

- Mischen,
- Lösen
- Homogenisieren
- Temperieren
- Kneten
- Entgasen
- Desagglomerieren
- Viskosität: Von Flüssigkeiten bis zu zähen Pasten, sowie thixotrope Medien.

❐ Besonderheiten, Ausstattungsvarianten:

- Kombination verschiedenster Mischwerkzeuge

❐ Baugrößen, Abmessungen, Daten:

Nutzinhalt bis 3 000 l
Antriebsleistung: Abhängig von der Art, Anzahl und Abmessung der installierten Mischwerkzeuge, sowie von der Viskosität des Mischgutes.

❐ Hersteller:

Brogli, Rico-Rego

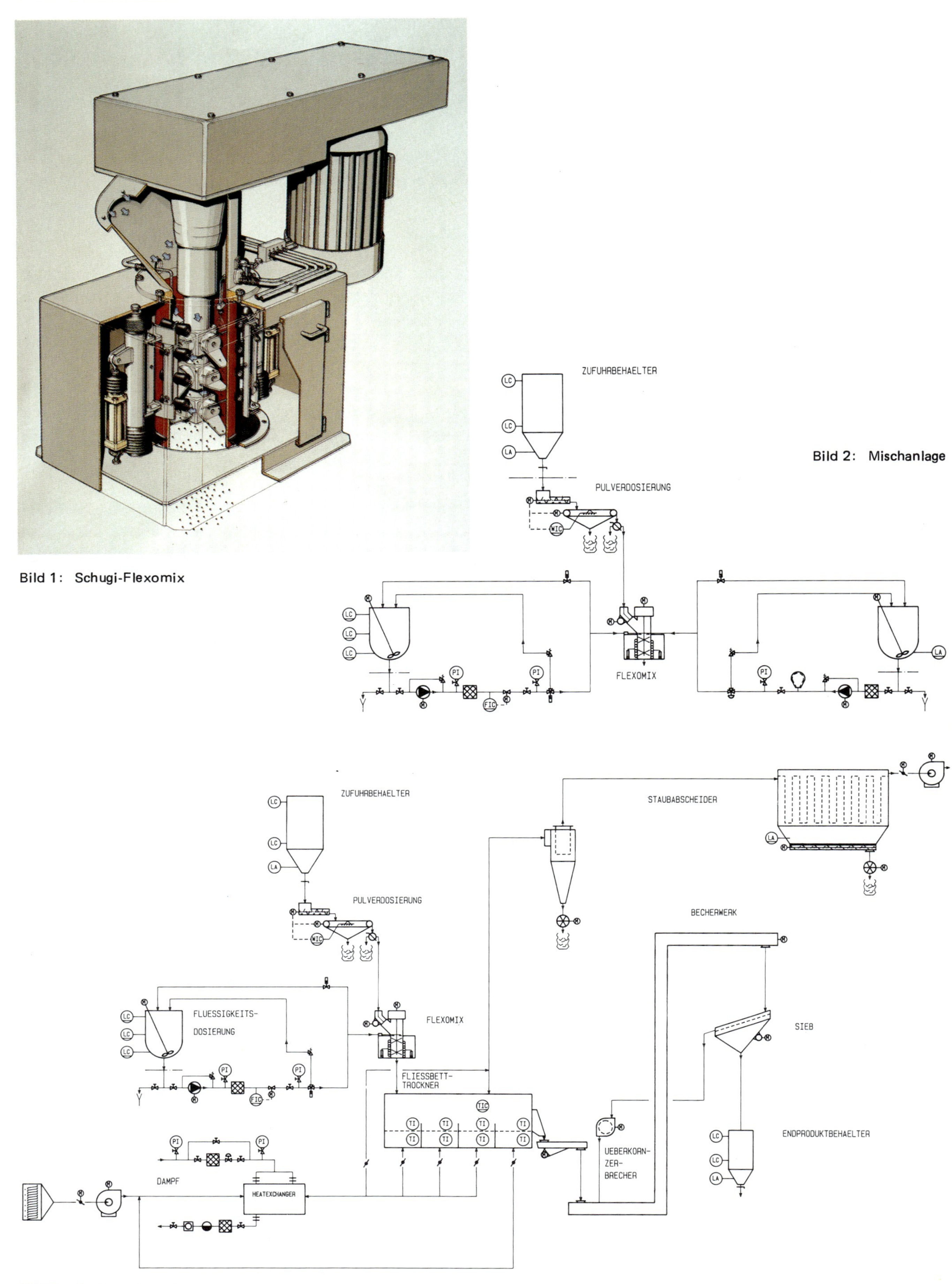

Bild 1: Schugi-Flexomix

Bild 2: Mischanlage

Bild 3: Agglomerieranlage

1.1.2.1.1.4.1 Vertikaler Rohrmischer

❐ Aufbau:

Rohrförmiger Zylinder, in dem eine schnelldrehende Mischwelle mit unterschiedlichen und im Anstellwinkel verstellbaren Mischwerkzeugen montiert ist. Selbstreinigungsvorrichtungen durch Gestaltänderung

❐ Mischwerkzeug:

Im Winkel anstellbare, stumpfe Messer, die Luftturbulenzen erzeugen

❐ Mischvorgang:

Produkt wird meist von oben kontinuierlich zugegeben, wobei der Mischraum nur zu 10 % gefüllt wird. In dem vertikalen Mischrohr arbeitet eine schnelldrehende Welle, die wahlweise von unten oder oben angetrieben wird. Die kontinuierlich freifallenden, pulverförmigen Mischgutströme werden von den auf der zentral angeordneten Welle montierten Mischwerkzeugen erfaßt und durch die hohe Umfangsgeschwindigkeit der Mischmesser in heftige Turbulenz versetzt. Gleichzeitig mit dem Pulverstrom werden die ebenfalls proportional dosierten, beizugebenden Flüssigkeiten über radial angeordnete Einsprühdüsen in feinen Strählchen oder über vertikal angeordnete Zweistoffdüsen in feinen Tröpfchen im Mischraum verteilt. Beim Zusammenprall eines pulverigen Teilchens hoher kinetischer Energie mit einem langsamen Flüssigkeitstropfen wird dieser sehr fein vernebelt und um den Trockenstoff verteilt (Coating-Effekt). Dabei werden die Trockenstoffteilchen von den Flüssigkeitsteilchen umhüllt und es entsteht ein trockenes, fließfähiges Endprodukt. Entstandene Agglomerate müssen nachbehandelt werden.

❐ Kennzeichen:

- ➪ Verweilzeit etwa 1 s
- ➪ Hohe Umfangsgeschwindigkeit durch große Drehzahl des Werkzeugs von 3 000 1/min
- ➪ Behälter ca. 10% des Gesamtvolumens gefüllt
- ➪ Maximale Temperaturerhöhung des Produktes um ca. 2°C
- ➪ Durchsatz bei gleicher Produkteigenschaft bis 1:5 variabel
- ➪ Mischintensität sehr gut regelbar
- ➪ Himbeerstruktur der Agglomerate
- ➪ Große Homogenität
- ➪ Möglichkeit für Coating

❐ Anwendungsgebiete:

- Kontinuierliches Mischen von Pulvern und Flüssigkeiten unterschiedlichster Viskosität
- Bildung von Agglomeraten, Pasten, Suspensionen/Lösungen.
- als Homogenisator, Zerbrecher

❐ Besonderheiten, Ausstattungsvarianten:

- Antrieb der Mischwelle von oben oder unten
- Mischkammer aus flexiblen Neopren, das von Rollen außen ständig verformt wird, um Produktansätze zu vermeiden.

❐ Baugrößen, Abmessungen, Daten:

Durchsatz von 100 kg/h bis 50 t/h
Baugröße von 0,3 m^3 bis 2 m^3

❐ Hersteller:

Schugi

1.1.2.2.1.1 Ringtrogmischer

❐ Aufbau:

In einem ringförmigen Behälter rotieren an Armen befestigte Mischschaufeln um die vertikale Behälterachse.

❐ Mischwerkzeug:

Schaufelartige Mischwerkzeuge, die an Armen befestigt, in verschiedener Lage im Behälter rotieren.

❐ Mischvorgang:

In dem ringförmigen Mischraum bewegen Mischarme in bestimmter Anordnung mit, in besonderem Radialwinkel angesetzten Mischschaufeln, das zu mischende Material. Das Mischgut wird andauernd und schnell von der Behälterinnen- und Außenzone zur Mittelzone und dort wieder in ständig wechselnden Strömen intensiv auch von unten nach oben durchmischt und homogenisiert. Dabei wird das gesamte Mischgut von den Mischwerkzeugen gezielt erfaßt und ist ständig in Bewegung.

❐ Kennzeichnen:

➪ Hohe Mischintensität und kurze Mischzeiten
➪ Niedrige Bauweise
➪ Feststehender, ringförmiger Mischtrog

❐ Anwendungsgebiete:

- Speziell: Feinsandmischungen
  Farbmischungen
  Schwer-, Normal und Leichtbeton
  Kalksandsteingemenge
  Tongemenge
  Keramik und Glasgemenge

❐ Besonderheiten, Ausstattungsvarianten:

- Befeuchtungseinrichtung
- Bei abrasiven Medien: Auskleidung mit Schleißplatten
- Elektrischer oder hydrostatischer (drehzahlvariabler) Antrieb
- Dampfinjektions- und Hochdrucksreinigungseinrichtung
- Kunststoff- oder Hartmetallpanzerung

❐ Baugrößen, Abmessungen, Daten:

Nutzinhalt: von 750 bis ca. 2 500 l
Antriebsleistung von 18,5 bis 60 kW

❐ Hersteller:

Stetter

Bild 1: Zyklos Gleichauf-Zwangmischer Typ ZK 250

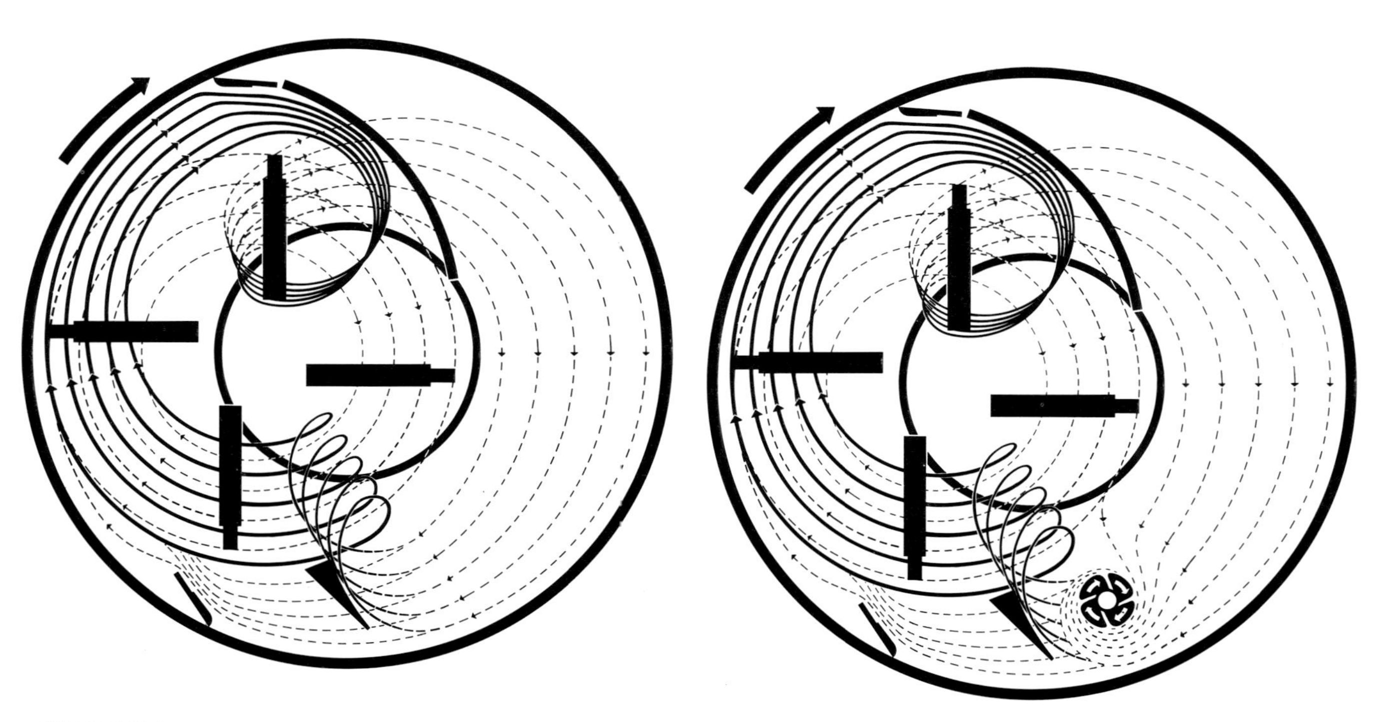

Bild 2: Rührkreuz

Bild 3: Rührkreuz mit Quirl

1.1.2.2.2.1 Tellermischer

❒ Aufbau:

In einem zylindrischen Mischbehälter (Teller), der sich um seine vertikale Achse dreht, rotieren ein oder mehrere exzentrisch angeordnete Mischwerkzeuge in gleicher Drehrichtung zum Mischbehälter.

❒ Mischwerkzeug:

Mischkreuze und Hochleistungsquirle

❒ Mischvorgang:

In den flachen, zylindrischen, um seine vertikale Achse drehbaren Mischbehälter tauchen ein oder mehrere exzentrisch angebrachte Mischwerkzeuge ein. Bei diesem Gleichlaufmischsystem haben Mischwerkzeug und Teller die gleiche Drehrichtung. Der Mischteller wird hierbei durch das als Kupplung wirkende Mischgut mitgeschleppt.
Das Mischgut wird ständigen Lage- und Geschwindigkeitsänderungen unterworfen. Um die Mischintensität noch zu verbessern, verwendet man ortsfeste Boden-Wandabstreifer bzw. pflugscharähnliche Wendeschaufeln am Werkzeug oder zusätzliche Trennschaufeln, die den vertikalen Stofftransport verbessern helfen, sowie Quirle, die den Stoffstrom zusätzlich verwirbeln.

❒ Kennzeichen:

➪ Sehr intensives, schnelles Mischen
➪ Durch Werkzeugauswahl kann die Mischcharakteristik festgelegt werden
➪ Breites Einsatzgebiet

❒ Anwendungsgebiete:

- Mischen, Granulieren, Auflockern, Belüften, Kneten, Verdichten, Ausreiben, Desagglomerieren, Temperieren, Zerteilen und Zerkleinern.
- Trockene, grob- oder feinkörnige, faserige, feuchte, pastöse oder flüssige Produkte
- z.B. Düngemittel, Futtermittel, pastöse Massen, Kunststoffgranulate, Kunststoffpreßmassen, Metallpulver, Katalysatoren, Reinigungsmittel, Glasgemenge, usw.

❒ Besonderheiten, Ausstattungsvarianten:

- Verschiedene Mischwerkzeuge
- Befeuchtungseinrichtung
- Diskontinuierliche Arbeitsweise

❒ Baugrößen, Abmessungen, Daten:

Nutzinhalt bis zu 4 000 l
Antriebsleistung von ca. 1,5 bis 2 x 110 kW

❒ Hersteller:

Schwelm Anlagen und Apparate GmbH

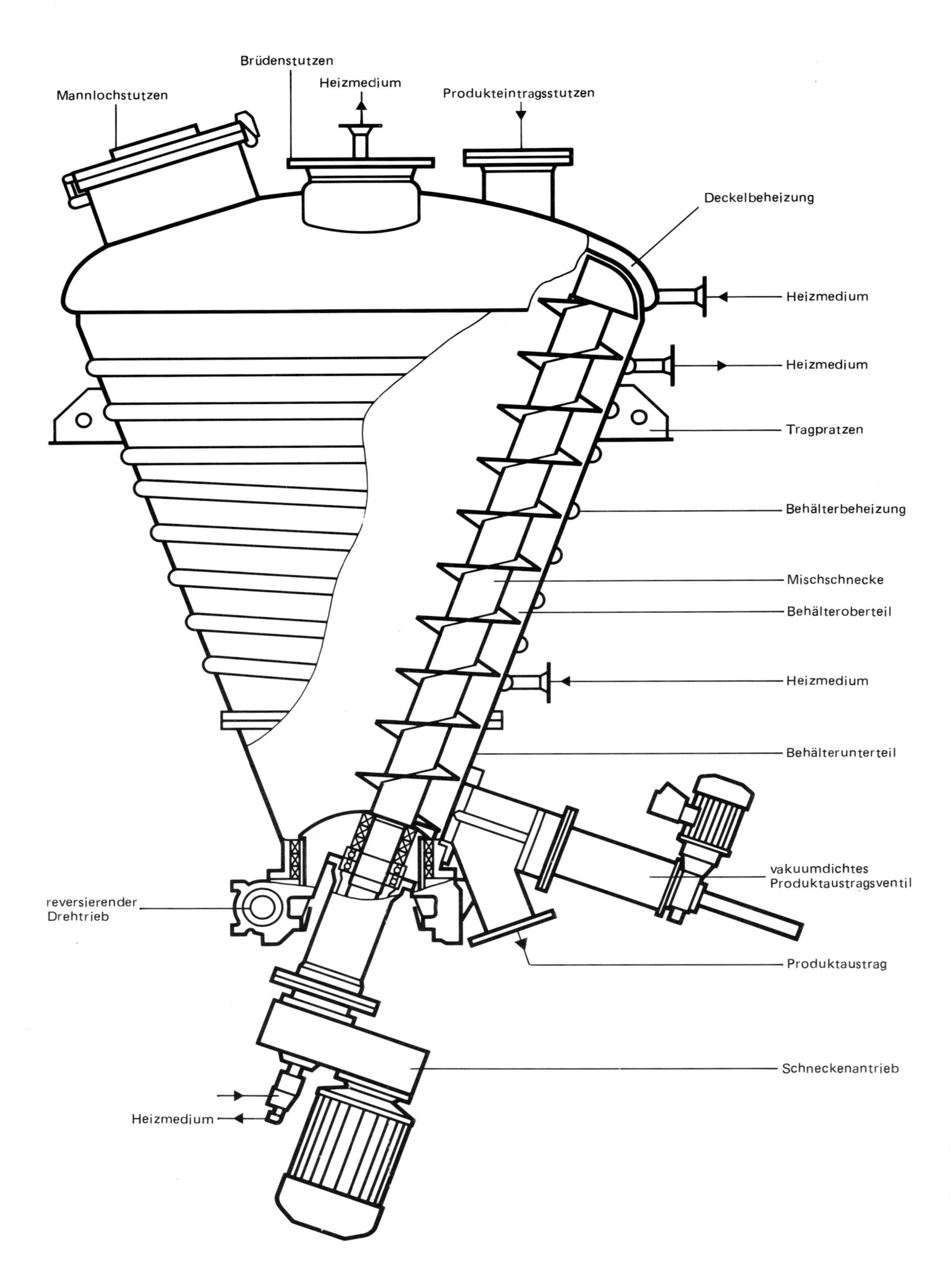

Bild 1: Systemskizze

1.1.3.1 Kegelmischer

❐ Aufbau:

In einem kegelförmigen Behälter, dessen spitzes Ende nach unten zeigt, arbeitet eine Vollschnecke (meistens), die einmal um Ihre eigene Achse, zum anderen entlang des kegelförmigen Behältermantels um die vertikale Achse rotiert.

❐ Mischwerkzeug:

Vollschnecke oder gegenläufig fördernde Bandschnecke, die bei der Konstruktion der Firma Krauss-Maffei von unten angetrieben und geführt ist. Die Schnecke ist außerhalb des Produktraumes gelagert.

❐ Mischvorgang:

Die Mischschnecke dreht sich um die eigene Achse, fördert das Mischgut von unten nach oben, gleichzeitig bewegt sie sich entlang der Mischerwand. Außerhalb des direkten Bereiches der Mischschnecke strömt das Mischgut wieder nach unten in einer spiralförmigen Bewegung, deren Strömungsgeschwindigkeit mit abnehmendem Durchmesser des kegelförmigen Mischbehälters zunimmt. Die Intensivmischung findet im unteren Bereich des Behälters statt. Durch diese kombinierten Bewegungsabläufe entsteht in kürzester Zeit eine homogene Mischung bei schonendster Behandlung.

❐ Kennzeichen:

➪ Schonendes Mischverfahren
➪ Guter Wärmeaustausch durch Randwirksamkeit der Schnecke
➪ Niedriger Energieeintrag ins Mischgut
➪ Mehrere Verfahren in einem Apparat

❐ Anwendungsgebiete:

- Mischen, Homogenisieren, Erwärmen, Kühlen, Entlüften, Trocknen, Kristallisieren, Granulieren von Stoffen niedriger bis hochviskoser Konsistenz
- Weiterhin sind auch pulver- oder staubförmige Stoffe geeignet.

❐ Besonderheiten, Ausstattungsvarianten:

- Heiz-/Kühlmantel
- Druck-/Vakuumausführung
- Befeuchtungseinrichtung
- Kombination verschiedener Schneckenbauarten

❐ Baugrößen, Abmessungen, Daten:

Nenninhalt von 0,25 m^3 bis 20 m^3
Behälterhöhe zwischen 1,1 und 5 m
Behälterdurchmesser zwischen 950 und 4 000 mm
Schneckendurchmesser zwischen 160/200 und 300/350 mm

❐ Hersteller:

Krauss-Maffei, ählich: Engelsmann, Alpine, Nirox

1.1.3.2 Konusmischer

❐ Aufbau:

In einem konusförmigen Behälter, dessen spitzes Ende nach unten gerichtet ist, rotiert eine schräg zur Symmetrieachse geneigte (meistens) Vollschnecke am Mantel entlang. Die Schnecke rotiert dabei noch um ihre eigene, vertikale Achse.

❐ Mischwerkzeug:

Vollschnecke oder gegenläufig fördernde Bandschnecke die von oben angetrieben und geführt ist. Die Schnecke ist außerhalb des Produktraumes einfach, bei größeren Modellen zweifach, gelagert.

❐ Mischvorgang:

In dem stehenden Mischbehälter dreht sich die Mischschnecke sowohl um ihre vertikale Achse als auch über ein Joch geführt an der Behälterwand entlang. Dabei wird das Mischgut von unten nach oben gefördert. Außerhalb des direkten Bereiches der Mischschnecke strömt das Produkt wieder in einer spiralförmigen Bewegung nach unten. Durch die konische Form des Mischers strömt das Mischgut mit abnehmendem Durchmesser von oben nach unten mit zunehmender Strömungsgeschwindigkeit. Die Intensivmischung findet im unteren Bereich des Mischbehälters statt.
Ein auf dem Joch mitfahrender Klumpenbrecher/-verteiler kann eingebaut werden um Komponenten mit leichter bis mittlerer Klumpenbildung zu entklumpen.

❐ Kennzeichen:

➪ Schonendes Mischverfahren
➪ Guter Wärmeaustausch durch Randwirksamkeit der Schnecke
➪ Außen liegender Antrieb
➪ Niedrige Bauhöhe durch flachen Deckel
➪ Einfache Reinigung durch optimale Zugänglichkeit

❐ Anwendungsgebiete:

- Mischen, Homogenisieren, von Pulvern und Granulaten z.B. in der Chemie-, Pharma-, Nahrungsmittel- und Kunststoffindustrie.
- Mischprobleme aus den verschiedensten Branchen, wie Futtermittel, Kräuter, Bremsbelagmassen, Quartzsand etc. sind lösbar.
- Mischen angefeuchteter bis pasteuser Massen einwandfrei möglich.

❐ Besonderheiten, Ausstattungsvarianten:

- Heiz-/Kühlmantel
- Norm-Stahl, Spezialstähle und Norm-Stahl-Beschichtungen
- Zwillingsschnecke
- Einsprühsysteme
- Klumpenbrecher und Abstreifer als Zubehör

❐ Baugrößen, Abmessungen, Daten:

Nutzvolumen von 100 bis 5 000 l
Antriebsleistung: Mischschnecke: 0,55 - 9,2 kW
Drehbewegung: 0,25 - 2,2 kW

❐ Hersteller:

Nirox AG, ähnlich:Krauss-Maffei, Engelsmann, Alpine

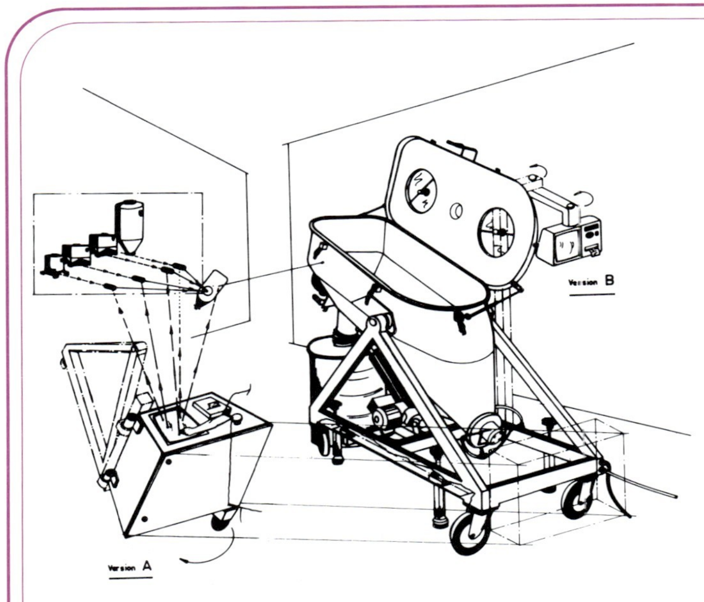

Automatisierung:

Je nach gewünschtem Einsatz der Batch–Mischer ist der ganze Mischablauf automatisierbar.

. Ohne seine Mobilität zu verlieren, kann der Mischer mit einem Wägesystem versehen werden.

. Eine Prozess–Steuerung ermöglicht das mengengerechte Zudosieren der zu vermischenden Produkte in den Mischer. Rezepte können abrufbereit gespeichert werden.

Bedienungsfreundlich:

Die Mischschnecke ist mit wenigen Handgriffen demontierbar und erlaubt ein problemloses Reinigen des Mischers.

Der schwenkbare Mischbehälter garantiert nicht nur optimale Mischungen in kürzester Zeit, sondern erlaubt ferner ein bequemes und problemloses Beladen und Entladen. So kann zum Beispiel die Ausschütthöhe verstellt werden um ein staubfreies Abfüllen der Mischung in Müller–Fässer zu erlauben.

Bild: Pharma–Mischer AC–HLR 1200, GMP–Konform, Ex–geschützte Ausführung

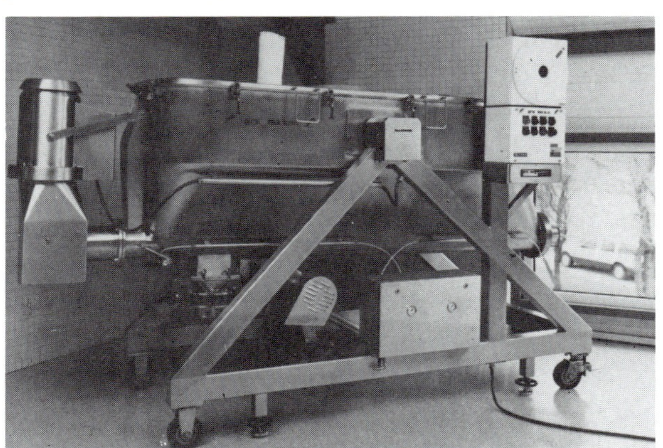

PRODIMA–MISCHER

Mischversuche:

Versuch 1:

Gerätetype: Pharma–Mischer AC–HLR 1200
Füllmenge: 180 kg Elcema P 100 + 25 kg Ascorbinsäure
Theoretischer Gehalt: 12,2 % – Mischzeit: 30 Minuten
Nach vorgegebener Zeit wurden an 7 verschiedenen Stellen Proben entnommen (einschliesslich einer Probe unter der Mischerschnecke)

Versuch 2:

Im gleichen Mischer wurde die erzielte Mischung mit zusätzlich 25 kg Ascorbinsäure vermischt.
Theoretischer Gehalt : 21,7 %

Resultate Mischversuch Nr. 1

Probeentnahme nach Mischzeit	Wirkstoff–Gehalt n = 7 Soll: 12,2 %	rel. Standardabweichung der Gehaltsbestimmung
2 Min.	$\bar{x}$ = 12.27 %	16.0 %
4 Min.	$\bar{x}$ = 12.01 %	2.0 %
6 Min.	$\bar{x}$ = 11.95 %	0.5 %
8 Min.	$\bar{x}$ = 11.96 %	0.5 %
10 Min.	$\bar{x}$ = 11.96 %	0.5 %
30 Min.	$\bar{x}$ = 11.96 %	0.4 %

Resultate Mischversuch Nr. 2

Probeentnahme nach Mischzeit	Wirkstoff–Gehalt n = 7 Soll: 21,7 %	rel. Standardabweichung der Gehaltsbestimmung
2 Min.	$\bar{x}$ = 22.62 %	9.0 %
4 Min.	$\bar{x}$ = 21.41 %	0.5 %
6 Min.	$\bar{x}$ = 21.41 %	0.4 %
8 Min.	$\bar{x}$ = 21.42 %	0.6 %
10 Min.	$\bar{x}$ = 21.42 %	0.4 %
30 Min.	$\bar{x}$ = 21.42 %	0.4 %

Wirkungsweise

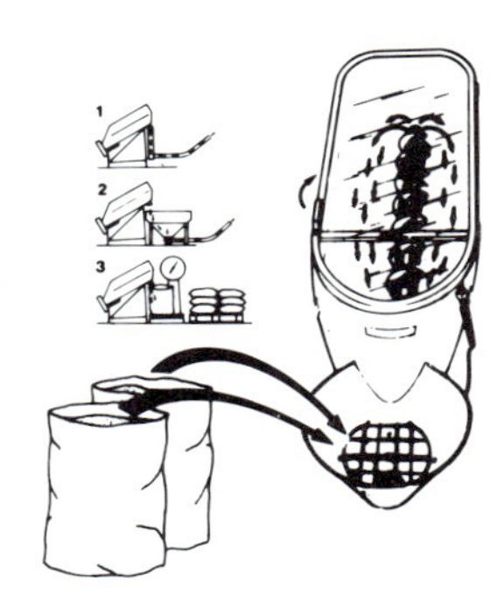

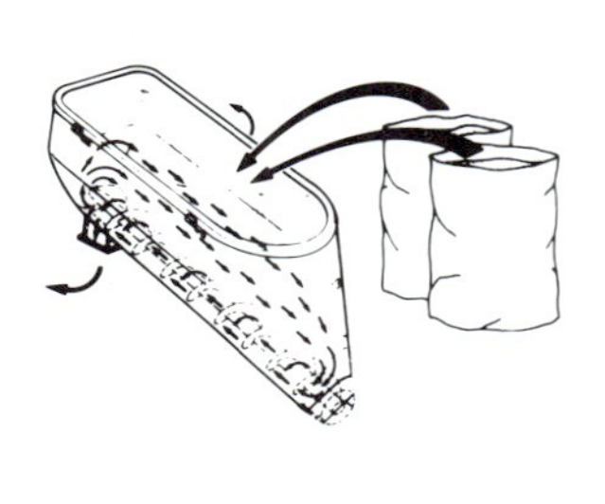

SA

P.O. Box 304
CH - 1030 BUSSIGNY
Tél. 021/634 74 41 + 44
Fax 021/635 77 88

1.1.3.3 Schräglagenmischer

❒ Aufbau:

Mischbehälter mit Deckel und einem Auslauf sowie fahrbares Gestell mit Trägerachse zum frei wählbaren Einstellen des Neigungswinkels des Mischbehälters. Die Produkteingabe erfolgt durch Öffnen des Deckels, (oder staubfrei über eine Beschickungsöffnung im Deckel).

❒ Mischwerkzeug:

Schwenkbarer Mischbehälter mit rotierender Schnecke am Boden des Mischbehälters.

❒ Mischvorgang:

Die am Boden des Mischbehälters drehende Schnecke transportiert das Gut gegen den, je nach Art des Gutes, frei wählbaren Neigungswinkel des Mischbehälters nach oben.
Das an der oberen Behälterwand sich aufstauende Gut fließt dann aufgrund der Schwerkraft in gleichmäßig langsamer Bewegung zum tiefsten Punkt des Mischers, an dem sich der Vorgang wiederholt. Das gesamte Mischbett weist so während des Mischvorganges zwei gegenläufige Fließrichtungen auf, wodurch neben der hohen Mischgüte auch eine besonders schonende Behandlung des Produktes erzielt wird.

❒ Kennzeichen:

➪ Batchmischer, in drei Baureihen lieferbar je nach Anforderung.
➪ Extrem kurze Mischzeiten
➪ Höchste Mischgüte
➪ Hohes Nutzvolumen im Verhältnis zur Mischergröße
➪ Mobiler Mischapparat
➪ Strukturschonendes Mischprinzip
➪ Schwenkbarer Mischbehälter zur Optimierung der Mischung und zum Erleichtern von Be- und Entladen und Reinigen
➪ Leicht demontierbare Mischerschnecke

❒ Anwendungsgebiete:

- Mischen und Homogenisieren von pulverförmigen, körnigen oder faserigen Trockenstoffen in der Pharma-, Lebensmittel-, Kosmetik-, chemischen und Kunststoff-Industrie.
- Das Annetzen des Mischgutes ist möglich.

❒ Besonderheiten, Ausstattungsvarianten:

- Luftspaltdichtung zu den beiden Wellenlagern serienmaäßig bei den Baureihen AC-HLR und AC-LI
- GMP-Konforme Ausführung serienmäßig für den Pharma-Mischer (AC-HLR)
- Wägesystem, im fahrbaren Gestell montiert, mit Display, Dosiersteuerung und/oder Microprozessor
- Sichtfenster mit Scheibenmischer zum Überwachen des Mischvorganges.
- Frequenzumformer zum stufenlosen Einstellen der Mischergeschwindigkeit.
- Aufgabebehälter auf bequemer Höhe serienmäßig bei den Typen AC-MJ 500 und 1200.
- Messerkopf (1 oder 2 Stk.) stirnseitig im Mischbehälter montiert
- Staubfreies Beladen durch Müller-Fässer
- Staubfreies Abfüllen der Mischung in Müller-Fässer oder Säcke

❒ Baugrößen, Abmessungen, Daten:

Baureihen AC-HLR (Pharma-Mischer): 150, 500 und 1 200 Liter
Baureihe AC-LI (Nahrungsmittel, Chemie) 150, 500, und 1 200 Liter
Baureihe AC-MJ (leichte Ausführung) 20, 50, 130, 500 und 1 200 Liter

❒ Hersteller:

Prodima SA

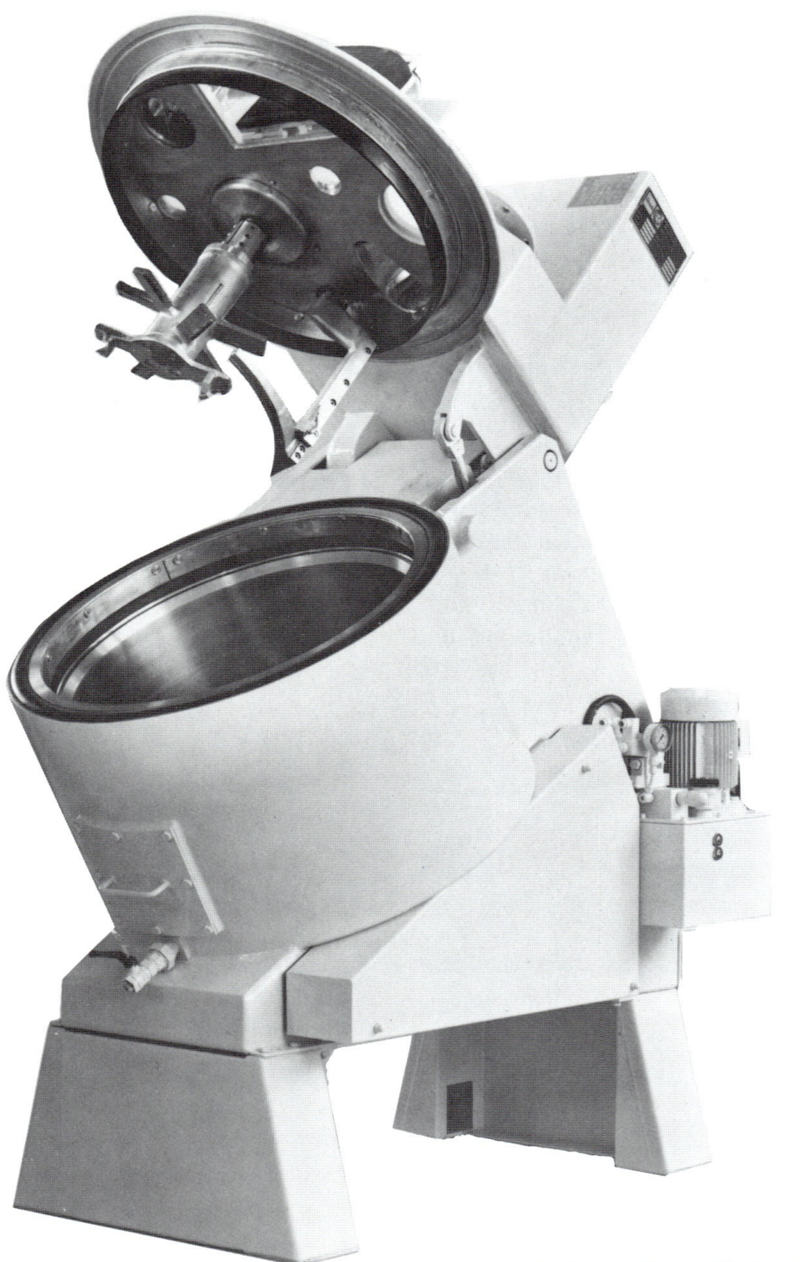

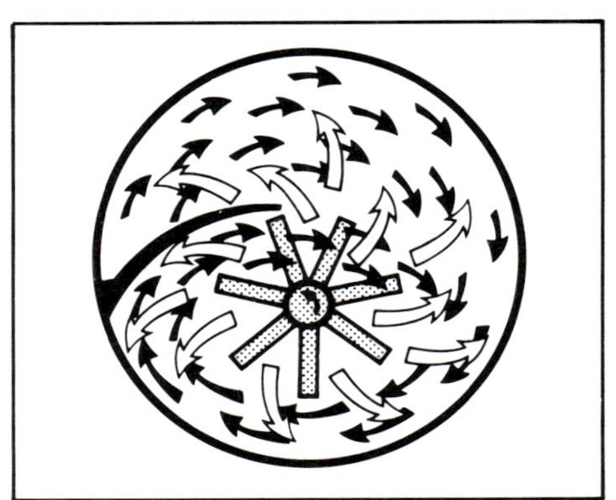

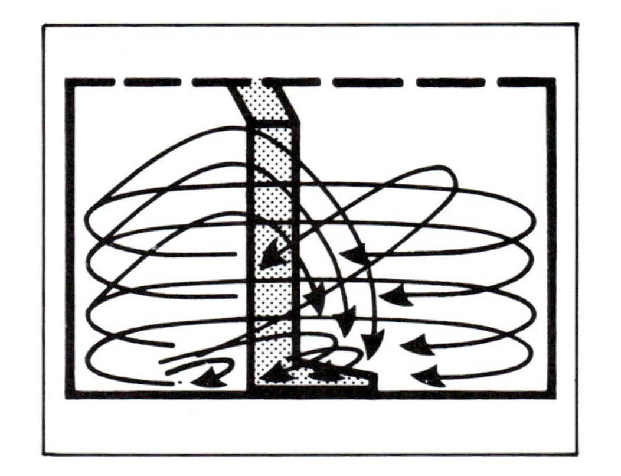

Technische Daten

Maschinentyp	R 15 VAC	R 11 VAC	R 08 VAC	R 02 VAC
Nutzfüllung	750 l / 1200 kg	375 l / 600 kg	751 l / 120 kg	3–5 l / 8 kg
Max. Antriebsleistung Mischgutbehälter und Entleerung	18 kW	11 kW	3,2 kW	0,55 kW / 0,88 kW
Max. Antriebsleistung Wirbler	55 kW	37 kW	18,5 kW	0,7 / 2 / 2,4 kW
Nettogewicht ca.	4500 kg	2710 kg	1620 kg	250 kg
Vakuumbereich	10 mbar	10 mbar	10 mbar	5 mbar

Vakuumerzeugung durch Vakuumpumpe

1.1.3.4 Schrägtellermischer

❒ Aufbau:

In einem rotierenden, um 30 Grad geneigten, zylindrischen Behälter arbeitet ein asymmetrisch zur Behälterachse angeordnetes Mischwerkzeug mit gegenläufiger Drehrichtung. Am Boden des sich drehenden Behälters befindet sich ein statischer Materialumlenker.

❒ Mischwerkzeug:

Ein oder mehrere Trommelwirbler, die aus mehreren radial untereinander versetzt angeordneten Stäben bestehen.

❒ Mischvorgang:

Das Mischgut wird von dem um eine schräge Achse rotierenden Mischbehälter (Teller) nach oben in den Mischwirkungsbereich eines oder mehrerer Mischwerkzeuge mitgenommen. Das Werkzeug verursacht die örtliche Materialdurchwirbelung (Mikrovermischung) und den Materialaufschluß. Ein ortsfester Materialumlenker teilt das Mischgut in verschiedene, teils gegenläufige Bahnen auf, wendet es und führt es wieder zusammen. Dies ergibt die Makrovermischung. Die spezifische Mischintensität kann abhängig von der Konsistenz, der Drehzahl des Tellers und der verwendeten Mischwerkzeuge in weiten Grenzen geändert werden.

❒ Kennzeichen:

➪ Sehr intensives, schnelles Mischen
➪ Variable Mischcharakteristik über Werkzeugauswahl und Drehzahlbestimmung
➪ Breites Einsatzgebiet

❒ Anwendungsgebiete:

- Homogenisieren, Mischen, Plastifizieren, Desagglomerieren, Auflockern, Kneten, Zerkleinern, Befeuchten, Belüften und Pelletieren.
- Mischgutstruktur: Pulvrig, fein- bis grobkörnig, faserig, plastisch, weich, pastös und breiig.

❒ Besonderheiten, Ausstattungsvarianten:

- Kontinuierliche oder diskontinuierliche Bauweise
- Verschiedene Mischwerkzeuge
- Verschleißbeläge
- Direkte und indirekte Heizung/Kühlung

❒ Baugrößen, Abmessungen, Daten:

Nutzinhalte von 3 bis 10 000 l
Spezifische Mischenergie je nach Werkzeug zwischen 0,5 und 10 kW/100 kg
Antriebsleistung von 0,25 bis 560 kW

❒ Hersteller:

Eirich

FACHGEMEINSCHAFT ARMATUREN IM VDMA

INDUSTRIE ARMATUREN

Bauelemente der Rohrleitungstechnik

HANDBUCH 3. AUSGABE

1990. 460 Seiten mit mehreren hundert Abbildungen und Diagrammen. Bestell-Nr. 2297. ISBN 3-8027-2297-3
Fest gebunden DM 186,–

Herausgeber: Fachgemeinschaft Armaturen im Verband deutscher Maschinen- und Anlagenbau e.V. VDMA Frankfurt/M.

Zusammenstellung und Bearbeitung: Dipl.-Ing. B. Thier, Technische Dokumentation, Ingenieurbüro IBT, Marl

Auch dieses Werk bietet wieder eine umfassende Dokumentation über Technologie und Anwendung in diesem wichtigen Sektor der Anlagen und Rohrleitungstechnik. Herausgeber ist die Fachgemeinschaft Armaturen im Verband deutscher Maschinen- und Anlagenbau e.V. (VDMA), Frankfurt/M.

Die Innovation auf diesem Gebiet findet ihren Niederschlag in einer unüberschaubar großen Zahl von Veröffentlichungen und Patentanmeldungen des In- und Auslandes.

Das Handbuch

Industriearmaturen

umfaßt und dokumentiert diese Entwicklungen **in gebündelter, übersichtlicher Form**. Die 66 Beiträge namhafter Fachleute sind das Ergebnis sorgfältiger Recherchen und Auswahl der in Frage kommenden Publikationen nach den Kriterien Aktualität, Praxisnähe und Anwendungsbezug.

Armaturen sind in der Anlagen- und Rohrleitungstechnik wesentliche Bauelemente, die wichtige Funktionen, z.B. Absperr-, Regel- oder Sicherheitsaufgaben übernehmen. Sie sind in nahezu allen Industriezweigen zu finden und stellen somit einen bedeutenden Faktor der technologischen und wirtschaftlichen Entwicklung dar.

Das Handbuch ist somit eine aktuelle Dokumentation der technischen Entwicklungen auf diesem Gebiet. Sie **erspart Anwendern, Betreibern und Herstellern umfangreiche und zeitraubende eigene Literaturrecherchen.**

Für ein vertieftes Literaturstudium sind im Anhang ca. 300 Quellen angegeben, wobei ein Suchbegriff und die Kapiteleinordnung ganz wesentlich dazu beitragen, die gewünschten Informationen schnell und sicher zu finden.

Darüber hinaus bietet das Werk eine Fülle von technischen Details wie konstruktive und strömungstechnische Daten, Tabellen sowie fertigungs- und prüftechnische Aspekte. Es ist somit **besonders auf die Bedürfnisse der Ingenieure in den Bereichen Herstellung, Montage, Betrieb und Anwendung abgestimmt.**

Bestellschein

Bitte in ausreichend frankiertem Umschlag absenden an

Vulkan Verlag, Postfach 10 39 62, 4300 Essen 1

Ich (wir) bestellen zur Lieferung gegen Rechnung:

____Expl. **„Industriearmaturen"** Handbuch 3. Ausgabe **Best.-Nr. 2297**, je DM 186,–

Name/Firma: ____________________

Strasse/Postfach: ____________________

PLZ/Ort: ____________________

Datum/Unterschrift: ____________________

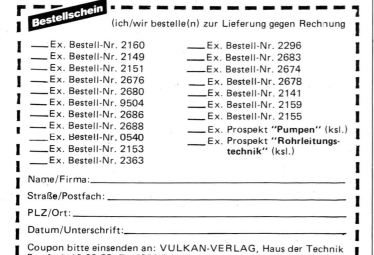

1.2 Freifallmischer

Freifallmischer sind Mischer, die als Behälter in unterschiedlicher geometrischer Form um eine horizontale Achse gleichförmig oder taumelnd rotieren. Zur Steigerung des Effektes werden stationäre, frei bewegliche oder rotierende Elemente eingesetzt. Das Nutzvolumen beträgt etwa 40 bis 60% des Gesamtvolumens eines Mischbehälters.

Verschiedentlich werden auch Fässer oder Container als Mischgutbehälter verwendet, die in einer stationären Anlage in taumelnde, rotierende oder schüttelnde Bewegung versetzt werden. Dieses System wird gewöhnlich eingesetzt als Chargenmischer, aber auch als sogenannte Durchlaufmischer. Durch die Drehbewegung des Mischbehälters werden auf das Mischgut verschiedene Kräfte übertragen, die sich zum Teil entgegenwirken. Die Rotation wirkt nach außen beschleunigend auf die einzelnen Partikel. Durch ihre äußere Form und die Oberflächenbeschaffenheit entstehen Reibungskräfte, welche die Mischgutpartikel während der Drehbewegung nach oben mitnehmen, wobei die Schwerkraft des Teilchens in dieser Phase geringer ist als die Wirkungen der beiden anderen Kräftekomponenten.

Je weiter das Mischgut angehoben wird, desto kleiner wird der Fliehkraftanteil im Kräfteverhältnis. Sind Zentrifugalkraft und Gewichtskraft gleich groß, so löst sich das Teilchen aus dem Verband.

Je nach Drehzahl und Lage im Behälter rutscht es in einer lawinenartigen Bewegung nach unten und erzeugt dadurch den Mischeffekt. Bei höheren Drehzahlen geht das Rutschen in eine Wurfbewegung über, bei der die Teilchen ungeordnet auftreffen.

Erhöht man die Drehzahl weiter, so wächst auch die Zentrifugalkraft, die Gewichtskraftkomponente bleibt aber für ein bestimmtes Partikel (auf der Erde) konstant. Sind aber Schwerkraft und Fliehkraft über eine Umdrehung immer gleich groß oder ist die senkrechte Fliehkraftkomponente sogar größer als die Schwerkraft, so kann sich das Teilchen nicht mehr von der Wand lösen und klebt scheinbar am Umfang.
Es entsteht kein Mischeffekt.
Bei wachsender Drehgeschwindigkeit erhöht sich im unterkritischen Bereich die Mischintensität bei gleichzeitig stark anwachsendem Leistungsbedarf.

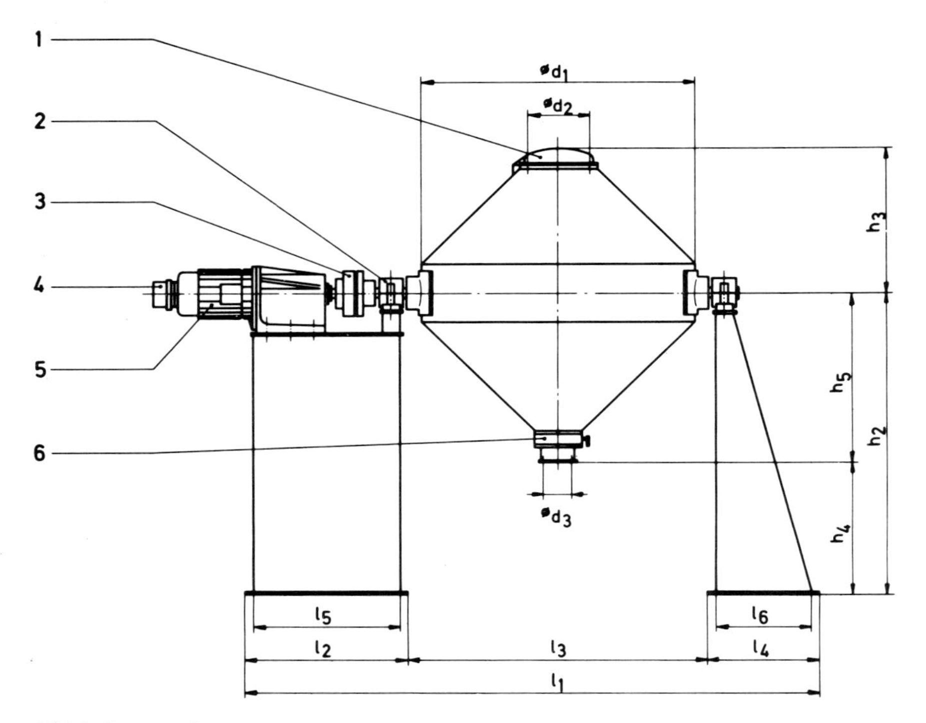

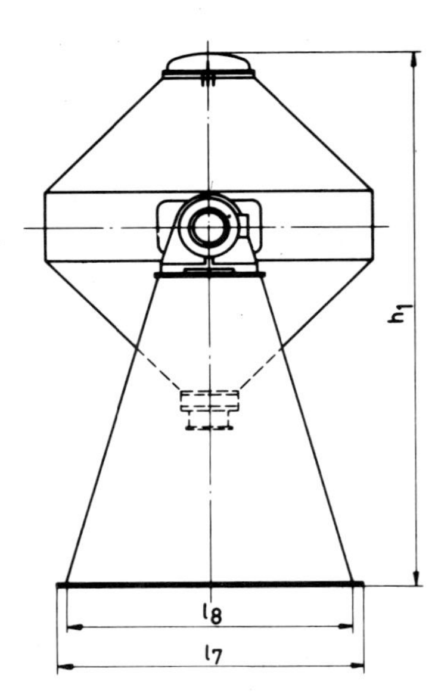

Bild 1: Hauptmaße

1 = Einfüll- und Reinigungsöffnung
2 = Wälzlager
3 = Kupplung
4 = Bremse
5 = Getriebemotor
6 = Klappe

Technische Daten

Type		DKM	50	100	200	400	600	800	1000	1500	2000	3000	5000
Nutzinhalt/Ltr. bei pulverförmigen Produkten*)			50	100	200	400	600	800	1000	1500	2000	3000	5000
Abmessungen nach Zeichnung		SK/III d	6086	6087	6088	6089	6090	6091	6092	6093	6094	6095	6096
Gesamtfassung /Ltr.*)			140	242	480	923	1480	1746	2360	3345	4680	6530	11380
Mischtrommel	Durchmesser	mm	650	800	1000	1250	1500	1600	1750	2000	2200	2500	3000
	Höhe	mm	770	940	1230	1540	1790	1890	2100	2315	2600	2950	3545
Gesamthöhe		mm	1220	1440	1830	2140	2390	2690	2900	3015	3400	3750	4465
bei einer Absackhöhe von		mm	450	500	600	600	600	800	800	800	800	800	920
Bodenmasse	lang	mm	1610	1790	2210	2610	3160	3350	3760	4030	4500	4900	6200
	breit	mm	730	880	1000	1100	1400	1500	2000	2100	2200	2500	3400

*) bei fein- bis mittelkörnigen, gut fließenden Komponenten kann die Nutzleistung bis zu ca. 70 % des Gesamtvolumens betragen.
– Gewährleistung vom Ergebnis eines Technikumsversuches abhängig –

1.2.1 Doppelkonusmischer

❐ Aufbau:

Ein Doppel-Konus rotiert um eine horizontale Achse.

❐ Mischwerkzeug:

Der rotierende Behälter stellt das Mischwerkzeug dar. Die Mischtrommel des Doppelkonusmischers besteht aus einem zylindrischen Mittelstück und zwei gegenüberliegenden, gleichmäßigen Konusteilen.

❐ Mischvorgang:

Die Anordnung der Behälterwände und die Rotation der Trommel bewirken eine gleichmäßige, dreidimensionale Umschichtung des Mischgutes. Dabei wird das Mischgut durch Fliehkräfte und Reibungskräfte nach oben gehoben und rutscht dann, entsprechend seinem Böschungswinkel nach unten. Bei höheren Drehzahlen wird das Mischgut weiter angehoben, um dann in einer Wurfparabel nach unten zu fallen. Dabei erhöht sich die Mischintensität bei gleichzeitig stark anwachsendem Leistungsbedarf.

❐ Kennzeichen:

➪ Sehr schonendes Mischverfahren
➪ Mischgut muß mischwillig und freifließend sein
➪ Speziell bei reibungs- und bruchempfindlichen Stoffen
➪ Meist eine Kombination aus Mischen und Trocknen

❐ Anwendungsgebiete:

- Mischen und Homogenisieren von pulverförmigen bis mittelkörnigen, frei fließenden Produkten
- Trocknen, Erwärmen, Kühlen, Entgasen von Flüssigkeiten und/oder festen Stoffen in Pulver- oder Granulatform.

❐ Besonderheiten, Ausstattungsvarianten:

- Staubfreier Betrieb durch geschlossenen Behälter
- Kühl-/heizbarer Behältermantel
- Trockneranlage mit Vakuumpumpe, Filter, Kondensator
- Füllgrad bis 70% des Behältervolumens
- Steuerung auch als Ex-Ausführung
- Druck- und Vakuumbetrieb bei entsprechender Abdichtung möglich

❐ Baugrößen, Abmessungen, Daten:

siehe linke Seite

❐ Hersteller:

J. Engelsmann AG

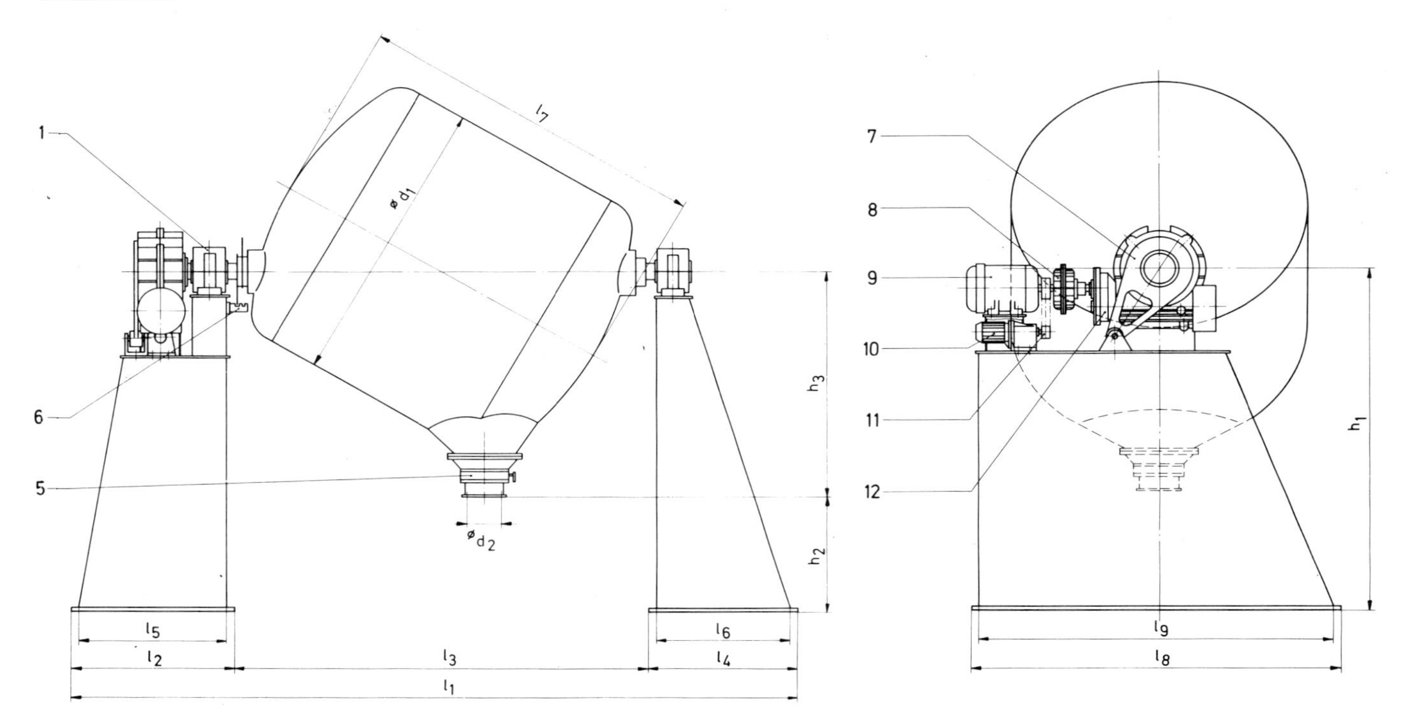

Bild 1: Hauptmaße

1 = Wälzlager
2 = Kupplung
3 = Bremse
4 = Getriebemotor
5 = Klappe
6 = Endlagensteuerung
7 = Drehmomentstütze
8 = Anlaufkupplung
9 = E-Motor
10 = Stellmotor
11 = Keilriemen
12 = Aufsteckgetriebe

Technische Daten

Type		TM	50	100	200	400	600	800	1000	1500	2000	3000	5000
Nutzinhalt/Ltr. bei pulverförmigen Produkten*)			50	100	200	400	600	800	1000	1500	2000	3000	5000
Abmessungen nach Zeichnung		SK/III d	6453	6454	6455	6456	6457	6458	6459	6460	6461	6462	6463
Gesamtfassung /Ltr.*)			115	216	487	885	1286	1700	2190	3026	3990	6550	10030
Mischtrommel	Durchmesser	mm	500	620	800	1000	1100	1250	1300	1500	1600	2000	2200
	Länge	mm	655	800	1080	1260	1495	1555	1825	1910	2200	2355	2930
Mannloch	NW	mm	300	300	400	400	400	400	400	400	400	400	400
Auslauf- bzw. Füllöffnung:	Durchm.	mm	150	150	200	200	200	200	250	250	250	250	250
Bodenmasse	lang	mm	1630	1780	2290	2610	3160	3450	3900	4030	4800	4900	6250
	breit	mm	730	880	1000	1100	1400	1500	2000	2100	2200	2500	3400

*) bei fein- bis mittelkörnigen, gut fließenden Komponenten kann die Nutzleistung bis zu ca. 70 % des Gesamtvolumens betragen.
– Gewährleistung vom Ergebnis eines Technikumsversuches abhängig –

1.2.2 Taumelmischer

❐ Aufbau:

Ein zylindrischer Behälter rotiert um eine Diagonalachse

❐ Mischwerkzeug:

Der um sich selbst rotierende Behälter wirkt als Mischwerkzeug. Die Mischtrommel besteht im wesentlichen aus einem Zylinder der diagonal angeordnet ist, mit zwei beidseitig aufgeschweißten Klöpperböden.

❐ Mischvorgang:

Die Mischgutfüllung gelangt durch den um seine Diagonalachse drehenden Behälter von einer Ecke in die andere. Dieses ständige Umstülpen der Masse ergibt eine gute und zugleich schonende Mischwirkung. Gleichzeitig werden an Lager, Antriebsmotor und Fundament aufgrund der großen Unwucht hohe Anforderungen gestellt.

❐ Kennzeichen:

➪ Hohe Lager- und Fundamentbelastung
➪ Schonende Mischwirkung
➪ Mischgut muß mischwillig und freifließend sein

❐ Anwendungsgebiete:

- Schonendes Mischen mischwilliger Güter

❐ Besonderheiten, Ausstattungsvarianten:

- Staubfreier Betrieb durch geschlossenen Behälter
- Füllgrad bis 70% des Gesamtvolumens
- ab ca. 1 000 l Nutzinhalt Anlaufkupplung, Freilaufkupplung des Keilriemens u.a.m.
- Heiz-/Kühleinrichtung
- Druck- und Vakuumbetrieb bei entsprechender Abdichtung möglich

❐ Baugrößen, Abmessungen, Daten:

siehe linke Seite

❐ Hersteller:

J. Engelsmann AG

Bild 1: Gesamtansicht

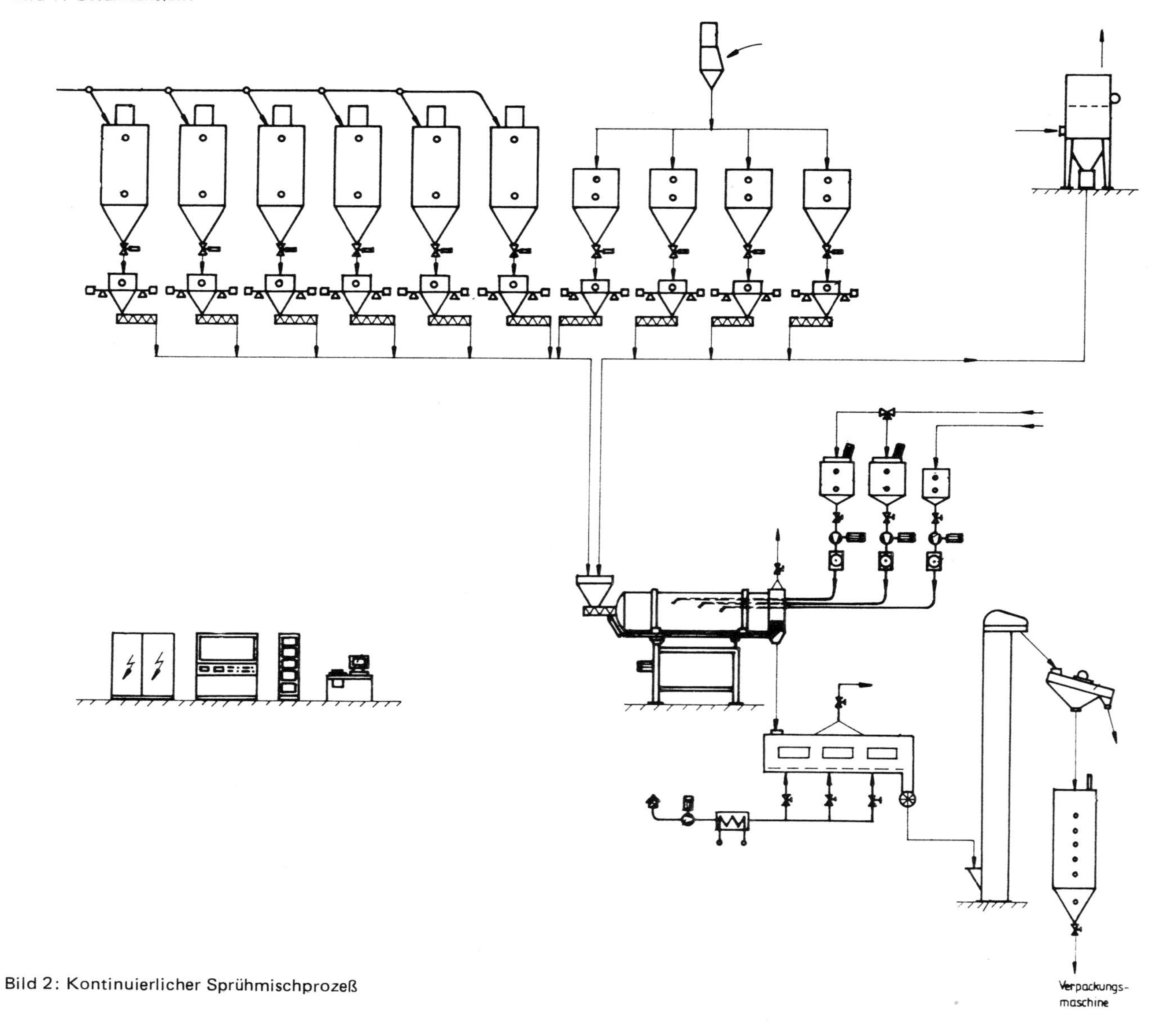

Bild 2: Kontinuierlicher Sprühmischprozeß

1.2.3.1 Kontinuierlicher Sprühmischer

❐ Aufbau:

Eine zylindrische Sprüh- und Mischtrommel rotiert horizontal um ihre Längsachse. Die rotierende Trommel wird in vier Laufrollen geführt und über Friktion angetrieben.
An einer Stirnseite der Trommel wird das pulverförmige Produkt zugeführt. Dies kann durch freien Fall, eine Zuführschnecke oder eine pneumatische Fluidrinne erfolgen.
An der gegenüberliegenden Seite führen Zuleitungen für die Flüssigkeitskomponenten in das Innere des Mischbehälters. Die Ein- oder Zweistoffdüsen sind auf der Oberseite der Trommel (je nach Aufgabenstellung) verstellbar angeordnet.

❐ Mischwerkzeug:

Die rotierende Mischtrommel stellt das Mischwerkzeug dar, wobei intern angebrachte Leitbleche eine Quervermischung bewirken.

❐ Mischvorgang:

Die heterogenen Schüttgutkomponenten werden durch die Rotation der Trommel im freien Fall gemischt, wobei kein mechanischer Zwang ausgeübt wird. Durch eingebaute Schaufeln auf der Trommelinnenseite werden die Schüttgüter nach oben getragen und gelangen im freien Fall wieder zurück zur Materialoberfläche. Während des freien Falls bildet sich ein Schüttgutvorhang. Das erste Drittel der Mischtrommel dient der Homogenisierung. Im zweiten Drittel erfolgt die Besprühung mit den diversen Flüssigkeitskomponenten. Die fein zerstäubte Flüssigkeit verbindet sich mit den einzelnen Pulverpartikeln innerhalb des Schüttgutvorhanges zu einem Agglomerat. Die Verweilzeit der Produkte in der Sprühmischtrommel wird über die Typengröße, die Einstellung der Schaufeln und die Schräglage der Trommel (0 - 5 Grad) bestimmt. Typisch sind Verweilzeiten von 1 - 3 Minuten. Der Sprühmischprozeß findet bei Normaltemperatur und unter Athmosphärendruck statt.

❐ Kennzeichen:

- ➪ Sehr energiesparender Misch-/ Homogenisier-/ und Agglomerationsprozeß
- ➪ Flexibler Ablauf des Mischprozesses in Abhängigkeit von der Aufgabenstellung
- ➪ Absolut homogenes Endprodukt
- ➪ Agglomerationsaufbau und Korngröße sind einstellbar
- ➪ Eine Produktnachbehandlung ist nur in Sonderfällen erforderlich

❐ Anwendungsgebiete:

Chemie-, Kunststoff-, Keramik-, Futtermittel-, Lebensmittelindustrie und Umweltschutz

❐ Besonderheiten, Ausstattungsvarianten:

- Ausführung in Normalstahl (St 37.2) sowie in verschiedenen Edelstahlsorten möglich
- Einsatz von hochviskosen Sprühmedien möglich
- Verwendung von Ein-, Zwei-, Drei- und Vierstoffdüsen
- Auch für Neutralisations- und Hydratisierungsprozesse geeignet.

❐ Baugrößen, Abmessungen, Daten:

Pilotanlagen mit einer Durchsatzleistung von ca. 1 m^3/h
Produktionsanlagen mit Durchsatzleistungen von maximal 20 m^3/h und 70m^3/h

❐ Hersteller:

Telschig - Verfahrenstechnik GmbH

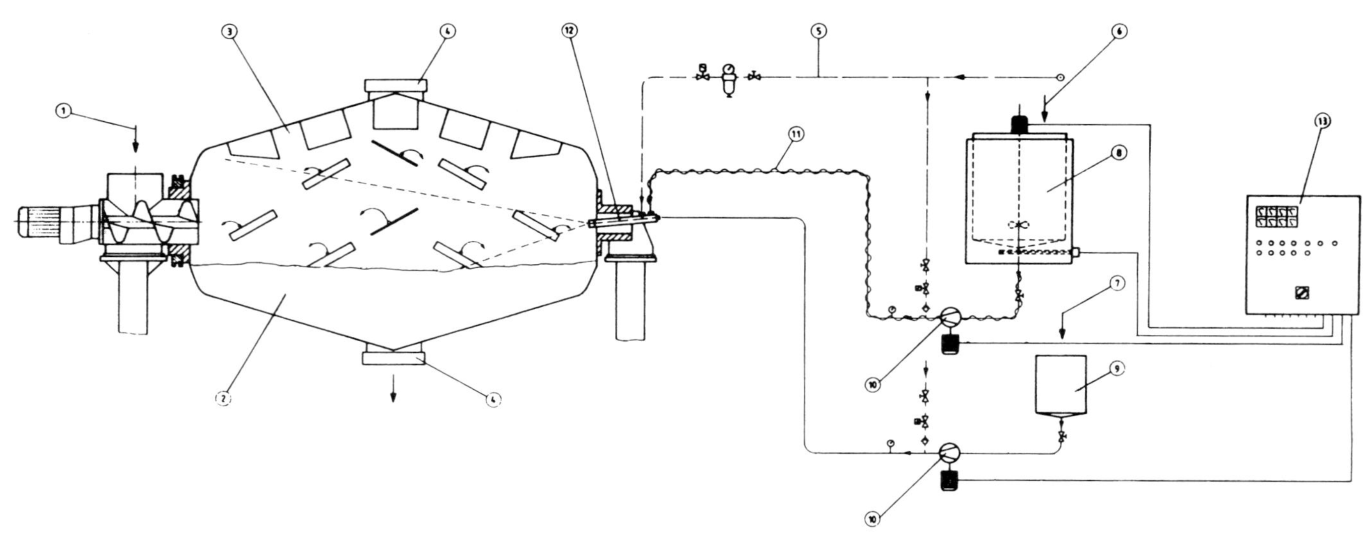

Sprühmisch-Prozess

1. Zuführung pulverförmiger Produkte
2. Pulver im Sprühmischer
3. Sprühmischer
4. Entleeröffnungen
5. Druckluftleitung
6. Waschaktive Substanz
7. Parfüm/Wasser/Flüssige Kleinkomponenten
8. Behälter für waschaktive Substanz
9. Behälter für Parfüm/Wasser/Flüssige Kleinkomponenten
10. Dosierpumpen
11. Beheizung
12. Sprühdüse
13. Elektrische Steuerung

1.2.3.2 Chargen-Sprühmischer

❐ Aufbau:

Eine doppelkonische Sprüh- und Mischtrommel rotiert horizontal um ihre Längsachse. Die Trommel ist beidseitig in einem Rahmen kugelgelagert. Durch die Lagerung hindurch wird das Mischgut in die Trommel gefördert. Auf der gegenüberliegenden Seite erfolgt das Einbringen der Flüssigkeit. Die Entleerung geschieht bei rotierendem Mischbehälter. Das Mischgut gelangt dabei durch eine Öffnung freifallend nach außen.

❐ Mischwerkzeug:

Die rotierende Mischtrommel stellt das Mischwerkzeug dar, wobei im Behälterinnern angebrachte Leitbleche eine Quervermischung bewirken.

❐ Mischvorgang:

Die Mischtrommel wird mit den unterschiedlichen und vordosierten Schüttgutkomponenten bis zu einem Füllungsgrad von ca. 30 - 40 % des Bruttovolumens der Sprühmischtrommel beschickt. Die heterogenen Schüttgutkomponenten werden durch die Rotation nach oben getragen und gelangen durch den freien Fall wieder zurück auf die Materialoberfläche. Dabei entsteht ein sogenannter Schüttgutvorhang, in den Flüssigkeiten (von dünnflüssig bis hochviskos) eingesprüht werden können. Es kommt zur Bildung von Agglomeraten unterschiedlicher Größe und Festigkeit. Die Leitbleche an der Innenseite der Trommel sorgen für eine ausreichende Quervermischung. Der Sprühmischprozeß findet bei Normaltemperatur und unter Athmosphärendruck statt.
In Abhängigkeit der Sprühzeit liegt die Dauer für eine Charge bei ca. 20 Minuten.
Der verfahrenstechnische Ablauf läßt sich wie folgt einteilen:
Schüttgut einfüllen -- Komponenten vormischen -- Besprühen -- Nachmischen -- Entleeren

❐ Kennzeichen:

➪ Schonende Mischung und Homogenisierung von heterogenen Schüttgutkomponenten
➪ Energiesparender Mischprozeß
➪ Flexibler Ablauf des Mischprozesses in Abhängigkeit von der konkreten Aufgabenstellung
➪ Absolut homogenes Endprodukt
➪ Agglomerataufbau und Korngröße sind einstellbar
➪ Eine Produktnachbehandlung ist nur in Sonderfällen erforderlich

❐ Anwendungsgebiete:

- Einsatz in der Chemie-, Kunststoff-, Keramik-, Futtermittel-, Lebensmittelindustrie und Umweltschutz

❐ Besonderheiten, Ausstattungsvarianten:

- Ausführung in Normalstahl (St 37.2) sowie verschiedenen Edelstahlsorten möglich
- Einsatz von hochviskosen Sprühmedien möglich
- Verwendung von Ein- Zwei- Drei- und Vier-Stoff-Sprühdüsen
- Auch für Neutralisations- und Hydratisierungsprozesse geeignet.

❐ Baugrößen, Abmessungen, Daten:

Laborsprühmischer mit Nutzfassung 6 Liter
Pilotanlage mit Nutzfassung 70 Liter
Produktionsanlagen mit Nutzfassung 500, 1 200 und 2400 Liter

❐ Hersteller:

Telschig Verfahrenstechnik GmbH

1.2.4.1 Ein-Container-Mischer

❐ Aufbau:

Ein Container für Schüttgut oder Flüssigkeiten rotiert, in einem Gestell gut gesichert, um eine seiner Diagonalachsen.

❐ Mischwerkzeug:

Der rotierende Container ist selbst das Mischwerkzeug.

❐ Mischvorgang:

Die Mischwirkung entsteht durch den freien Fall, der durch die schrägstehende Behälterachse und die in Drehrichtung nicht symmetrische Form des Containers unterstützt wird. Das Mischgut wird durch Reibung und Fliehkräfte angehoben und rutscht oder fällt, je nach Drehzahl, nach unten.
Bei Produktwechsel entstehen keine Fehlzeiten durch Reinigungsarbeiten am Mischer. Auch kann ein Mischen ohne Produktverlust gewährleistet werden; es werden schnellen Wechselzeiten erreicht.

❐ Kennzeichen:

⇨ Schonendes Mischverfahren
⇨ Keine Reinigungsarbeiten bei Produktwechsel
⇨ Kein Produktverlust
⇨ Schnelle Wechselzeiten

❐ Besonderheiten, Ausstattungsvarianten:

- Befahrrichtung nach Wunsch rechts oder links
- Container- Entleervorrichtung
- Vakuum - Begasungsstation
- Entwurf der Container nach Kundenwunsch

❐ Baugrößen, Abmessungen, Daten:

Mischungen bis 2,5 t in ca. 10 Minuten

❐ Hersteller:

Alucon, Engelsmann, Mixaco, Flo-Bin

1.2.4.2 Doppelkonus-Containermischer

❒ Aufbau:

Es weden zwei Container angekuppelt, deren Inhalt sich beim Drehen um die Querachse vermischt.

❒ Mischwirkung:

Die aneinandergekuppelten Container stellen das Mischwerkzeug dar.

❒ Mischvorgang:

Die Mischwirkung entsteht durch kontinuierliches Anheben der Mischgutteilchen, gewährleistet durch Reibung und Fliehkraft und das Abrutschen am Böschungswinkel. Bei höheren Drehzahlen fällt das Mischgut auf Wurfbahnen entsprechend der Teilchenmasse und der Rotationsgeschwindigkeit des Partikels .

❒ Kennzeichen:

➪ Separates Abwiegen von zwei Komponenten in je einem Behälter möglich
➪ Keine Reinigungsarbeiten am Mischer bei Produktwechsel
➪ Kein Produktverlust
➪ Schnelle Wechselzeiten
➪ schonendes Mischverfahren

❒ Besonderheiten, Ausstattungsvarianten:

- Pneumatischer Hubzylinder zum Ankuppeln/Absenken der Container
- Schieber zum Abteilen des Mischraumes

❒ Baugrößen, Abmessungen, Daten:

Container: Totalinhalt/Nutzinhalt: von 3/2,5 bis 2 000/1 600 l
Container-Hubzylinder: 6 bar

❒ Hersteller:

Mixaco, anders: ERWEKA

1.2.5 Kubusmischer

❐ Aufbau:

Ein Kubus rotiert um seine Diagonalachse.

❐ Mischwirkung:

Als Mischwerkzeug wirkt der Kubus selbst.

❐ Mischvorgang:

Der sich bei drehendem Kubus ständig verändernde Abstand des Massenschwerpunktes der Behälterachse zur Drehachse erzeugt einen intensiven Umstülpeffekt. Drei Mischstäbe dienen dazu, die in Bewegung befindliche Behälterfüllung abzulenken und zu zerteilen.

❐ Kennzeichen:

➪ Schnelles und schonendes Mischverfahren
➪ Nur im Labormaßstab lieferbar

❐ Anwendungsgebiete:

- Mischen von festen Stoffen in Pulver- und Granulatform

❐ Besonderheiten, Ausstattungsvarianten:

- Behälter wahlweise aus Edelstahl oder Plexiglas
- Staubfreier Betrieb durch geschlossenen Behälter

❐ Baugrößen, Abmessungen, Daten:

Behälterinhalt 3,5 oder 8 l
Nettogewicht 3 kg oder 7 kg
Abmessungen: 580 x 350 x 700 mm oder 610 x 350 x 720 mm

❐ Hersteller:

ERWEKA

Bild 1: Ca. 50% gefüllter Behälter

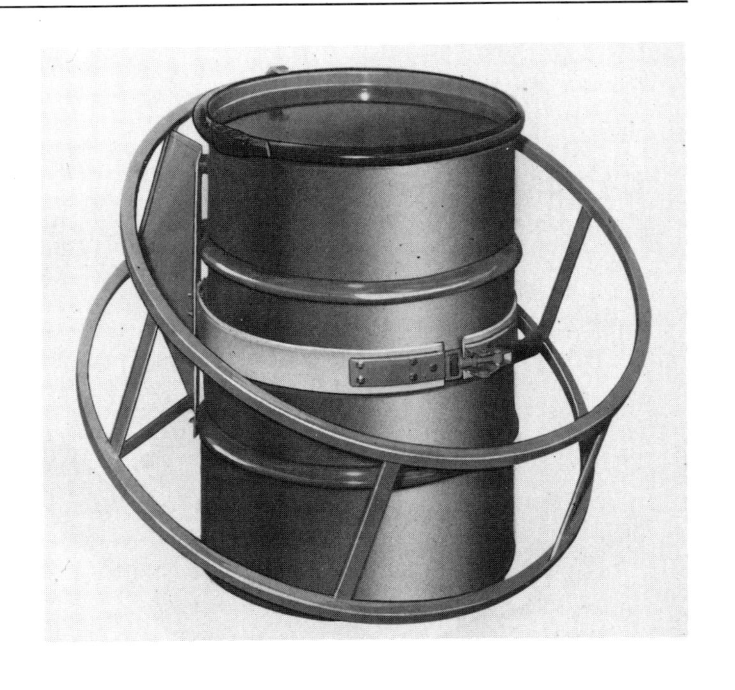

Bild 2: Behälter mit übergestülptem und befestigtem Rhönrad

Bild 3: Rhönrad mit Behälter auf Lauffläche

Bild 4: Rhönradmischer auf der Rollbahn

1.2.6 Rhönradmischer

❐ Aufbau:

Über ein Faß werden quer verstrebte Doppelreifen mit einem diagonal eingeschweißten, seitlich abgestützten Faßsockel, gestülpt. Zur Bestigung dienen ein bzw. zwei geteilte Kunststoffbandagen mit verstellbaren Spannverschlüssen sowie eine am Reif befestigte Arretierung
Dieses System läuft auf den Führungsrollen.

❐ Mischwirkung:

Der um eine schräg stehende Achse rotierende Behälter dient als Mischwerkzeug.

❐ Mischvorgang:

Der Rhönradmischer ist eine Weiterentwicklung des Taumelmischers. Durch Rotation und schräge Anordnung der Behälterwände entsteht der Mischeffekt, der auf dem Zusammenspiel der Massenkräfte und der Reibungskräfte beruht. Die Teilchen werden angehoben und rutschen oder fallen in das Mischgut zurück, wodurch eine intensive Durchmischung gewährleistet wird.

❐ Kennzeichen:

➪ Intensive Mischwirkung auch bei geringen Zusätzen
➪ Gut geeignet für kleinere und häufig wechselnde Materialmengen
➪ Einfacher Wechsel des Mischbehälters
➪ Keine Reinigung des Mischers erforderlich
➪ Rhönrad läßt sich auch als Transportrolle für kurze Strecken benutzen

❐ Anwendungsgebiete:

- Mischen, Homogenisieren und Einfärben von Komponenten in Pulver- oder Granulatform
- Kunststoff-, chemische, chemisch-technische Industrie, Arzneimittel- und Farbenfabriken, Lebens- und Genußmittelindustrie sowie Textil- und Lederfabriken
- Sonderzwecke wie: Auflösen von Feststoffen und Flüssigkeiten, Bewegung träger Medien zur Vermeidung von Strukturänderungen. Reinigung von Behältern mit Lösungsmitteln. Rommeln und Polieren von Metall und Kunststoffteilen.

❐ Besonderheiten, Ausstattungsvarianten:

- Staubfreier Betrieb durch geschlossenen Behälter
- Zeitraubende Reinigungsarbeiten entfallen
- Mischbehälter kann auch als Lagerbehälter verwendet werden
- Dreiflügelmischeinsatz als Mischhilfe

❐ Baugrößen, Abmessungen, Daten:

Behältergröße 5,5 bis ca. 300 l

❐ Hersteller:

J. Engelsmann AG

1.3 Rührwerke

Überwiegt in einem zu vermischenden System die flüssige Komponente, so wird die Mischoperation "Rühren" genannt und als Mischapparat ein Rührer verwendet.

Es lassen sich folgende vier Rühraufgaben definieren:

1) Homogenisieren, d.h. Ausgleichen von Konzentrations- und Temperaturunterschieden in ineinander löslichen Flüssigkeiten

2) Suspendieren, das ist das Aufwirbeln eines Feststoffes in einer Flüssigkeit

3) Dispergieren zweier ineinander nicht löslicher Flüssigkeiten

4) Intensivieren des Wärmeaustausches zwischen einer Flüssigkeit und der Wärmeübergangsfläche

In Abhängigkeit von Form und Drehzahl eines Rührelementes kann mit einer spezifischen Rührleistung von wenigen kW/m^3 bis etwa 10 kW/100 l gearbeitet werden. Im ersten Fall handelt es sich um langsam rotierende Anker- oder Propeller-Rührer, im letzteren um Dissolver für hochviskose flüssige Mischungen.

Da das Gebiet der Rührtechnik als Untergruppe der "Verfahrenstechnik des Mischens" äußerst umfangreich ist, wird im Rahmen dieses Buches nicht näher auf Einzelheiten eingegangen.
Hier soll nur ein Auszug aus dem großen Spektrum der Rührer, symbolisch für alle Entwicklungen, durch die geläufigsten Arten dargestellt werden.
Hierzu wurde auf die Übersicht nach DIN 28 131 zurückgegriffen.

1 Propellerrührer
Propeller agitator

Rührer mit mehreren schräggestellten, gewölbten, z. T. auch verwundenden Blättern. Ausführung auch mit Leitrohr.

Die Rührwirkung beruht auf einer überwiegend axialen nach unten gerichteten Strömung. Umkehr der Strömungsrichtung durch Änderung der Schrägstellung oder der Drehrichtung.

Umfangsgeschwindigkeit 2 bis 15 m/s.

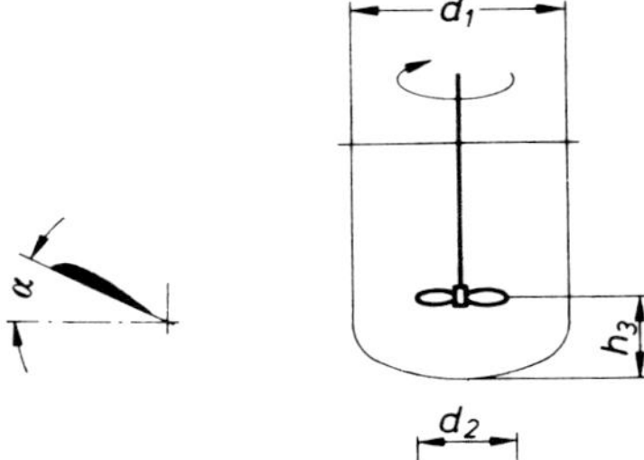

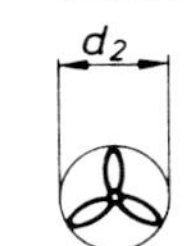

$d_2 \approx (0{,}2 \text{ bis } 0{,}4) \cdot d_1$
$h_3 \approx (1{,}5 \text{ bis } 1) \cdot d_2$
$z_1 \geqq 3$
$\alpha \approx 25°$

2 Schrägblattrührer
Pitched-blade agitator

Rührer mit mehreren schräg angestellten rechteckigen geraden Blättern. (Sonderformen: $\alpha = 90°$ auch gebogene Blätter)

Die Rührwirkung beruht auf einer axialen nach unten gerichteten Strömung, verbunden mit erhöhter Scherung. Umkehr der Strömungsrichtung durch Änderung der Schrägstellung oder der Drehrichtung.

Umfangsgeschwindigkeit 4 bis 10 m/s.

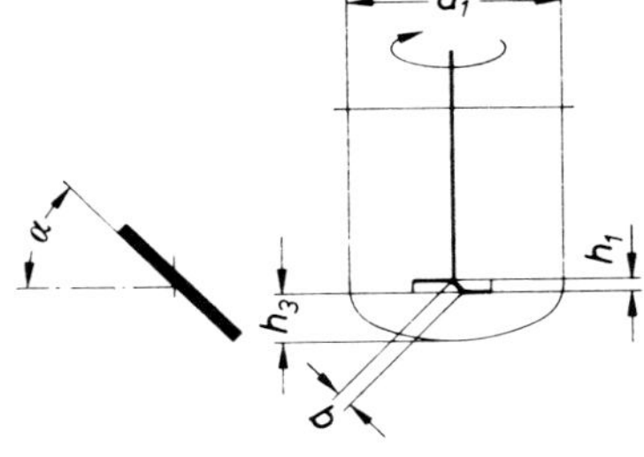

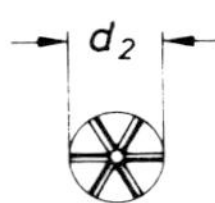

$d_2 \approx (0{,}3 \text{ bis } 0{,}4) \cdot d_1$
$h_3 \approx (0{,}5 \text{ bis } 1) \cdot d_2$
$b \approx (0{,}15 \text{ bis } 0{,}25) \cdot d_2$
$\alpha \approx 45°$
$z_1 \geqq 4$, vorzugsweise 6

3 Scheibenrührer
Flat-blade disc agitator

Rührer bestehend aus einer Scheibe mit mehreren radial angeordneten rechteckigen, ebenen, mitunter auch gekrümmten Blättern.

Die Rührwirkung beruht auf einer radial auswärts gerichteten Strömung mit einer axialen Ansaugung von oben und unten. Die abströmende Flüssigkeit unterliegt einer hohen Scherung.

Umfangsgeschwindigkeit 2 bis 6 m/s.

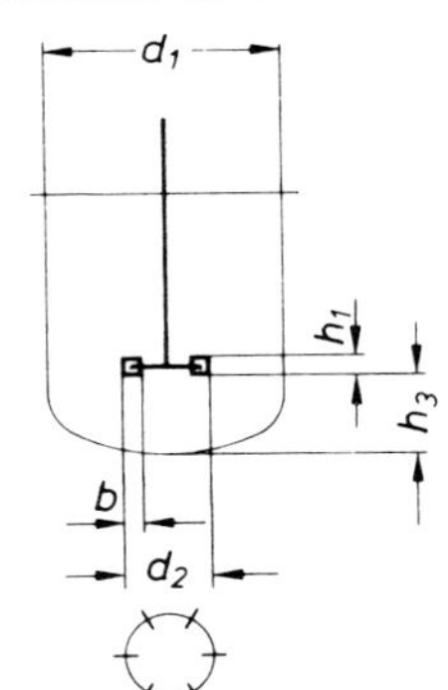

$d_2 \approx (0{,}3 \text{ bis } 0{,}4) \cdot d_1$
$h_1 \approx 0{,}2 \cdot d_2$
$h_3 \approx 1 \cdot d_2$
$b \approx 0{,}25 \cdot d_2$
$z_1 \geqq 6$

4 Impellerrührer
Impeller agitator

Rührer mit drei schräg angeordneten gekrümmten Rührarmen.

Die Rührwirkung beruht auf einer radialen Strömung, die durch die bodennahe Anordnung des Rührers axial umgelenkt wird.

Umfangsgeschwindigkeit 3 bis 8 m/s.

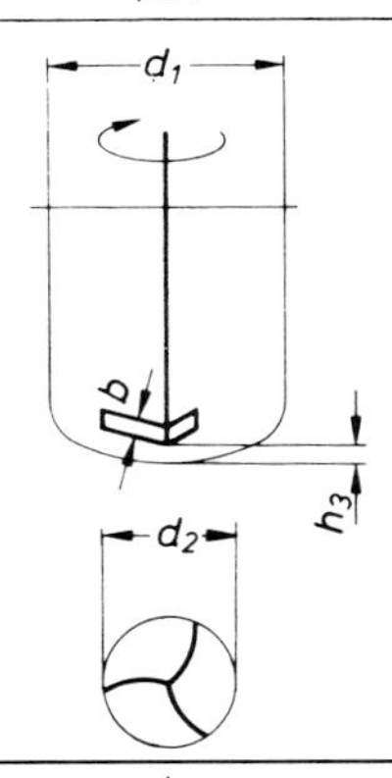

$d_2 \approx (0{,}5 \text{ bis } 0{,}7) \cdot d_1$
$h_3 \approx (0{,}08 \text{ bis } 0{,}18) \cdot d_2$
$b \approx (0{,}12 \text{ bis } 0{,}17) \cdot d_2$
$z_1 = 3$

5 Kreuzbalkenrührer
Crossbeam agitator

Rührer mit mehreren radial angeordneten Rührarmen, die kreuzweise übereinander liegen.

Die Rührwirkung beruht auf einer axialen/tangentialen Strömung, die bei den modifizierten Formen (mit zwei und mehr Blättern je Rührarm und häufig in Gegenstromanordnung) besonders in axialer Richtung verstärkt wird. Bei $\alpha = 90°$ liegt vorwiegend tangentiale Strömung vor.

Umfangsgeschwindigkeit 2 bis 6 m/s.

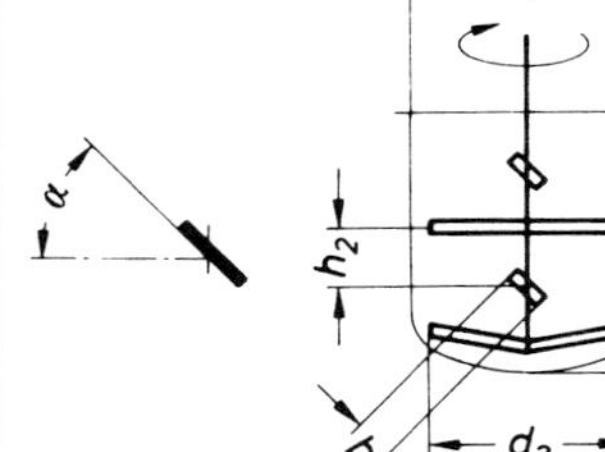

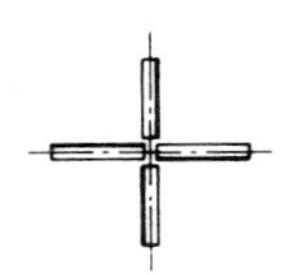

$d_2 \approx (0{,}6 \text{ bis } 0{,}9) \cdot d_1$
$h_2 \approx 0{,}3 \cdot d_2$
$h_3 \approx (0{,}15 \text{ bis } 0{,}2) \cdot d_2$
$b \approx (0{,}12 \text{ bis } 0{,}15) \cdot d_2$

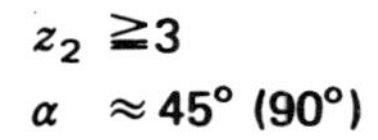

$z_2 \geqq 3$
$\alpha \approx 45° \; (90°)$

1.3.1 Rührer (allgemein)

❐ Aufbau:

In einem meist zylindrischen Behälter rotiert ein Rührer

❐ Mischwerkzeug:

Ein Rührorgan unterschiedlicher Form, siehe Auszug DIN 28 131, aber auch Firmenkonstruktionen vorhanden.

❐ Mischvorgang:

Der Rührer dreht sich, beim Blick von oben, im Uhrzeigersinn. Durch die jeweilige Formgebung entstehen in radialer und/oder axialer Richtung Strömungshauptrichtungen, die zu einer Vermischung führen. Um ein Mitrotieren der Flüssigkeit bei hohen Reynoldszahlen zu verhindern, werden Stromstörer eingesetzt.
In der Regel erfolgt der Antrieb von oben. Bei sehr großen Rührbehältern (> 30 m^3) wird jedoch die mögliche Drehzahl durch Schwingungserscheinungen, die durch Unwuchten auftreten, begrenzt. In solchen Fällen werden Untenantriebe verwendet.

❐ Kennzeichen:

➪ Rühren von niederviskosen Flüssigkeiten, d.h. die Flüssigkeitskomponente im Gemisch überwiegt
➪ Rührerform an Rühraufgabe und Medium anpaßbar

❐ Anwendungsgebiete:

Rühren aller niederviskosen Medien, zum Homogenisieren, Suspendieren, Dispergieren oder Wärmetauschen

❐ Besonderheiten, Ausstattungsvarianten:

- Untenantrieb bei großen Rührbehältern
- Stromstörer
- verschiedene Wekstoffe:
  - Austenite
  - Ferrite
  - Emailierungen, Plattierungen und Auskleidungen

❐ Baugrößen, Abmessungen, Daten:

Stahl-Rührbehälter DIN:
28127, 28128, 28130 T1, 28131, 28132, 28133, 28134, 28135, 28136 T1-T2 T4, 28137 T1, 28140 T1, 28141, 28155, 28160.

Emaillierte Rührbehälter DIN:
28130 T2, 28136 T3, E 28136 T11, 28137 T2, 28139 T1-T3, 28140 T2, 28144, 28145 T1-T7, 28146, 28147, 28149, 28150, 28151, 28152 T1 T2, 28153 T1-T3, 28157, 28158,

Rührantriebe DIN:
28130 T3, 28138 T1-T3, 28154, 28156, 28159, 28161, 28162 T1-T2, 28163

❐ Hersteller:

Viele verschiedene, zum Teil die im Anhang angegebenen Firmen.

6 Gitterrührer
Gate agitator

Rührer in Rahmenbauweise mit Verstrebungen; häufig ist der untere Balken dem Boden angepaßt.

Die Rührwirkung beruht auf einer vorwiegend tangentialen/radialen Strömung.

Eine Ausführung ohne Durchbrüche ist der Blattrührer (Blade agitator) mit verstärkter radialer Geschwindigkeitskomponente und axialem Ansaugen von unten und oben.

Umfangsgeschwindigkeit 2 bis 5 m/s.

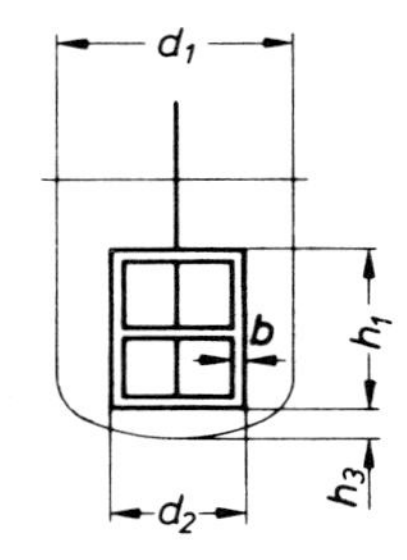

$d_2 \approx (0{,}5 \text{ bis } 0{,}7) \cdot d_1$
$h_1 \approx (1 \text{ bis } 1{,}5) \cdot d_2$
$h_3 \approx 0{,}2 \cdot d_2$
$b \approx 0{,}1 \cdot d_2$

7 Ankerrührer
Anchor agitator

Rührer in Ankerform, der Behälterwandung angepaßt, stark randgängig.

Die Rührwirkung beruht auf einer vorwiegend tangentialen Strömung mit einer schwach ausgebildeten axialen Komponente.

Umfangsgeschwindigkeit 2 bis 6 m/s.

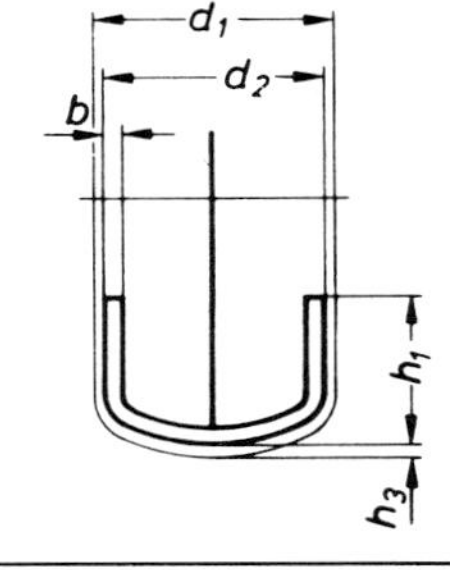

$d_2 \approx (0{,}9 \text{ bis } 0{,}95) \cdot d_1$
$h_1 \approx (0{,}5 \text{ bis } 1) \cdot d_2$
$h_3 \approx (0{,}05 \text{ bis } 0{,}03) \cdot d_2$
$b \approx 0{,}1 \cdot d_2$

8 Schraubenspindelrührer
Srew agitator

Rührer in Form eines eingängig schraubenförmig um die Welle gewickelten Bandes. Rührer im Behälter exzentrisch oder mit Leitrohr zentrisch angeordnet.

Die Rührwirkung beruht auf der Schleppwirkung der Schraubenspindel in axialer Richtung, nach oben oder nach unten fördernd. Vorwiegend für hochviskose Flüssigkeiten.

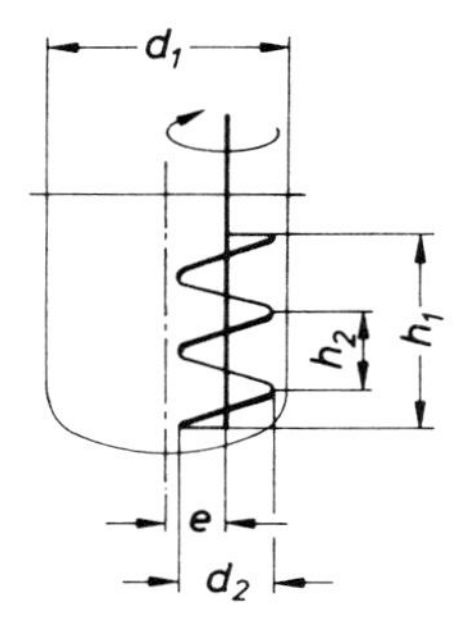

$d_2 \approx 0{,}4 \cdot d_1$
$h_1 \approx (2 \text{ bis } 2{,}5) \cdot d_2$
$h_2 \approx (0{,}9 \text{ bis } 1{,}3) \cdot d_2$
$e \approx (0{,}2 \text{ bis } 0{,}25) \cdot d_1$

9 Wendelrührer
Helical ribbon agitator

Rührer bestehend aus einem schraubenförmig verlaufenden Band (ein- oder zweigängig), stark randgängig.

Die Rührwirkung beruht auf der Schleppwirkung der Wendel in axialer Richtung nach oben oder nach unten fördernd. Vorwiegend für hochviskose Medien.

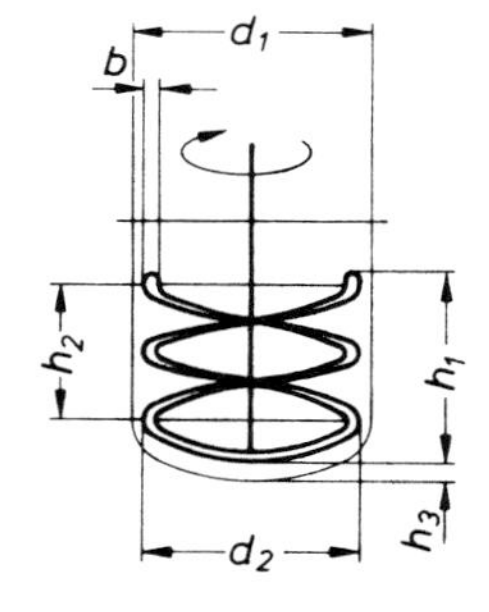

$d_2 \approx (0{,}9 \text{ bis } 0{,}95) \cdot d_1$
$h_1 \approx d_2$
$h_2 \approx (0{,}8 \text{ bis } 1{,}2) \cdot d_2$
$h_3 \approx (0{,}01 \text{ bis } 0{,}05) \cdot d_2$
$b \approx 0{,}1 \cdot d_2$
$z_2 \approx 1 \text{ oder } 2$

10 Strömungslenkende Einbauten
Baffles

Strömungslenkende Einbauten, häufig auch Strombrecher oder Stromstörer genannt, verhindern das Rotieren des Rührgutes im zylindrischen Behälter und sorgen für die axiale Umlenkung. Darüber hinaus werden zusätzliche Mischzonen geschaffen.

Diese Einbauten können z. B. in Form von Leisten entlang der Behälterwand angeordnet sein (Darstellung a) oder z. B. bei Impellerrührern die Form von Auslegern haben (Darstellung b).

a

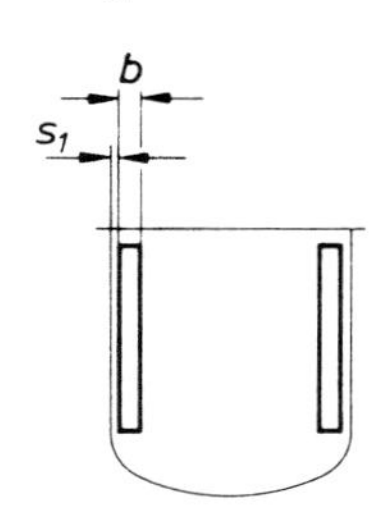

b

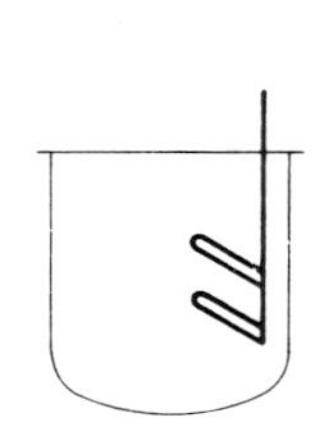

$b \approx (0{,}08 \text{ bis } 0{,}1) \cdot d_1$
$s_1 \approx 0{,}02 \cdot d_1$
$z_3 \approx 2;\ 3;\ 4$

1.4 Homogenisiermühlen

Homogenisiermühlen sind ausgelegt für Mahlgut mit hoher Viskosität.
Die Differenzgeschwindigkeit zwischen Mahlscheibe und Misch- bzw Mahlgut muß genügen, um die in der Substanz befindlichen Agglomerate zu zerteilen und benetzen. Sind die richtigen Proportionen zwischen Mischgerät und Behälter, wie z.B. Durchmesser, Bodenabstand, Füllhöhe, usw. gewählt, so entsteht eine turbulenzfrei rollende Bewegung, die "Doughnut-Effekt" genannt wird.

In jedem Fall muß mit einer starken Erwärmung des Ansatzes gerechnet werden, so daß doppelwandige Gefäße zur Kühlung eingesetzt werden sollten. Werden reproduzierbare Versuchsergebnisse erwünscht, so muß mit einer geregelten Temperaturführung gearbeitet werden.

Je nach Korngröße der verwendeten Hilfskugeln bezeichnet man die im Folgenden aufgeführten Mischer als Sand- oder Kugelmühle. Sie mischen und zerkleinern das Mahlgut, wobei sich die zugegebenen Kugeln oder Körner nur während des Mischprozesses im Mischgut befinden, um die Prallfläche zu vergrößern. Am Ende des Prozesses werden die Kugeln am Auslauf zurückgehalten.
Der eigentliche Mischeffekt entsteht im Scherkraftfeld zwischen den aneinander vorbeigleitenden und abrollenden Kugeln. Dabei wird das Mischgut durch Druck- und Scherkräfte beansprucht.

Bei den Zahnkolloidmühlen wird das Mischgut zwischen den verzahnten Metallflächen des Rotors und des Stators hohen Scher-, Schneid- und Reibkräften ausgesetzt. Zusätzlich entstehen durch die Mahlsatzverzahnung Zug- und Druckkräfte, die zu Schwingungen mit hoher Frequenz führen und das Mahlgut beeinflussen. Aufgrund der Verwirbelungen entstehen Prallkräfte, die auf das Mischgut einwirken.

1.4.1.1 Rührwerkskugelmühlen

❐ Aufbau:

Im Rührbehälter rotiert eine vertikal angeordnete Rührwelle, auf der ein Perlmühleneinsatz angebracht ist. Zusätzlich werden dem Mahlgut Mahlperlen zugegeben.

❐ Mischwerkzeug:

Mit gelochten Scheiben besetzte Welle, die durch ihre Rotation eine Kugelfüllung ständig in Bewegung hält.

❐ Mischvorgang:

In den zylidrischen Behälter wird das Produkt und die Kugelfüllung eingeleitet. Der Behälterinhalt wird vom Rührwerk ständig in Bewegung gehalten, wodurch eine Dispergierung und/oder Zerkleinerung des Gutes stattfindet. Zwischen den im Schwerkraftfeld aneinander vorbeigleitenden und aneinander abrollenden Mahlkörpern (Kugeln) entsteht der gewünschte Effekt. Der Hauptteil der Dispergierarbeit wird im Bereich hoher Differenzgeschwindigkeiten in der unmittelbaren Nähe der Rührorgane geleistet. Die Abtrennung der Kugeln geschieht entweder durch zylinderförmige Siebe, die jedoch verstopfen können, oder durch Reibspaltabtrennung, die selbstreinigend arbeitet.

❐ Kennzeichen:

- ➪ Kühlung wegen starker Erhitzung des Mischgutes unerläßlich
- ➪ Verwendung bei hohen Anforderungen an schwer dispergierbare Agglomerate
- ➪ Breiter Viskositätsbereich
- ➪ Hohe Feststoffkonzentrationen möglich

❐ Anwendungsgebiete:

Dispergieren, Feinmahlen (Naßzerkleinern) und Homogenisieren

❐ Besonderheiten, Ausstattungsvarianten:

- Doppelmantelkühlung
- Mahlkörperfüllung bis 90 % des Behältervolumens

❐ Baugrößen, Abmessungen, Daten:

Siehe linke Seite

❐ Hersteller:

VMA-Getzmann

1.4.1.2 Sandmühle

❐ Aufbau:

Im Rührbehälter rotiert ein Spezial-Mischorgan. Dem Mahlgut wird ein Mahlmittel zugesetzt.

❐ Mischwerkzeuge:

Mahlwelle mit Mahlscheiben ausgerüstet, die das Arbeiten mit allen üblichen Mahlmitteln erlauben.

❐ Mischvorgang:

In den Behälter wird das Mahlgut gepumpt, das sich im Mahltopf mit dem Mahlmittel mischt. Das Mahlgut-Mahlmittel-Gemisch wird im Mahltopf durch ein Spezial-Mischorgan bewegt und einer intensiven Friktion, Scherwirkung und Druck unterzogen. Die einstellbare Pumpenleistung bestimmt die Verweilzeit im Mahltopf. Das Mahlgut fließt kontinuierlich aus. Das Mahlmittel wird durch ein besonderes Sieb zurückgehalten.

❐ Kennzeichen:

➪ Arbeiten mit allen üblichen Mahlmitteln möglich (Sand und Kugeln)
➪ Anpassung der Rezepturen an die Erfordernisse der jeweiligen Verfahren unbedingt nötig

❐ Anwendungsgebiete:

- Dispergieren, Feinmahlen (Naßzerkleinern) und Homogenisieren

❐ Besonderheiten, Ausstattungsvarianten:

- Anlaufkupplung
- zweite Pumpe im Sicherheitssieb
- Ansaugfilter
- Überlaufsicherung
- offene und geschlossene, druckfeste Version lieferbar

❐ Baugröße, Abmessungen:

Siehe linke Seite

❐ Hersteller:

Vollrath

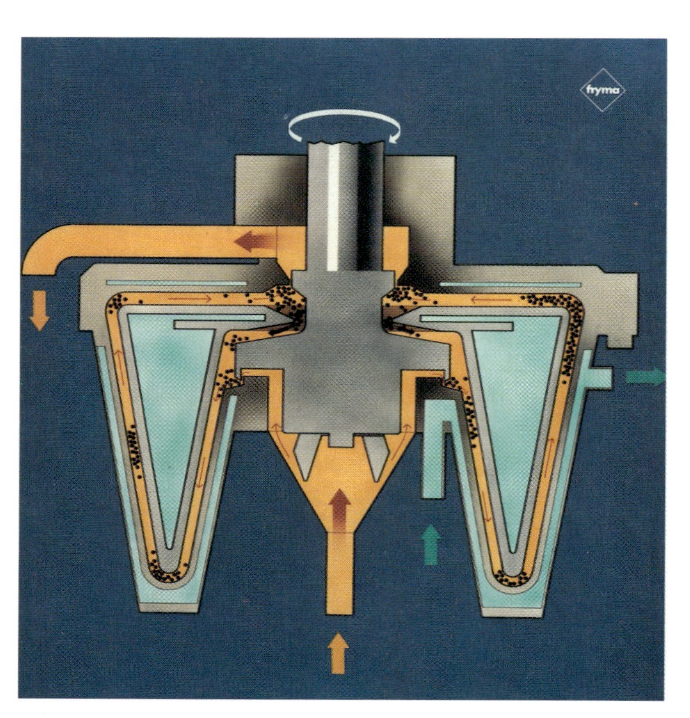

Bild 1: Schnittbild CoBall-Mill

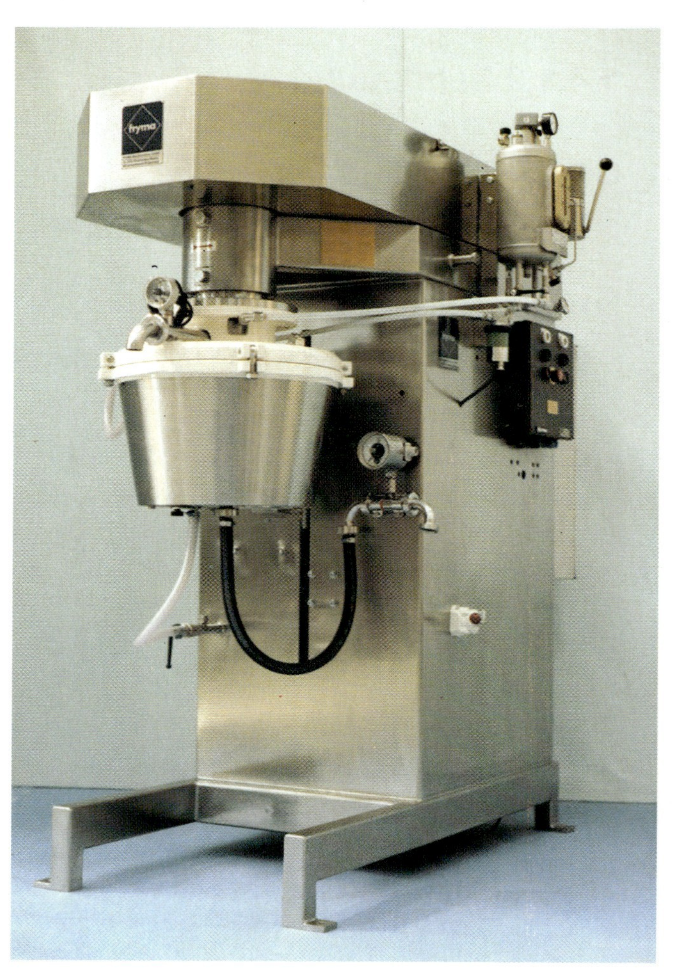

Bild 2: Ansicht der CoBall-Mill MS 50 - rostfrei

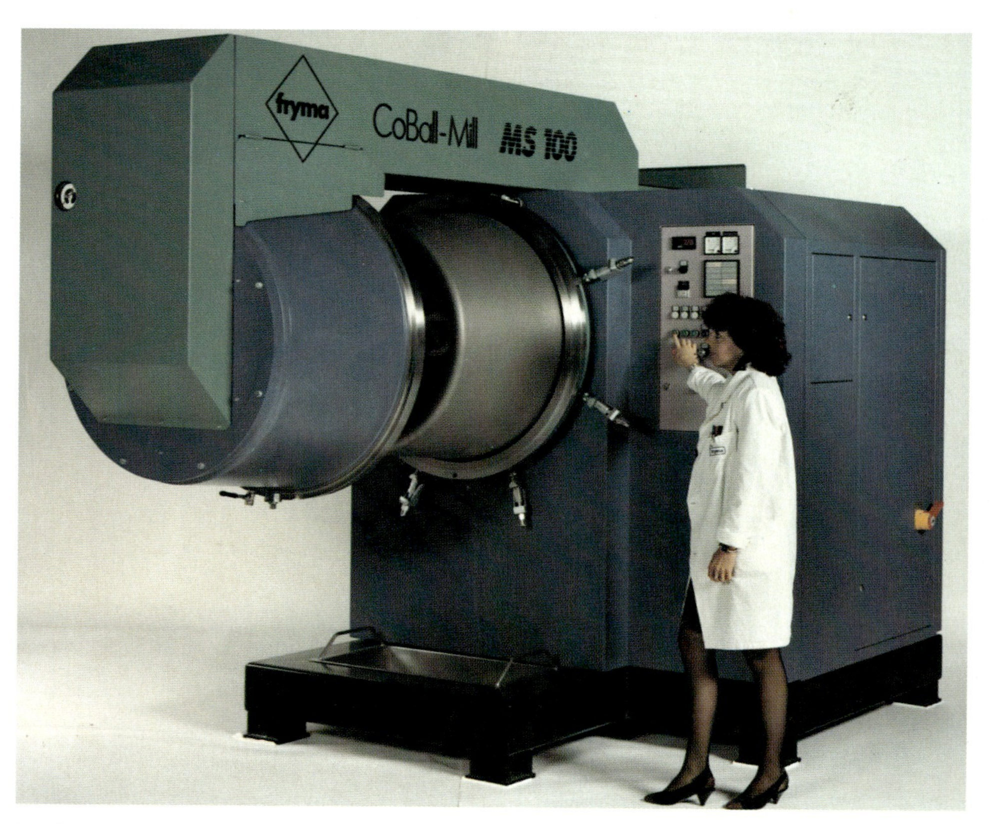

Bild 3: Ansicht der CoBall-Mill MS 100

1.4.1.3 Rührwerkskugelmühle mit Zwangsführung der Kugeln

❐ Aufbau:

In einen konischen Arbeitsbehälter taucht ein ebenfalls konischer Mitnahmekörper (Rotor) ein.

❐ Mischwerkzeug:

Die Spaltgeometrie zwingt Mahlkörper und Mahlgut auf einen vorbestimmten Weg durch die Anlage und führt so zum Mischeffekt.

❐ Mischvorgang:

Der Mahlraum der Mühle besteht aus Zonen, in denen die Bewegungsenergie der Mahlkugeln von Zone zu Zone progressiv zunimmt. Diese Zonen sind in einem eng begrenzten spaltförmigen Raum angeordnet, den die Suspension zwangsweise kontinuierlich durchfließen muß.
In dem Spalt, der aus Arbeitsbehälter und Mitnahmekörper gebildet wird und dessen Breite etwa 2 - 25 mm beträgt, werden die Mahlkugeln durch die Rotation des Rotors von innen nach außen radial bewegt. In der gleichen Richtung nimmt auch die Bewegungsenergie der Mahlkugeln zu. Eine Trennvorrichtung hält die Mahlkugeln in der Mühle und führt sie über einen Kanal zum Eingang des Mahlraumes zurück.

❐ Kennzeichen:

- ➪ Kugelpressung von außen regulierbar
- ➪ Ab einer bestimmten Baugröße sind Rotor und Stator kühlbar
- ➪ Breite des Mahlspaltes regulierbar
- ➪ Geringe Mahlkugelmengen werden benötigt
- ➪ Geringer Personalaufwand
- ➪ Geringer Verschleiß von Mahlkugeln und Mahlkammerteilen
- ➪ Gutes Verhältnis zwischen Mahlraumvolumen und Kühlfläche
- ➪ Geringer Reinigungsaufwand, kurze Wartungs- und Kontroll-Zeiten

❐ Anwendungsgebiete:

- Farben- und Lackindustrie, Papierindustrie, Agrochemie, Elektronik, Pharmaindustrie, Kosmetikindustrie, Schokolade- und Süßwarenindustrie, Feinkostindustrie

❐ Besonderheiten, Ausstattungsvarianten:

- Vollelektronische Überwachung und Steuerung, dadurch Anschluß an eine vollautomatische Prozeßleitlinie möglich.

❐ Baugrößen, Abmessungen, Daten:

Durchsatzleistung je nach Produkt zwischen 10 und 2 000 l/h
Antriebsleistung bis 225 kW

❐ Hersteller:

Fryma

1.4.2 Zahnkolloidmühle

❐ Aufbau:

In einem konischen normal-, kreuzverzahnten oder gelochten Stator läuft ein schnelldrehender, ebenfalls konischer und verzahnter Rotor.

❐ Mischwerkzeug:

Konischer Rotor und Stator mit Normal- oder Kreuzverzahnung oder einer Lochung, die in Axialrichtung abgestuft sein kann.

❐ Mischvorgang:

In dem konischen, verzahnten Stator läuft ein ebenfalls verzahnter Rotor mit schwach abweichender Konizität, so daß sich ein in Durchflußrichtung enger werdender Ringspalt ergibt. Gelangt nun das Mahl- bzw. Mischgut in den Ringspalt, der sich je nach gewünschtem Zerkleinerungsgrad verstellen läßt, so ist dieses Mischgut wegen des hohen Schergefälles zwischen Rotor und Stator großen hydrodynamischen Kräften ausgesetzt. Hierbei wirken starke Scher-, Schneid- und Reibkräfte auf das Produkt ein. Die Mahlsatzverzahnung läßt ihrerseits Schwingungen hoher Frequenz entstehen, die hohe Zug- und Druckkräfte hervorrufen. Schließlich vervielfachen die intensive Verwirbelung und die damit auftretenden Prallkräfte den Zerkleinerungs- und Mischeffekt. Zerkleinerungsgrad und Durchsatzleistung hängen, abgesehen von den Eigenschaften des Produktes, von der Größe und der Verzahnung des verwendeten Mahlsatzes ab.

❐ Kennzeichen:

➪ Feinstzerkleinern und intensiv Mischen
➪ Zerkleinerungswirkung im Betrieb veränderbar
➪ Breiter Viskositätsbereich
➪ Leichte Anpassung an das Produkt

❐ Anwendungsgebiete:

Feinstzerkleinern, Homogenisieren, Emulgieren, Dispergieren, Mikronisieren, Desagglomerieren und intensiv Mischen aller flüssigen bis pastösen Produkte.

❐ Besonderheiten, Ausstattungsvarianten:

- Verschiedene Mahlsätze
- Rotor- bzw. Stator-Heizung oder -Kühlung
- Je nach Ausstattung ergibt sich eine Pumpwirkung von 25 bis 30 mWs.

❐ Baugrößen, Abmessungen, Daten:

Antriebsleistung zwischen 8 und 250 kW
Betriebstemperatur -10 bis 200°C eventuell bis 350°C
Betriebsdruck bis 16 bar, Sonderausführungen bis 300 bar

❐ Hersteller:

Krupp, Fryma, Koruma, Probst & Class

1.5 Schüttelmischer

❒ Aufbau:

Das Mischgefäß wird in einer Halterung verankert, die nach dem Einschalten auf das Mischgut rotatorische, translatorische Bewegungen sowie entsprechend der Schatz'schen Umstülpungsgeometrie eine Inversion ausübt.

❒ Mischwerkzeug:

Sie entsteht durch die Bewegung des Behälters

❒ Mischvorgang:

Durch die Bewegung des Behälters wirken die Behälterwände wie Prallflächen und Schlagleisten. Durch die zwei, sich wechselseitig vertauschendenden rhythmisch pulsierenden Bewegungen wird das Füllgut verdichtenden und verdünnenden Einflüssen unterworfen. Dies führt zu Wirbeln im Mischgut, wodurch der besonders gute Mischeffekt zu erklären ist.

❒ Kennzeichen:

➪ Keine Wartung der Maschine
➪ Steriler, hygienischer, staubfreier Arbeitsablauf
➪ Optimale Ausnutzung der Mischvorrichtung
➪ Zeitraubende und kostspielige Reinigungsarbeiten entfallen
➪ Behältervolumen je nach Charakter des Mischgutes bis zu 99 % ausnutzbar
➪ Mischresultat in etwa 1/4 der Normalzeit im Vergleich zu Kubus- Doppelkonus- oder V-Mischern
➪ Einmal erreichte Homogenität bleibt auch bei verlängerter Mischzeit erhalten
➪ Scherkräfte im Vergleich zu anderen Mischern sehr gering

❒ Anwendungsgebiete:

- Mischen von fest-fest-, fest-flüssig- und flüssig-flüssig-Systemen; z.B. für Diamantwerkzeuge, Elektrotechnik, Farbstoffe, Fotochemie, Kosmetik, Kunststoffe, Lebensmittel, Medizin, Nuklear-Chemie, Pharmazie, Pyrotechnik, Sintermetalle, Treibstoffe, Zahnfabriken

❒ Besonderheiten, Ausstattungsvarianten:

- sämtliche bewegliche Teile auf Kugellager gelagert.
- Gummispanner zur Halterung verschiedener Mischgefäße bis 2 l Inhalt (auch Glaskolben und Byretten)

❒ Baugrößen, Abmessungen, Daten:

Nutzvolumen zwischen Fingerhutgröße bis 2 l und 540 l
Anschlußleistung 0,12 kW bis 7,5 kW
Maschinendrehzahl 10 bis 90 1/min

❒ Hersteller:

Bachofen

2. Pneumatische Mischverfahren

2.0 Pneumatische Mischverfahren

Das Grundprinzip aller pneumatischen Mischer beruht auf dem Fluidisierungseffekt, der dann auftritt, wenn eine Festkörperschüttung, die auf einem durchlässigen Anströmboden liegt, von unten her von einem Fluid (meist Luft) durchströmt wird. Dabei wird der Druckverlust so hoch gewählt, daß er dem Gewichtsdruck der Schüttung entspricht. Die notwendige Betriebsgeschwindigkeit der die Mischgutpartikel umströmenden Luft hängt in erster Linie von deren Durchmesser und Masse ab. Ist diese Geschwindigkeit zu klein, wird die Schüttung lediglich gelockert, ist sie zu groß, bilden sich große Gasblasen und Kanäle, die zu starkem Auswurf führen und den Luft- und Energiebedarf unnötigerweise anwachsen lassen.

Bei großen Unterschieden der Teilchengröße in einem Schüttgut ist darauf zu achten, daß keine Entmischung entsprechend der Teilchengröße aufgrund der Strömungsgeschwindigkeit eintritt.
Im Fließbettmischer beruht der Mischeffekt auf zufälligen Relativbewegungen.

Eine Intensivierung des Mischeffekts und damit eine Mischzeitverkürzung kann durch eine verstärkte Diffusion in horizontaler Richtung erreicht werden. Dazu wurde der Behälterboden in verschiedene Segmente unterteilt, die unabhängig voneinander und verschieden stark belüftet werden. Die vertikale Durchmischung entsteht durch aufsteigende Gasblasen, die Quervermischung durch die unterschiedliche Dichte des Stoffstroms über den einzelnen Sektoren.

Während des Mischvorgangs werden alle inaktiven Zonen leicht belüftet, so daß das Mischgut am Lockerungspunkt gehalten wird.

Der Lockerungspunkt ist als der Zustand definiert, an dem Auftrieb und Schwerkraft des Teilchens sich im Gleichgewicht befinden, d.h. das Teilchen schwebt. Zusätzlich wird ein Segment stärker fluidisiert und damit über den Lockerungspunkt hinaus belüftet. Die Teilchen steigen darin nach oben, von der Seite rutschen andere nach. Eine intensive Umwälzung wird gewährleistet.

Pneumatische Mischer werden in erster Linie zum Homogenisieren von großen Schüttgutmengen eingesetzt und zählen zu den größten Mischern überhaupt. Pneumatische Mischverfahren finden daher häufig in Silo's statt.

Charakteristisch ist das Fehlen mechanisch bewegter Teile.

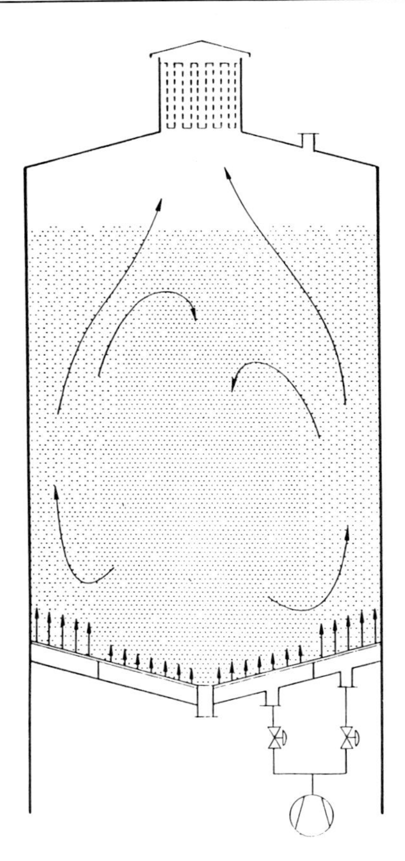

Bild 1: Mischprinzip

Bild 2: Belüftungsboden

2.1.1 Fließbettmischer

❐ Aufbau:

Das Mischsilo besteht aus einem zylindrischen Silomantel und einem Belüftungsboden.

❐ Mischwirkung:

Die Mischwirkung entsteht durch die zufallsbedingten Relativbewegungen der Schüttgutpartikel im fluidisierten Zustand.

❐ Mischvorgang:

Der Boden des Systems ist mit luftdurchlässigem Material ausgelegt und in verschiedene Sektoren unterteilt.
Das Schüttgut wird entgegen der Schwerkraftrichtung von Gas durchströmt und fluidisiert. Die Mischwirkung erfolgt aufgrund der zufallsbedingten Relativbewegungen der Schüttgutpartikel. Eine intensivere Durchmischung wird durch unterschiedlich starke Belüftung der ringförmigen Bodensegmente erreicht.

❐ Kennzeichen:

➪ Keine beweglichen Teile
➪ Schnelles, schonendes Mischen großer Mengen
➪ Diskontinuierliches Mischverfahren für Schüttgüter

❐ Anwendungsgebiete:

- Mischen und Homogenisieren trockener, fluidisierbarer, kohäsionsarmer Schüttgüter
- Am wirtschaftlichsten für feinkörnige Pulver mit Teilchengrößen zwischen 50 und 500 µm

❐ Besonderheiten, Ausstattungsvarianten:

- Energieeinleitung pneumatisch
- Bei Entfeuchten des Mischgutes ist ein Trocknen und Erwärmen des Spülgases (Luft) erforderlich
- Mischen unter Inertgas und im Kreislauf, wenn das Mischgut reaktionsfreudig ist

❐ Baugrößen, Abmessungen, Daten:

- Inhalt 3 bis 2 000 m^3
- Spezifische Mischenergie 1 bis 2 kWh/t
- Arbeitsweise: Chargenweise

❐ Hersteller:

Zeppelin - Metallwerke GmbH

sichere und wirtschaftliche Schüttgutaufbereitung

Buss

Eine Firmengruppe im +GF+ Konzern

2.1.2 Pneumatische Granulatmischer

❐ Aufbau:

Mischsilo mit zentralem Steig- und Mischrohr

❐ Mischwirkung:

Produkt wird aus unterschiedlichen Höhen entnommen, in einem Mischrohr zusammengeführt und pneumatisch umgefördert.

❐ Mischvorgang:

Die Umwälzung erfolgt durch pneumatische Förderung mittels eines zentralen Steigrohrs. Der Mischeffekt wird dadurch erzielt, daß das Produkt beim Vertikalfluß auf verschiedenen Niveaus in mehrere Teilmengenströme aufgeteilt wird, die im Auslaufbereich wieder zusammengeführt werden.
Die Erzeugung der Teilmengenströme erfolgt durch ein zentrales Mischrohr, das das Steigrohr konzentrisch umschließt und eine Reihe Öffnungen aufweist. Diese Öffnungen sind so dimensioniert, daß ein optimales Mischergebnis bei einem Minimum an Mischzeit erzielt wird.
Die Umwälzung des Produkts während des Mischens erfolgt ausschließlich in der Vertikalen bei Fördergeschwindigkeiten, die geringfügig über der Sinkgeschwindigkeit der Einzelpartikel liegen. Damit ist eine sehr schonende Handhabung des Mischgutes gewährleistet. Engelhaarbildung und staubförmiger Abrieb sind weitestgehend ausgeschlossen.

❐ Kennzeichen:

➪ Hohe Mischgüte durch Erreichen der gleichmäßigen Zufallsmischung
➪ Optimale Anpassung an den Produktionsprozeß durch flexible Mischzeiten.
➪ Geringer Leistungsbedarf
➪ Keine bewegten Teile im Mischraum.
➪ Leichte Reinigung
➪ Restlose Entleerung

❐ Anwendungsgebiete:

- Petrochemische Industrie
  - Homogenisieren von Polymerisationsprodukten

- Kunststoffverarbeitende Industrie
  - Masterbatch-Erzeugung
  - Verscneiden von Regrinding

- Faser-Industrie
  - Verschneiden von unterschiedlichen Polyester- und Polyamidsorten

❐ Besonderheiten, Ausstattungsvarianten:

- Ausstattung mit Waschdüsen zum automatischen Reinigen möglich
- Einsatz auch bei Inertgasbetrieb

❐ Baugrößen,Abmessungen,Daten:

Mischergröße 25 - 500 m^3
Sonderanfertigungen zwischen 6 und 600 m^3

❐ Hersteller:

Waeschle Maschinenfabrik GmbH

2.1.3 Pneumatischer Konusmischer

❐ Aufbau:

Konischer Mischbehälter mit zentrischem Saugrohr

❐ Mischwirkung:

Im Mischsilo wird das Mischgut in der Mitte nach oben gesaugt und radial an die Wandung geschleudert.

❐ Mischvorgang:

Aus dem Mischbehälter wird über eine Sauglanze selbstansaugend das Mischgut aufgenommen. Der Mischer arbeitet wie ein auf den Kopf gestellter Zentrifugalmischer. Der Mischer saugt das Mischgut durch die Wirkung des im oberen Teil befindlichen Rotors in der Mitte durch das Saugrohr nach oben und schleudert es radial zur Wandung.

❐ Kennzeichen:

- ➪ Leichte Reinigungsmöglichkeit durch herausnehmbares Saugrohr
- ➪ Rasche Füllung über Saugrüssel durch Selbstansaugung
- ➪ Restlose Entleerung durch Auslaufklappe am Boden
- ➪ Großmischer mit kleiner Antriebsleistung

❐ Anwendungsgebiete:

Mischen und Homogenisieren trockener Schüttgüter wie:
- Pulver
- Granulate
- und Körner

❐ Besonderheiten, Ausstattungsvarianten:

- Saugrüssel zur Selbstansaugung

❐ Baugrößen, Abmessungen, Daten:

500 bis 45 000 l Inhalt, größere Einheiten auf Anfrage
Maße siehe linke Seite

❐ Hersteller:

Mixaco

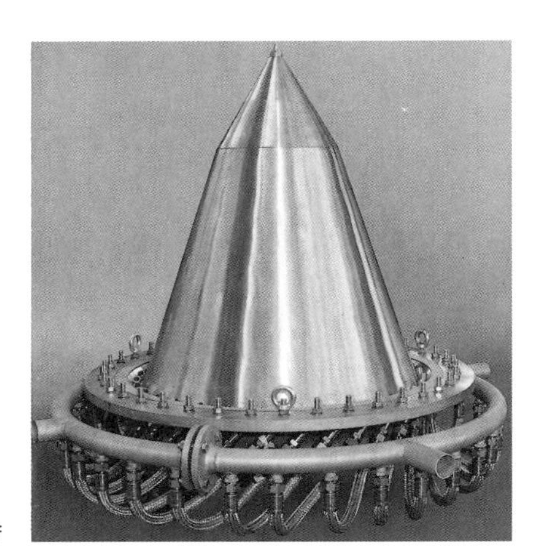

Bild 1: Mischkopf

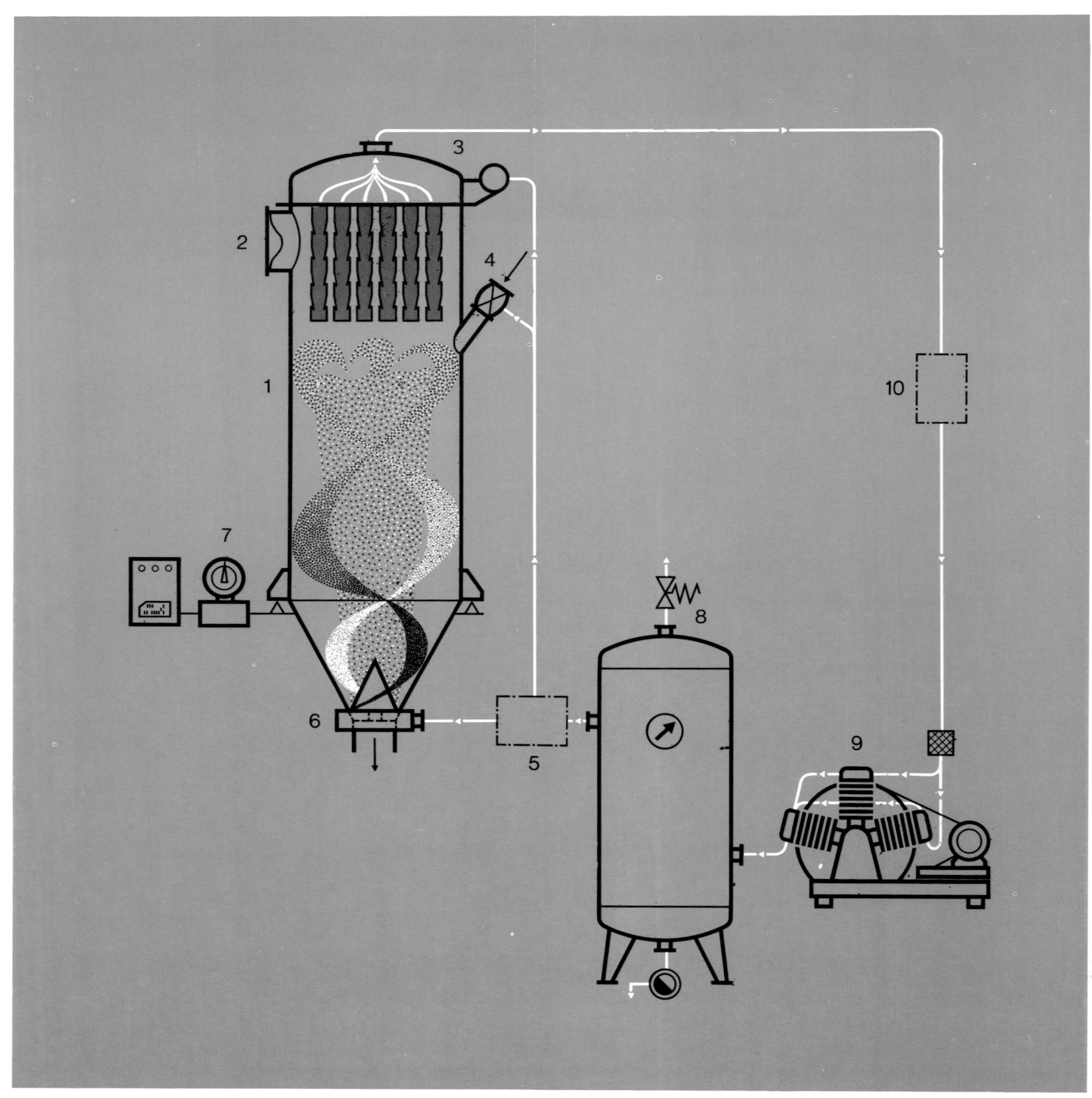

Bild 2: Mischsystem

2.1.4 Luftstrahlmischer (Airmix®)

❐ Aufbau:

Zylindrischer Mischer mit konischem Boden, in dem durch einen im Boden angebrachten Mischkopf rotierende Luftstrahlen austreten

❐ Mischwerkzeug:

Mischkopf mit Lavaldüsen, die eine Mischbewegung erzeugen.

❐ Mischvorgang:

Die im Mischkopf angebrachten Lavaldüsen erzeugen gerichtete Gasstrahlen, die die notwendige Mischbewegung erzeugen. Dabei wird die Gas-Druckenergie in Geschwindigkeitsenergie umgewandelt.

❐ Kennzeichen:

➪ Schonende Mischgutbehandlung
➪ Kein Entmischen beim Entleeren
➪ Mischen von unterschiedlichen Schüttgewichten und Korngrößen

❐ Anwendungsgebiete:

- Chemische Industrie (Kunststoffindusrie, Farbindustrie)
- Nahrungs- und Genußmittelindustrie z.B. Mischen von Mehlen, Stärke, Gewürzen, Tee, Milchpulver, Instantprodukten usw.
- Futtermittelindustrie z.B. Mischen von Kraftfutter, Mischfutter, Mineralfutter
- Industrie Steine und Erden
- Metallindustrie z.B. Mischen von Metallpulvern, Formsandbestandteilen, Schleifmitteln
- Nukleartechnik

❐ Besonderheiten, Ausstattungsvarianten:

Lieferung als vollautomatische, ferngesteuerte Anlage möglich.

❐ Baugrößen, Abmessungen, Daten:

Labormischer bis 50 l/Charge
Mischer bis 100 t/Charge
Mischgasdruck zwischen 3 und 15 bar

❐ Hersteller:

Babcock-BSH

3. Strömungsmischer

3.0 Strömungsmischer

Unter dem Wort "Strömungsmischer" werden die am meisten voneinander variierenden Mischverfahren zusammengefaßt, obwohl sie alle auf das gemeinsame Prinzip der Mischung mit Hilfe von Strömungen zurückgreifen. Auch das Aussehen der einzelnen Mischer ist sehr verschieden.

Die verschiedenen Mischprinzipien führen jedoch immer auf zwei grundlegende Methoden zurück:

- Erzeugen von freier Turbulenz durch Geschwindigkeit und geeignete Formgebung der Mischelemente.
- Aufteilung des Mischstromes und erneutes Zusammenführen unter Schichtenbildung oder Verwirbelung, je nach Viskosität der Medien.

Mischdüsen arbeiten nach dem Prinzip der freien Turbulenz. Ein Flüssigkeitsstrahl reißt dabei eine zweite Komponente mit. Die an der Grenzschicht auftretenden Störungen genügen, um Wirbel zu verursachen, die sich schnell ausbreiten und zu guter Vermischung bei geringer Mischzeit und Mischenergie führen.

Mischpumpen werden bei nicht mehr frei fließenden, aber noch pumpbaren Medien zur Mischung in einem Rohrsystem eingesetzt. Das System hat sowohl eine mischende als auch eine pumpende Wirkung.

Statische Mischer sind "In-Line-Mischer" ohne Pumpwirkung. Die Einbauten bewirken eine Umlenkung des Mischstromes, was zu Mischeffekten führt.

Die Ventil-Mischstrecke nutzt Turbulenzen aus, um die Vermischung zu realisieren.

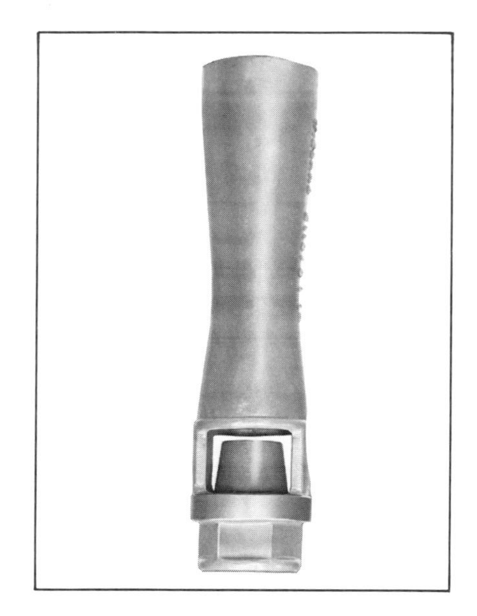

Bild 1: Gesamtansicht

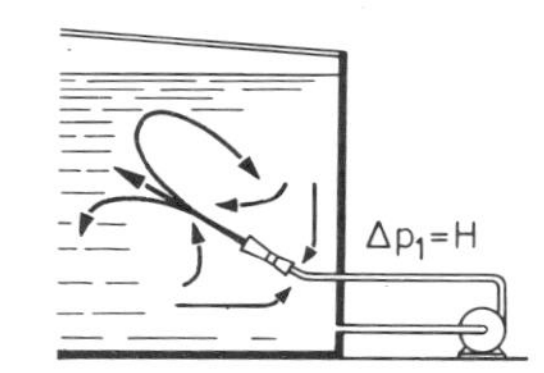

Bild 2: Umzuwälzende Flüssigkeit wird aus dem Tank angesaugt

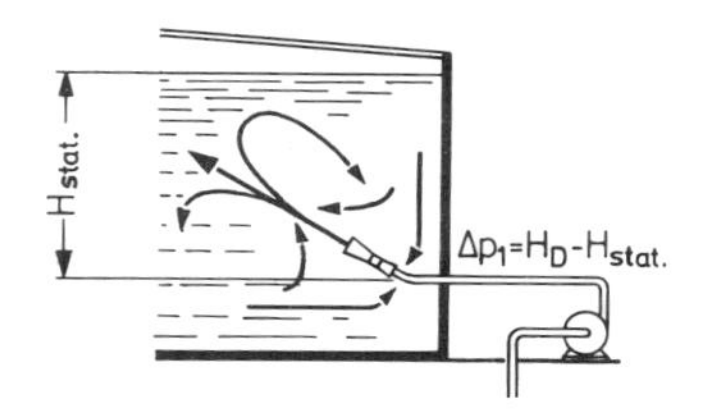

Bild 3: Mischung mit Fremdflüssigkeit

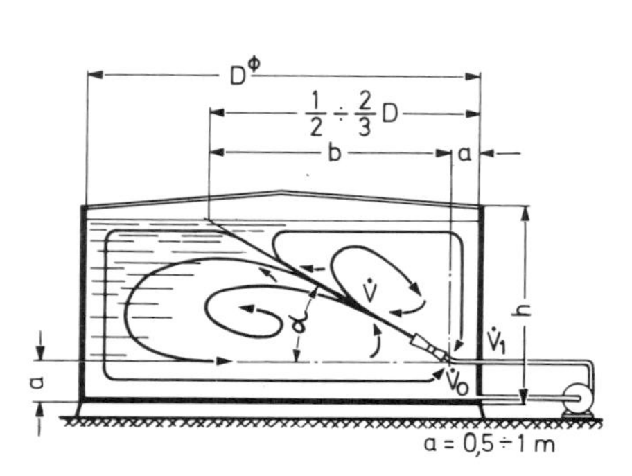

Bild 4: Wirkungsweise von Strahlmischern in Abhängigkeit von der Beckenform

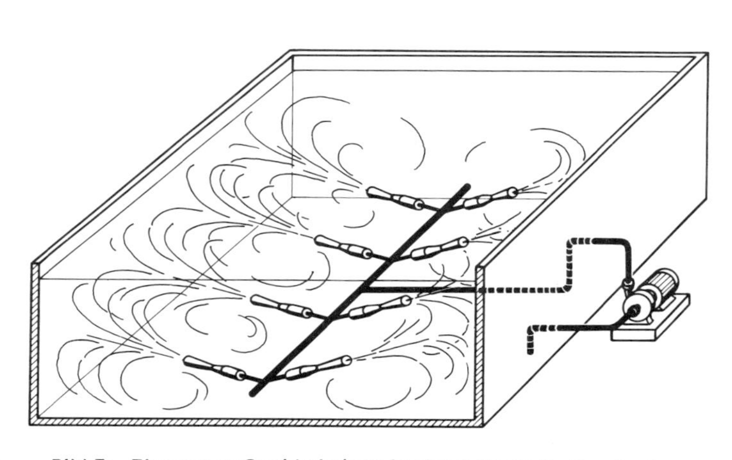

Bild 5: Einsatz von Strahlmischern in einem Neutralisationsbecken

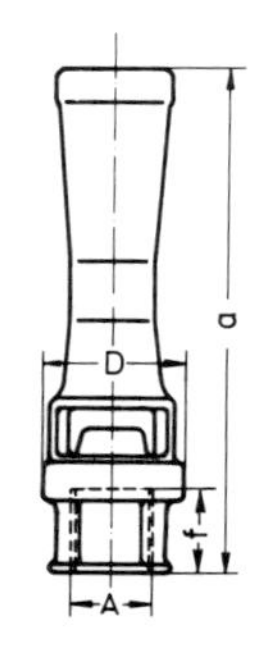

Anschlüsse, Abmessungen und Gewichte

Flüssigkeitsstrahl-Mischer mit Gewinde **Typ 17.1**

		Größe	1–80	2–80	3–80	4–80	5–80	6–80	7–80
Treibflüssigkeitsanschluß		A	R ¾″	R 1″	R 1 ½″	R 1 ½″	R 2″	R 3″	R 4″
Baumaße in	mm	a	170	220	265	345	400	520	610
		D	52	60	75	85	100	125	160
		f	20	25	24	24	30	33	40
Gewicht (Gußeisen)	kg		1	2	3	5	7	12	21

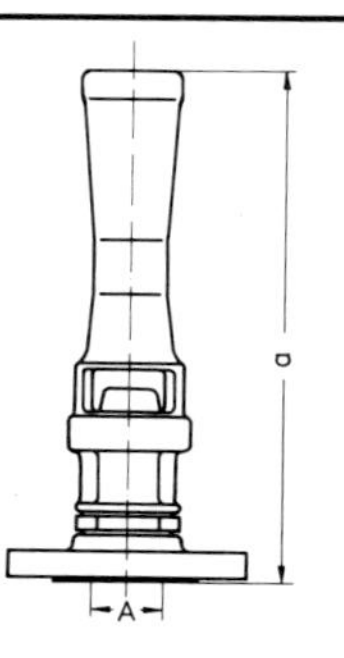

Flüssigkeitsstrahl-Mischer mit Flansch DIN PN 10 **Typ 27.1**

Treibflüssigkeitsanschluß		A	20	25	40	40	50	80	100
Baulänge in	mm	a	205	255	300	380	440	570	660
Gewicht (Gußeisen)	kg		2	3	5	7	10	17	28

Standardausführungen:
Gußeisen, rostfreier Stahlguß, rostfreier Stahl,
Düsen: Rotguß oder rostfreier Stahl.
Kunststoff (PP, PVC, PTFE)

Sonderausführungen auf Anfrage.

Bei **Bestellung** sind Größe, Typenbezeichnung und Werkstoff anzugeben.

3.1.1.1 Saugstrahlmischdüse

❐ Aufbau:

Aus einer Düse wird ein Flüssigkeitsstrahl durch einen Einlaufkonus gespritzt und dabei Flüssigkeit der Umgebung nachgesaugt. Diese Mischdüse ist in meist mehrfacher Ausführung in einem zylindrischen oder rechteckigen Behälter angebracht.

❐ Mischwerkzeug:

Der Flüssigkeitsstrahl, der Geschwindigkeits- und Druckenergie besitzt, bewirkt die Vermischung des Mediums.

❐ Mischvorgang:

Der aus der Treibdüse austretende Flüssigkeitsstrahl erzeugt durch seine Geschwindigkeit im Einlaufkonus des Diffusors einen Unterdruck, wodurch aus dem Behälter ein Flüssigkeitsstrom angesaugt und mitgerissen wird. Der Treibstrahl mischt sich dabei mit der angesaugten Flüssigkeit und beschleunigt diese. Infolge der hohen Turbulenz im Diffusor ergibt sich ein innig vermengtes Flüssigkeitsgemisch. Im Auslaufkonus des Diffusors wird die Strömungsgeschwindigkeit teilweise in Druck umgesetzt. Der aus dem Strahlmischer austretende Gemischstrom breitet sich kegelformig aus und reißt aus seiner Umgebung weitere Flüssigkeit mit. Bei richtiger Anordnung eines oder mehrerer solcher Strahlmischer entsteht in dem Behälter eine dreidimensionale Strömung, die den gesamten Inhalt in kurzer Zeit homogen vermischt, ohne daß eine drehende Bewegung entsteht.

❐ Kennzeichnen:

➪ Einfacher Aufbau ohne rotierende Teile
➪ Mischer für einfache Aufgaben

❐ Anwendungsgebiete:

- Mischen und Umwälzen von Flüssigkeiten sowie Auflösen von festen Stoffen in Flüssigkeiten.
- Grenze: Flüssigkeit muß pumpfähig sein.

❐ Besonderheiten, Ausstattungsvarianten:

Zwei Betriebsarten:
1) Umwälzpumpe saugt die umzuwälzende Flüssigkeit aus dem Behälter an.
2) Umwälzpumpe saugt Fremdflüssigkeit an.

❐ Baugrößen, Abmessungen, Daten:

- Treibstrom der Düse je nach Baugröße und Treibdruck zwischen 0,4 und 400 m^3/Mischer
- Abmessungen und Baugrößen siehe linke Seite

❐ Hersteller:

GEA-Wiegand

Bild 1: Flüssigkeitsstrahl - Flüssigkeitsmischer

Bild 2: Flüssigkeitsstrahl - Gasmischer

Bild 3: Gasstrahl - Gasmischer

3.1.1.2 Strahlmischer

❒ Aufbau:

Strahlmischer bestehen aus: Treibdüse, Mischstrecke (Fangdüse) und Diffusor. Alle drei hintereinandergeschaltete Einzelteile werden konstruktiv der Mischaufgabe angepaßt.

❒ Mischwerkzeug:

Es gibt keine mechanisch bewegten Teile, die Mischung wird durch den beschleunigten Treibstrahl erzielt.

❒ Mischvorgang:

Die Wirkung des Strahlmischers beruht darauf, daß aus einer Düse ein flüssiger oder gasförmiger Strahl mit hoher Geschwindigkeit austritt, der dann aus seiner Umgebung Flüssigkeit oder Gas mitreißt und beschleunigt. Infolge hoher Turbulenz und des damit verbundenen Impulsaustausches wird aus Treib- und Saugstrom ein innig vermischter Gesamtstrom.

Flüssigkeitsstrahl-Flüssigkeitsmischer:
Bei Flüssigkeiten mit physikalischen Eigenschaften ähnlich Wasser werden im Mischer selbst Mischungsverhältnisse (Treibstrom : Saugstrom) von 1:3 erreicht. Der den Mischer verlassende Gemischstrom reißt aufgrund seiner Geschwindigkeit und der hieraus resultierenden Schleppstrahl-Wirkung aus seiner Umgebung weiter Flüssigkeit mit. Insgesamt wird die ca. 8-fache Menge des Treibstromes an Flüssigkeit bewegt.

Flüssigkeitsstrahl-Gasmischer:
Bei diesen Mischern wird vorkomprimierte Außenluft dem Treibstrom zugemischt. Durch Impulsaustausch wird der Luftstrom fein verteilt und beschleunigt. Das maximale volumetrische Mischungsverhältnis zwischen Luft und Wasser beträgt 4:1

Gasstrahl-Gasmischer:
Gasstrahl-Gasmischer werden im allgemeinen mit Erdgas oder verdampftem Flüssiggas betrieben und zur Heizwertregelung eingesetzt. Zugemischt wird Luft oder ein Gas mit niedrigerem Heizwert.

❒ Kennzeichen:

Flüssigkeitsstrahl-Flüssigkeitsmischer:
➪ Keine mechanisch bewegten Teile
➪ Keine Dichtungsprobleme

Flüssigkeitsstrahl-Gasmischer:
➪ Hohe Sauerstoffausnutzung in der Abwasserbelüftung
➪ Energetisch günstiger Betrieb
➪ Verstopfungsfreiheit
➪ Keine mechanisch bewegten Teile
➪ Einfache Regelung
➪ Keine Dichtungsprobleme

Gasstrahl-Gasmischer:
➪ Keine mechanisch bewegten Teile
➪ Einfache Regelung

❒ Anwendungsgebiete:

- feste, flüssige, gasförmige Stoffe sowie Kombinationen hiervon

❒ Besonderheiten, Ausstattungsvarianten:

- Integrierte Regelung durch Düsennadel
- Vielseitige Werkstoffauswahl

❒ Baugrößen, Abmessungen, Daten:

Die Leistung wird an den jeweiligen Einsatzfall angepasst

❒ Hersteller:

KÖRTING HANNOVER AG

3.1.2 Mischkammer

❐ Aufbau:

Konisch nach oben erweitertes Rohr, das an der Oberseite über einen Ringspalt mit dem außenliegenden Ringraum verbunden ist. Die Zuführung der einen Komponente erfolgt einmal über eine spiralförmige Eintrittsleitvorrichtung am Boden der Mischkammer, die zweite wird zentrisch axial von oben in die Mischkammer eingeleitet. Der Produktaustritt ist an den Ringraum angeschlossen.

❐ Mischwerkzeug:

Mischung durch freie Turbulenz eines Flüssigkeitsstrahles

❐ Mischvorgang:

Die Komponente mit dem größeren Volumen wird durch eine Spirale in die Kammer geführt. Dem hier aufgeprägten Drall folgend, strömt sie an den Wänden des Diffusors entlang. Im Zentrum von Spirale und Diffusor bildet sich ein Unterdruck, der die Rückströmung im Kern bewirkt. In diesen zentralen Rückstrom fließt die zweite Komponente, wird von ihm erfaßt und ins Innere der Kammer transportiert. Zwischen wandnahem Durchsatz und der Rückströmung entsteht eine röhrenförmige Zone intensiver "freier Turbulenz". Freie Turbulenz entsteht als Folge von Instabilitäten in der Grenzfläche zweier Parallelströmungen unterschiedlicher Geschwindigkeit oder Richtung. Die anfangs kleinen Störungen in der Trennfläche werden durch den sich einstellenden Überdruck auf der einen und Unterdruck auf der anderen Seite rasch vergrößert, so daß sich in der gesamten Trennfläche zahllose Wirbel bilden, die zu einer intensiven Vermischung der beiden Stoffkomponenten führen. Die turbulente Durchmischungszone kann die randnahe Grenzschicht nicht erfassen. Daher verläßt das Gemisch den Diffusor über einen Ringspalt mit Abreißkante und rotiert im Ringraum. Das fertige Gemisch verläßt die Mischkammer nach einem Durchlauf durch den Austritt.

❐ Kennzeichen:

➪ Kontinuierlich Homogenisieren und Dispergieren
➪ Hoher Durchsatz bei kleiner Baugröße
➪ Niedrigerer Energiebedarf als bei statischen Mischern

❐ Anwendungsgebiete:

- Homogenisieren und Dispergieren, wobei die Hauptströmungskomponente in flüssiger Phase vorliegt und als Zweitkomponente gasförmige, flüssige oder pulverförmige Stoffe beigemischt werden.

❐ Besonderheiten, Ausstattungsvarianten:

- Umschlag zu freier Turbulenz bei 25 mal kleineren Reynoldszahlen, d.h. bei 25 mal kleineren Geschwindigkeiten des jeweils betrachteten Medium.

❐ Baugrößen, Abmessungen, Daten:

12 Baugrößen mit einem Durchsatz von 0,5 bis 150 m^3/h
Energiebedarf je nach Durchsatz von 0,1 bis über 50 kW

❐ Hersteller:

Pfaudler

<table>
<tr><td>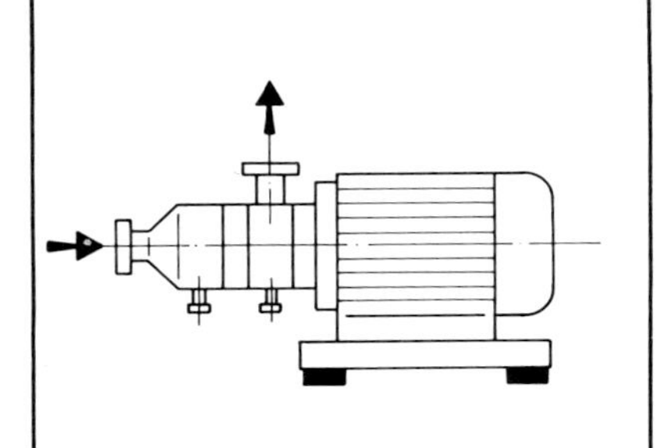</td><td>STANDARD-Ausführung zum Einbau in geschlossene Rohrleitungssysteme mit Schlauchanschlußstutzen DIN 11851, auch mit Flanschanschluß lieferbar.

STANDARD-construction to be incorporated in closed pipe-line systems with hose connection DIN 11851; can also be delivered with flange connection.</td></tr>
<tr><td>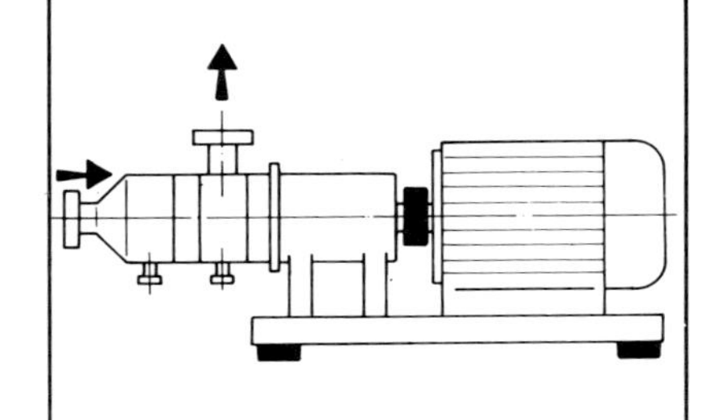</td><td>CHEMIE-Ausführung mit Flanschanschlüssen und Lagerbock zum Anbau eines Norm-Motors.

CHEMICALS-construction with flange connections and bearing block suited for the fitting of a standard motor.</td></tr>
<tr><td>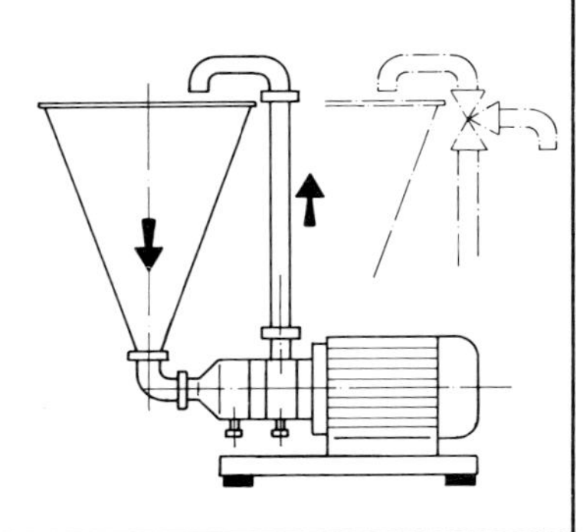</td><td>STANDARD-Ausführung mit auf der Saugseite angebautem Trichter und schwenkbarer Rezirkulations- und Auslaufleitung für flüssige und halbflüssige Produkte (auch mit 3-Weg-Ventil lieferbar).

STANDARD-construction with hopper on the suction side and turnable recirculating- and discharge pipe for liquid and semi-liquid products. (Can also be delivered with 3-way valve).</td></tr>
<tr><td>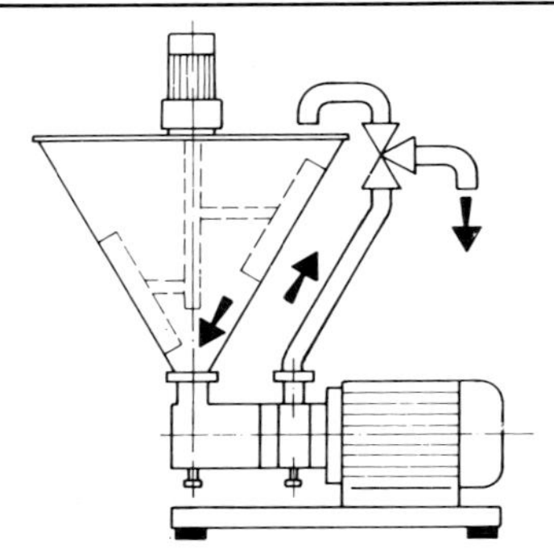</td><td>IN-LINE-DISHO mit VERTIKALEM Produktzulauf für viskose Produkte mit schlechten Fließeigenschaften. Mit Trichter sowie langsam laufendem Rührwerk mit Wandabstreifern.

IN-LINE-DISHO with VERTICAL product-inlet for viscous products with poor flow characteristics. With hopper and slow running agitator with wall scrapers.</td></tr>
</table>

3.2.1 In-Line-Homogenisator

❒ Aufbau:

Meist handelt es sich um ein Rotor-Stator-System in ein- oder mehrstufiger Ausführung.

❒ Mischwerkzeug:

Rotor-Stator-System

❒ Mischvorgang:

In-Line-Homogenisatoren sind in ein Rohrsystem eingebaut. Die hier dargestellten Rotor-Stator-Systeme arbeiten mit Pumpwirkung. In einem geschlitzten Stator läuft mit sehr geringem Abstand ein ebenfalls geschlitzter Rotor mit hoher Drehzahl. Das Mischgut gelangt in den Bereich der Rotorzähne und wird von ihnen beschleunigt. Die nun wirkende Zentrifugalkraft läßt es durch die Rotorzähne hindurchdringen. In dem kleinen Spalt ist das Mischgut höchsten Scherkräften ausgesetzt. Wenn es in die Zahnlücken des Stators gerät, kommen noch Prallkräfte hinzu, die eine weitere Zerkleinerung zur Folge haben.

❒ Kennzeichen:

➪ Im Rohrleitungssystem eingebaut
➪ Breites Einsatzgebiet
➪ Hohe Durchsätze

❒ Anwendungsgebiete:

- Kontinuierliches Homogenisieren, Dispergieren, Emulgieren und Lösen von niedrigviskosen Flüssigkeiten in sehr kurzer Zeit
- z.B. Rostschutz- und Dispersionsfarben, Lacke, Klebstoffe, Unterbodenschutzmassen, Badezusätze, Rheumamittel, pharmazeutische- und chemische Produkte, Aufbereitung von Suspensionen, Emulsionen und Dispersionen.

❒ Besonderheiten, Ausstattungsvarianten:

- Ein- und mehrstufige Systeme mit verschiedenen Schlitzbreiten
- kann auch als Förderaggregat eingesetzt werden.

❒ Baugrößen, Abmessungen, Daten:

Antriebsleistungen zwischen 2 und 45 kW
Durchsatzleistung 0,2 bis 60 m^3/h

❒ Hersteller:

Koruma

Leitstrahlmischer

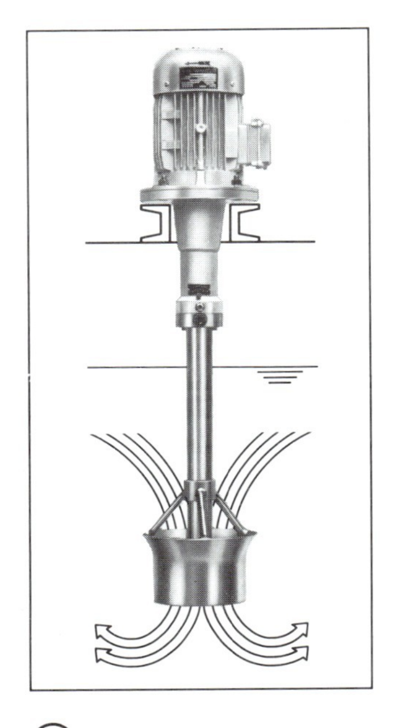

Misch-Dispergiersystem DISPERMIX

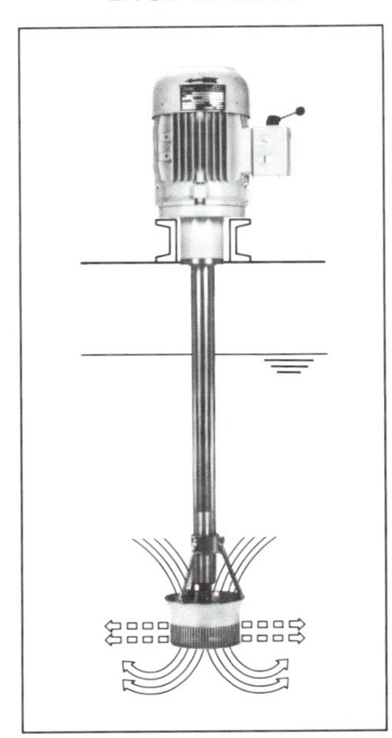

Leitstrahl-Saugmischer

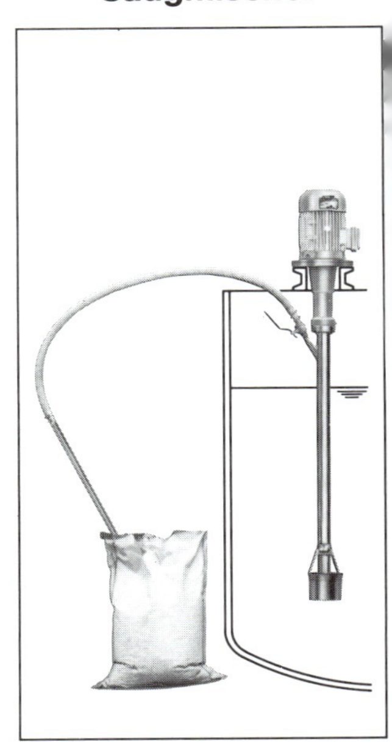

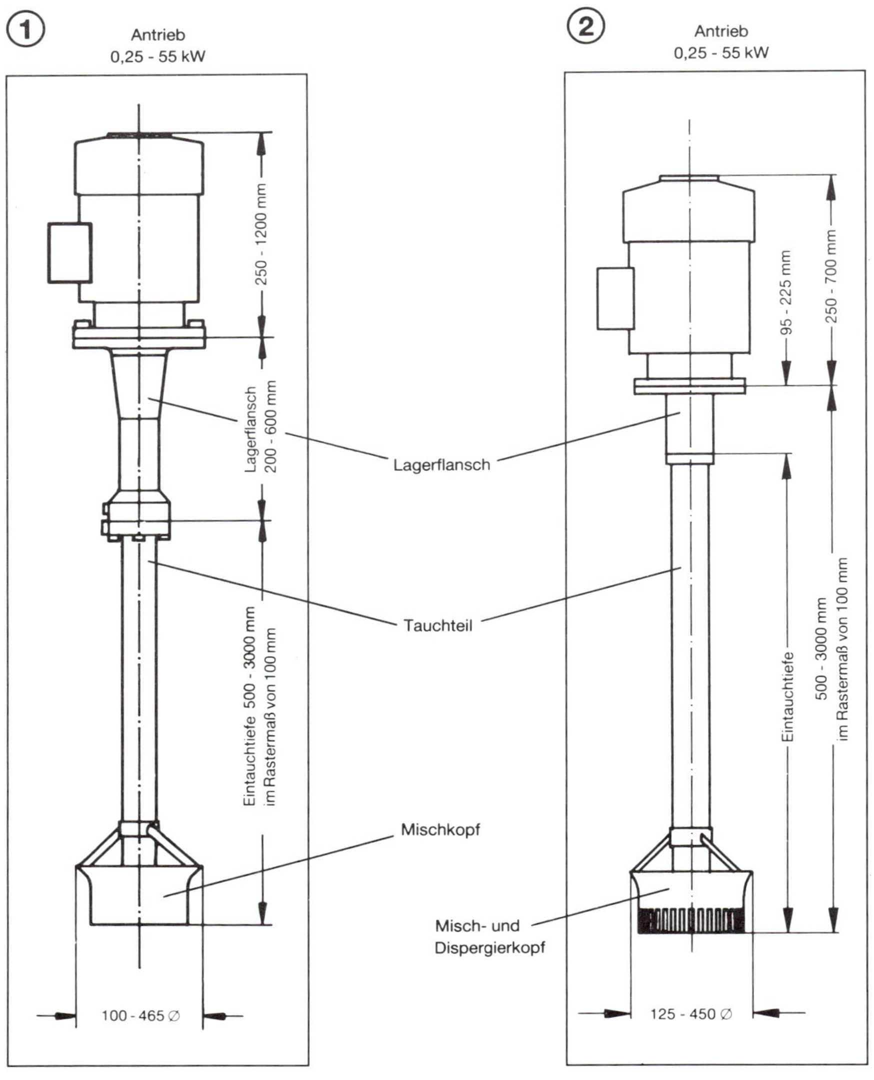

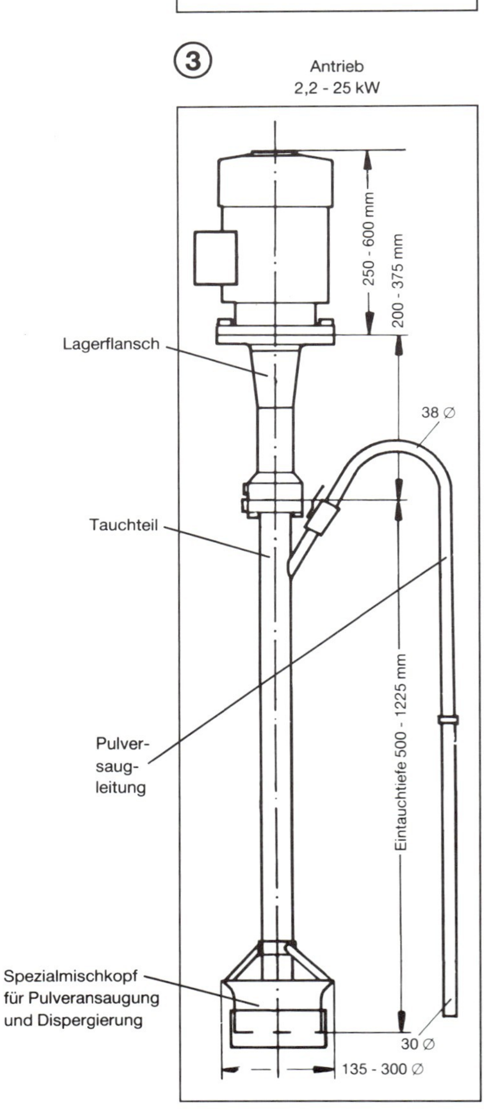

3.2.2 Leitstrahl(saug)mischer / Mischdispergiersystem

❐ Aufbau:

Rotor-Stator-System als Tauchteil; über dem Mischpult befindet sich der Antrieb und das Getriebe.

❐ Mischwerkzeug:

Rotor-Stator System zur vertikalen Durchmischung ohne Lufteinzug, zur horizontalen Dispergierung oder zur Erzeugung eines Vakuums zur selbsttätigen Einsaugung und Dispergierung von Pulvern, Gasen oder Flüssigkeiten.

❐ Mischvorgang:

Das unter der Mischgutoberfläche befindliche Rotor-Stator-System wird von einem, über der Oberfläche oder sogar außerhalb des Behälters befindlichen Antriebsaggregat angetrieben. Es erfolgt eine intensive Mischung im Leitstrahl-Mischkopf. Dabei wird durch die Pumpwirkung der gesamte Behälterinhalt gleichmäßig erfaßt.

❐ Kennzeichen:

➪ - Minimale Turbulenz auch beim Aufheben spezifisch schwerer Sedimente. ①
- Verhinderung von Trombenbildung. ①
- Überwindung von ausgeprägten Fließanomalien ①

➪ - Intensive Dispergierung und Benutzung von Pulverstoffen. ②
- Klumpenfreie Lösungen auch bei stark hygroskopischen Pulvern. ②

➪ - Intensive Dispergierung und Desagglomerierung von Pigmenten. ③
- Bei Gaseinzug im Dreiphasenreaktor kontinuierliche Erhaltung großer Stoffübergangsflächen zur Reaktion. ③

❐ Anwendungsgebiete:

- Kosmetik-, Pharma- und Lebensmittel-Industrie
- Bereich der chemischen Grundstoffe
- Herstellung chemisch- technischer Erzeugnisse

❐ Besonderheiten, Ausstattungsvarianten:

- Feste oder variable Drehzahlregelung
- Motorauslegung je nach Leitungsnetz und Frequenz
- Dichtungen als Lippendichtungen oder Gleitringdichtungen
- Gerader oder schräger Einbau im Behälter
- Verschiedene Werkstoffe lieferbar

❐ Baugrößen, Abmessungen, Daten:

siehe linke Seite

❐ Hersteller:

YSTRAL

Dispergiermaschinen

	Typen	Antrieb	Drehzahl	Förder-leistung	Scher-geschwindigkeit
Draufsicht	Z 66	2,4 bis 3 kW	12000 min⁻¹	500 - 2500 l/h	21/42 m/sec
	Z 130	5 bis 7,5 kW	2800/ 5600 min⁻¹	1200 - 3500 l/h	21/42 m/sec
	Z 120 Z 120 GI Z 150 Z 150/3 Z 180 Z 180/3	3 bis 5 kW 11 bis 15 kW 22 bis 37 kW	1500/ 3000 min⁻¹	3000 - 6000 l/h 3000 - 6000 l/h 4000 - 12000 l/h 1000 - 4000 l/h 10000 - 25000 l/h 2000 - 6000 l/h	16 m/sec 20 m/sec 25 m/sec
	Z 300 Z 400	11 bis 22 kW	3000 min⁻¹	3000 - 9000 l/h	21/42 m/sec
Draufsicht	Z 130/ 180 HCP	16 kW	5600 min⁻¹	800 - 2000 l/h	54 m/sec
	X 120 X 150 X 180	3 bis 5 kW 11 kW 22 kW	1500/ 3000 min⁻¹		16 m/sec 20 m/sec 25 m/sec
	X 120 TFB X 150 TFB X 180 TFB	5 bis 15 kW	1500/ 3000 min⁻¹		16 bis 25 m/sec 20 m//sec 25 m/sec

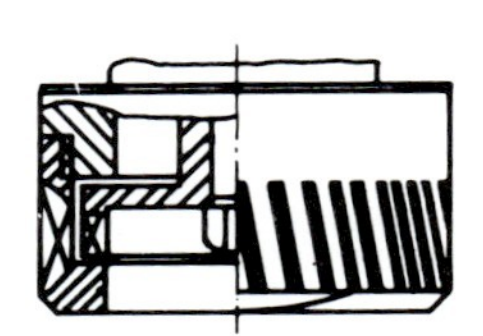

Dispergierwerkzeuge (Generatoren)

Für alle genannten Anwendungen und Maschinen sind geeignete Generatoren lieferbar.
Aus der Vielzahl der Möglichkeiten werden im Rahmen einer Anlagenprojektierung die besten technischen und wirtschaftlichen Lösungen ermittelt.

ystral gmbh · maschinenbau + processtechnik · Wettelbrunner Str. 7 · D-7801 Ballrechten-Dottingen

3.2.3 Scherkranzdispergiermaschinen

❐ Aufbau:

Horizontale Bauweise oder zum Einbau von unten vertikal als Schaftgerät.
Motor-Wellenlagerung; Dichtungsteil; Dispergierkammer

❐ Dispergierwerkzeug:

Der Dispergierkopf besteht aus einem Rotor-Stator-System mit konzentrisch geschlitzten Ringen zur selbsttätigen Einsaugung und Dispergierung von Pulvern, Gasen oder Flüssigkeiten.

❐ Dispergiervorgang:

Die Dispergierwirkung wird im Dispergierkopf (Generator), bestehend aus einem Rotor-Stator-System mit konzentrisch geschlitzten Ringen, wobei der Innenring rotiert und der Außenring stillsteht, erzeugt. Das Produkt wird durch die Bewegung des Rotors angesaugt und in diesem durch Zentrifugalkräfte beschleunigt. So wird ein achsialer Fluß des Mediums in das Zentrum des Dispergierkopfes und ein radialer Ausstoß des Produktes durch die Schlitze des Außenrings, unter der Wirkung von Scher- und Prallkräften, erreicht.
Das System erzielt durch intensive Scher- und Prallkräfte während der Passage der Stator- und Rotorringe eine Mahl- und Dispergierwirkung zum Homogenisieren, Emulgieren und Zerkleinern.

❐ Kennzeichen:

➪ Hohe Dispergierwirkung bei vergleichsweise geringer Erwärmung
➪ Große Durchsatzleistungen
➪ Aufgabenspezifische Anpassung der Dispergierwerkzeuge
➪ Feinstmahlung niederviskoser Suspensionen

❐ Anwendungsgebiete:

- Kosmetik-, Pharma- und Lebensmittel-Industrie
- Chemische Grundstoffe
- Herstellung chemisch- technischer Erzeugnisse
- Farbindustrie

❐ Besonderheiten, Ausstattungsvarianten:

- Feste oder variable Drehzahlregelung
- Motorauslegung je nach Leitungsnetz und Frequenz
- Dichtungen als Lippendichtungen oder Gleitringdichtungen (einfach und doppel-wirkend)
- Sonderwerkstoffe lieferbar
- Austauschbare Dispergierwerkzeuge
- Heiz- und Kühlmantel möglich

❐ Baugrößen, Abmessungen, Daten:

siehe linke Seite

❐ Hersteller:

YSTRAL

3.3.1 Ventil-Mischstrecke

❐ Aufbau:

Federbelastetes Doppel-Ventil

❐ Mischwerkzeug:

Durch die Hintereinanderschaltung eines Spaltes und eines Erweiterungsraumes entstehen starke Wirbelfelder, die zum Mischen zweier oder mehrerer Phasen genutzt werden.

❐ Mischvorgang:

Im Spalt zwischen Sitz und Kegel eines federbelasteten Kegelventils werden im Vergleich zu den Verhältnissen im glatten Rohr mehrfach höhere Strömungsgeschwindigkeiten erzeugt. Diese momentan erhöhten Strömungsgeschwindigkeiten werden jedoch in einem dem Spalt unmittelbar folgenden Erweiterungsraum gleich wieder abgebaut, wobei starke Wirbelfelder entstehen, die in Vertikal-Mischstrecken zum In-Line-Dispergieren zweier oder mehrerer Phasen genutzt werden. Dabei hat sich als Standardbauform die Doppel-Ventil-Bauweise herausgebildet.

❐ Kennzeichen:

➪ Einsatz bevorzugt für wasserähnliche, niederviskose Medien mit Turbulenzeffekten
➪ Auswechselbare Federn zur Anpassung der Spaltgrößen an den Betriebsdruck, durch Auswechseln der Federn

❐ Anwendungsgebiete:

- Bildung von Voremulsionen aus verschiedenen Ölen, Fetten, und der wäßrigen Phase bei der kontinuierlichen Margarineherstellung
- Homogenisieren von verdünnten Flockungsmittel-Konzentrationen

❐ Besonderheiten, Ausstattungsvarianten:

- keine Federlasteinstellung von außen bei In-Line-Mischern

❐ Baugrößen, Abmessungen, Daten:

siehe linke Seite

❐ Hersteller:

Bran + Lübbe

3.3.2 Statischer Mischer mit Bohrungen

❐ Aufbau:

Der Mischer besteht aus mehreren ineinandergreifenden Elementen, die je um 90° versetzt sind. An den Stoßstellen entsteht ein Tetraederraum, der je durch 4 Bohrungen mit dem nächsten verbunden ist. Diese Bohrungen sind so angeordnet, daß die innen beginnenden außen enden und umgekehrt. Die Elemente sind in ein Rohr eingefüllt und werden an beiden Enden durch Ringe gehalten.

❐ Mischwerkzeug:

Die Aufteilung und erneute Zusammenführung der Komponenten bewirke eine schnell anwachsenden Schichtenbildung, die zur Vermischung führt.

❐ Mischvorgang:

Die Güte der Mischung wird durch die Anzahl der Mischelemente beeinflußt. Die zu vermischenden Produkte werden durch das erste Element gepumpt. Bei zwei Komponenten fließt je ein Teilstrom durch die vier Bohrungen und bilden im ersten Tetraederraum acht Schichten. Diese werden durch das nächste Element in der anderen Ebene geteilt und bilden am Ende des zweiten Blockes 32 Schichten.
Die Anzahl der Schichten errechnet sich nach folgender Formel:

$$S = N * 4^E$$

Dabei ist: S = Anzahl der Schichten;
N = Anzahl der Komponenten;
E = Anzahl der Elemente.

❐ Kennzeichen:

- ➪ Leichte Reinigung bei demontierbaren Elementen
- ➪ Einbau in existierende Anlagen möglich, solange das Produkt fließfähig ist.
- ➪ Keine bewegten Teile, daher wartungsfrei und lange Lebensdauer
- ➪ Mathematisch berechenbare Schichtenzahl

❐ Anwendungsgebiete:

- Kontinuierliche Mischung fließfähiger Produkte

❐ Besonderheiten, Ausstattungsvarianten:

- Anzahl der Elemente variabel
- Unerwünschtes Einmischen von Luft nicht möglich
- Gute Anpassungsfähigkeit an das Produkt

❐ Baugrößen, Abmessungen, Daten:

Größenfestlegung nach Mischergebnis und Druckverlust

❐ Hersteller:

Achener Misch- und Knetmaschinen (AMK)

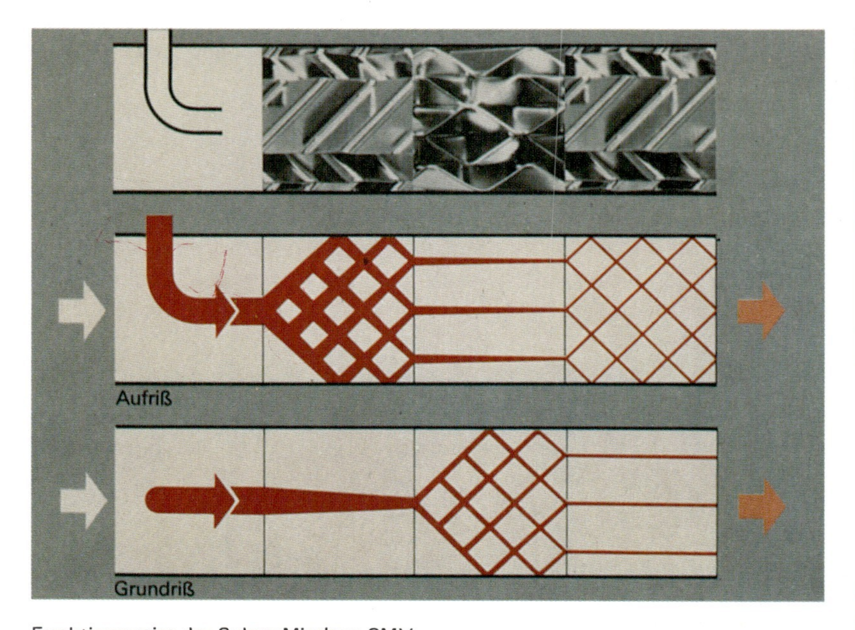

Funktionsweise des Sulzer-Mischers SMV.
Die offenen, sich kreuzenden Kanäle erzeugen Teilströme. Neben deren Verschiebung in den Kanälen wird an jeder Kreuzungsstelle eine Teilmenge in den kreuzenden Kanal abgeschert. Die einzelnen Mischelemente sind um 90° zueinander versetzt angeordnet. Damit werden Inhomogenitäten über den gesamten Rohrquerschnitt ausgeglichen.

Sulzer-Mischer SMV, DN 1400, zum Vermischen von Rohwasser mit teilenthärtetem Wasser für den pH-Ausgleich.

Sulzer-Mischer SMV, DN 100, aus PVDF für das Mischen korrosiver Flüssigkeiten.

Sulzer-Mischerpackung SMV-32, DIN 1600, aus Polypropylen in Segmentbauweise.

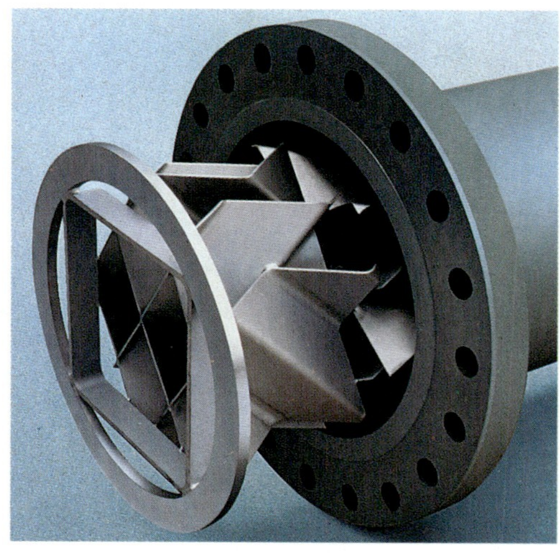

SMV-Gleichstromgaswäscher, DN 400, eingebaut in einer Raffinerie. Während der Katalysatorregenerierung werden 11 000 Bm^3/h (7 bar, 150 °C) Regeneriergas mit 54 m^3/h Natronlauge von SO_2, HCl und Cl_2 gereinigt.

3.3.3 Statischer Mischer aus geriffelten Lamellen

❒ Aufbau:

Jedes Mischelement des SMV-Mischers ist aus geriffelten Lamellen aufgebaut, die offene, sich kreuzende Kanäle bilden.

❒ Mischwerkzeug:

Die Mischelemente erzeugen eine ausgeprägte Quermischung, geringe axiale Rückmischung und hohe Belastbarkeit.

❒ Mischvorgang:

Dieser Mischer wird im turbulenten Strömungsbereich eingesetzt. Ohne Einbauten benötigt eine Flüssigkeit etwa eine Länge, die 100 Rohrdurchmessern entspricht, um sich vermischen zu können. Durch die vielfache Umschichtung kann eine gute Mischung nach wenigen Mischelementen, d.h. wesentlich kürzeren Strecken, erzielt werden. Dabei erzeugen die offenen, sich kreuzenden Kanäle Teilströme, von denen wiederum ein Teilstrom in den kreuzenden Kanal abgegeben wird. Durch Versetzen der einzelnen Mischelemente um 90° zueinander werden Inhomogenitäten über den gesamten Rohrquerschnitt ausgeglichen.

❒ Kennzeichen:

➪ Ausgeprägte Quermischung
➪ Gute Mischung auf kurzen Strecken
➪ Homogene Tropfen- bzw. Blasenverteilung beim Dispergieren
➪ Geringer Strömungswiderstand
➪ Hohe Belastungen möglich (Einsatz als Mischerpackung in Kolonnen)
➪ Risikoloses Scale-up

❒ Anwendungsgebiete:

- Mischungen flüssig-flüssig, flüssig-gasförmig und gasförmig-gasförmig
- Mischen von Medien in der Chemieindustrie, in Raffinerien, in der Trinkwasseraufbereitung und Abwasserbehandlung.
- z.B.: Natrium-, Ammonium- und Kaliumsulfitlösungen oxidieren, organische Produkte oxidieren, hydrieren mit oder ohne Feststoffkatalysator, Abgasreinigung, Trocknung von Erdgasen, Prozeßgasbehandlung

❒ Besonderheiten, Ausstattungsvarianten:

- Einbauten auch für Extraktions- und Reaktionskolonnen verwendbar.

❒ Baugrößen, Abmessungen, Daten:

- In metallischen Werkstoffen und Kunststoffen lieferbar
- Runde, quadratische oder rechteckige Querschnitte
- Abmessungen von wenigen mm bis mehrere m
- Auslegung der Mischer nach Durchsatz, Mischgüte und zulässigem Druckabfall.

❒ Hersteller:

Sulzer

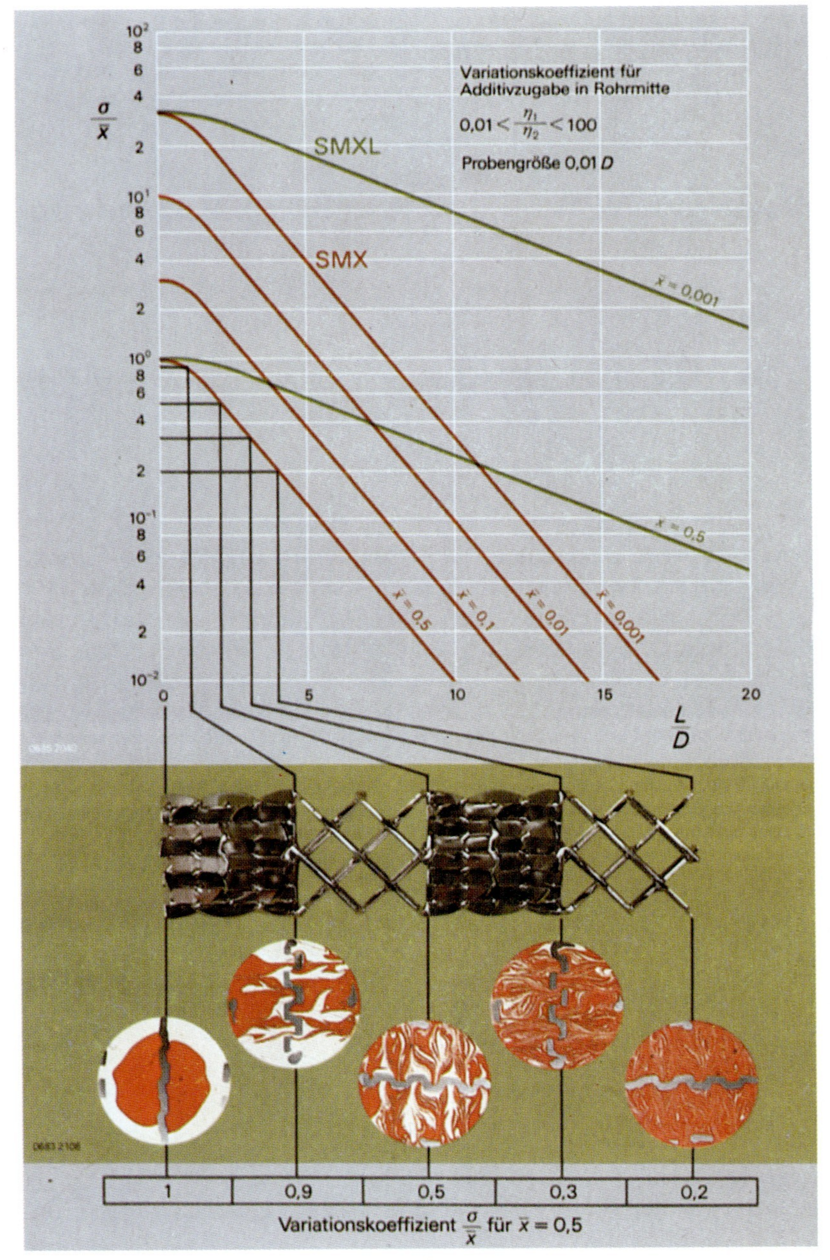

Obere Bildhälfte: Variationskoeffizient $\sigma/\bar{x}$ der Sulzer-Mischer SMX und SMXL bei laminarer Strömung.
Untere Bildhälfte: Vermischen von zwei Epoxidharzen im SMX-Mischer. Die Schnittbilder entlang der Mischstrecke zeigen die rasche Zunahme der gebildeten Schichten.

Rohrbündel-Mischer-Wärmeaustauscher, DN 32/500, mit demontierbaren SMXL-Mischelementen zur Erwärmung von Polymerlösungen vor Monomerstrippern.

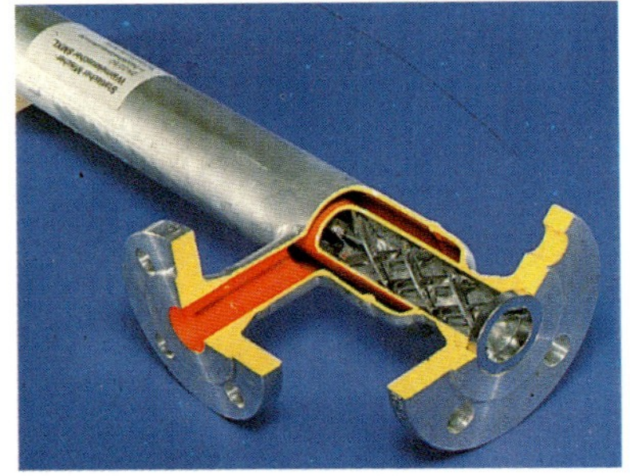

Doppelmantel-Mischer-Wärmeaustauscher SMXL.

Sulzer-Mischer-SMX, DN 250, für die Temperaturhomogenisierung von Kunststoffschmelzen vor Granulatoren.

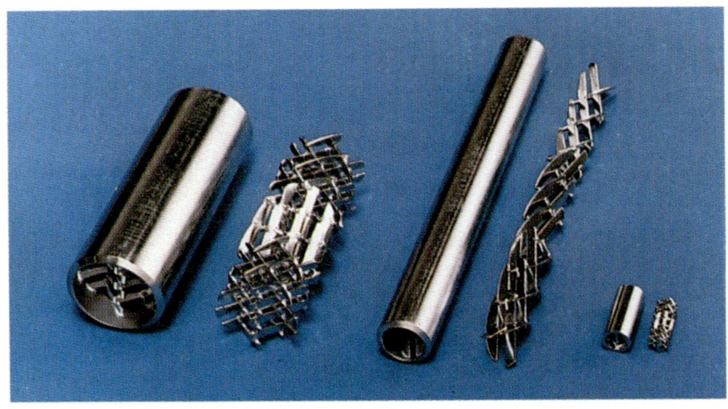

Sulzer-Mischmodule SMX und SMXL zum Einschweißen in Verteilleitungen von Spinnanlagen oder zum Einschieben in Bohrungen zwischen Spinnpumpe und Düsenplatte.

3.3.4 Statische Mischer aus ineinandergreifenden Stegen

❐ Aufbau:

Jedes Mischelement des SMX-Mischers bzw. des SMXL-Mischer-Wärmeaustauschers besteht aus einem Gerüst ineinandergreifender, sich kreuzender Stege.

❐ Mischwerkzeug:

Die viskosen Komponenten werden durch die zur Rohrachse querstehenden Stege des Mischers fortlaufend in Schichten zerschnitten und über dem Rohrquerschnitt ausgebreitet.

❐ Mischvorgang:

Fluide mit Viskositäten über 100 mPa s strömen im allgemeinen laminar. In diesem Strömungsbereich werden Mischer aus ineinandergreifenden Stegen verwendet. Der statische Mischer bewirkt dabei den Mischeffekt durch fortlaufendes Aufspalten, Ausdehnen und Umlagern der Komponenten. Unterschiede in Konzentration, Temperatur sowie Geschwindigkeit werden ausgeglichen.

❐ Kennzeichen:

➪ Der Mischvorgang läuft nach einem geometrischen Schema ab
➪ Die Mischwirkung bleibt auch bei Durchsatzschwankungen konstant
➪ Ausgeprägte Quermischung, geringe axiale Rückmischung
➪ Hoher Wärmeaustausch beim Einsatz als Mischer-Wärmeaustauscher
➪ Schonende Produktbehandlung
➪ Kein Lufteintrag, kein Produktverlust
➪ Risikoloses Scale-up

❐ Anwendungsgebiete:

- Mischen und Dispergieren im laminaren Bereich; Mischung nieder/hochviskoser Stoffe
- z.B. niederviskose Additive in Polymere einmischen (Mineralöl in Polystyrol, Antioxidantien in LLDPE), Reaktionsharze mischen
- Eliminieren von Farbschlieren und Temperaturunterschieden in der Kunststoffverarbeitung
- Einsatz in der Lebensmittelindustrie

❐ Besonderheiten, Ausstattungsvarianten:

- Zwei verschiedene Bauformen sind bekannt:
  Normale Bauform, sie ergibt kurze Mischstrecken
  Lange Bauform für extrem geringen Druckabfall (Einsatz u.a. als Mischer-Wärmeaustauscher)
- Mischelemente ausbaubar oder mit der Rohrwand fest verbunden.

❐ Baugrößen, Abmessungen, Daten:

Festlegung der benötigten Daten mit Hilfe des Durchsatzes, der Viskosität, des zu erzielenden Mischungsergebnisses und des zulässigen Druckabfalles.

❐ Hersteller:

Sulzer

3.3.5 Statischer Mischer in Wendel-Form

❐ Aufbau:

Glattes Rohr mit fest oder lose eingebauten links- und rechtssteigenden Wendeln.

❐ Mischwerkzeug:

Die Wendeln erzeugen bei Durchsatz von Fluiden im turbulenten Strömungsbereich einen vollständigen Drallwechsel unter Mikroturbulenz bei gleichzeitiger Radialmischung

❐ Mischvorgang:

Das Mischelement in spiralförmiger Form führt das durchfließende Produkt gegen die Rohrwandung und wieder zurück. Durch die wechselseitige Anordnung von rechts- und linksgängigen Mischelementen wird eine Rotationsrichtungsumkehrung und Stromteilung verursacht. Dies bewirkt eine komplette und kontinuierliche Durchmischung des Mischgutes. Die Rotationsströmung wird in voraus bestimmbarer Stärke erzeugt um das gewünschte Mischergebnis zu erzielen.

❐ Kennzeichen:

➩ Glatte, einfache Form
➩ Niedriger Druckverlust

❐ Anwendungsgebiete:

- Mischen von Zwei- und Mehrkomponentenkunstharzen
- Chemie-Industrie (Mischung von Salzlösungen, pH-Wert-Regelung)
- Papierindustrie (Bleichmittelzumischung, Stoffdichteregelung)
- Wasser- und Abwasseraufbereitungstechnik
- u.v.m.

❐ Besonderheiten, Ausstattungsvarianten:

- Ausführung in Edelstahl, C-Stahl, Sonderwerkstoffe (metallisch), PTFE, glasfaserverstärktes Polyester
- Für hohe Geschwindigkeiten oder Druckverluste werden die Elemente auf der ganzen Länge eingelötet oder eingeklebt.

❐ Baugrößen, Abmessungen, Daten:

6 bis 32 Elemente maximal
Durchmesser 15 bis 600 mm
Länge 121 bis 7 861 mm

❐ Hersteller:

Chemineer, GNC, Turbo Lightnin

3.3.6 Statischer Mischer in N-Form

❐ Aufbau:

N-förmiges Mischelement in einem Rohr, das geometrisch versetzt aneinandergereiht wird.

❐ Mischwerkzeug:

Die geometrische Form der Einbauten führt zu einer Aufteilung und geometrisch versetzter Wiedervereinigung der Stoffströme

❐ Mischvorgang:

Die N-Form der Mischelementeinbauten erzeugt vier gleichzeitig am Mischprozeß beteiligte Teilströme, die versetzt wiedervereinigt werden. Dadurch entsteht ein hervorragender Quermischeffekt, die Axialvermischung ist gering. Geringe Mengen an Zusatzkomponenten können über ein mittig angeordnetes Impfrohr eingebracht werden.

❐ Kennzeichen:

⇨ Der Mischvorgang läßt sich mit vergleichsweise niedrigem Aufwand an Mischenergie durchführen.
⇨ Kurze Baulänge bei guter Durchmischung.

❐ Anwendungsgebiete:

- Nieder- bis hochviskose Flüssigkeiten

❐ Besonderheiten, Ausstattungsvarianten:

- Drei verschiedene Anschlußmöglichkeiten wählbar: Flansch, Gewinde und Schweißenden.
- Auch nach Wunsch mit Heiz-/Kühlmantel lieferbar.

❐ Baugrößen, Abmessungen, Daten:

Anschlußgrößen zwischen DN 15 und DN 65
Anzahl der Elemente: 6 bis 21
Mischrohrgrößen 18x1 bis 70x2 mm
Andere Baugrößen auf Anfrage.

❐ Hersteller:

Bran + Lübbe

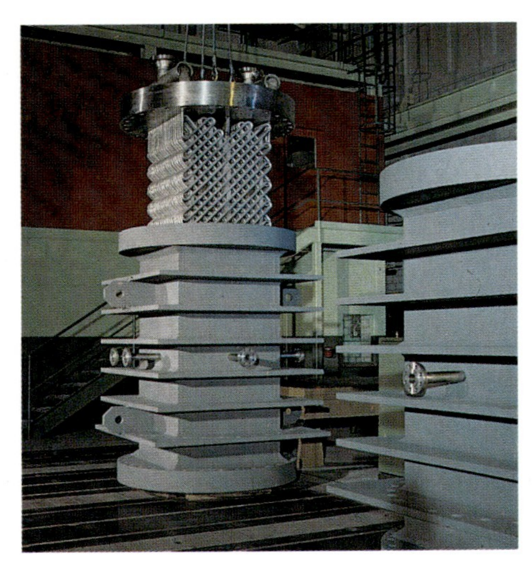

SMR-Mischreaktoren, DN 880, für die Massenpolymerisation von Styrol zu Polystyrol.

Sulzer-Mischreaktor SMR.

SMR-Mischreaktor/Wärmeaustauscher, DN 200, zur Kühlung von Harzen vor der Abfüllanlage.

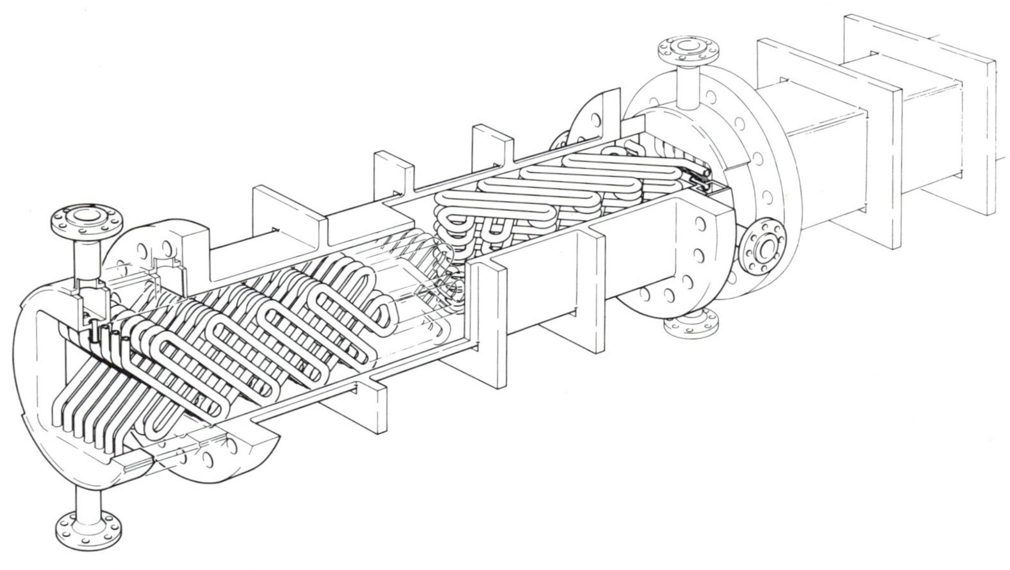

Schematische Zeichnung des Sulzer-Mischreaktors SMR mit demontierbaren Mischelementen.

3.3.7 Statischer Mischreaktor mit heiz- oder kühlbaren Mischelementen

❐ Aufbau:

Die Mischelemente des SMR-Mischreaktors sind aus Rohren gefertigt und sind analog zum Mischer mit ineinandergreifenden Stegen (SMX-Mischer) angeordnet. Die Rohre münden in Sammler, durch die sie heiz- und kühlbar sind.

❐ Mischwerkzeug:

Die quer zur Rohrachse stehenden Heiz-/Kühlrohre bewirken eine intensive Vermischung des Produktstromes, sowohl im laminaren als auch im turbulenten Strömungsbereich.

❐ Mischvorgang:

Der Mischer bewirkt ein fortlaufendes Aufspalten und Zusammenführen des Produktstroms. Dadurch entsteht eine Umlagerung, die zur Vermischung führt. Der entstehende Druckabfall wird durch Pumpen aufgebracht. Zusätzlich kann mit diesen Mischereinbauten geheizt oder gekühlt werden, was wegen guten Wärmeübergangskoeffizienten und großen Wärmeaustauschflächen zu hohen Wärmeübertragungskapazitäten führt.

❐ Kennzeichen:

- ➪ Intensive radiale Durchmischung bei geringer axialer Rückmischung
- ➪ Hohe Wärmeübertragungskapazität
- ➪ Fahren von axialen Temperaturprofilen
- ➪ Schonende Behandlung des Strömungsgutes
- ➪ Risikoloses Scale-up

❐ Anwendungsgebiete:

- Für hochviskose Medien, z.B. in Polymerisationsanlagen; Reaktionen temperaturkontrolliert führen; endo- oder exotherme Reaktionen isotherm führen; viskose Medien, die sich in klassischen Wärmeaustauschern wegen eines schwierigen Fließverhaltens nicht sicher beherrschen lassen, heizen oder kühlen
- Für niederviskose Medien, z.B. für Gas-Flüssigkeits-Reaktionen mit großer Wärmetönung

❐ Besonderheiten, Ausstattungsvarianten:

- Ausführung in quadratischem oder rundem Querschnitt.
- Die betriebstechnischen Merkmale der statischen Mischer bleiben erhalten.

❐ Baugrößen, Abmessungen, Daten:

Festlegung der benötigten Daten aus Laborversuchen.
Wichtigste Einflußgrößen: Durchsatz, Viskosität, Mischungsergebnis und Druckabfall.

❐ Hersteller:

Sulzer

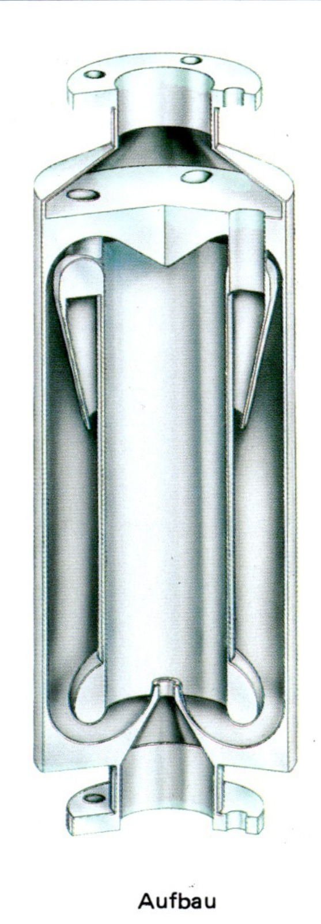

Aufbau

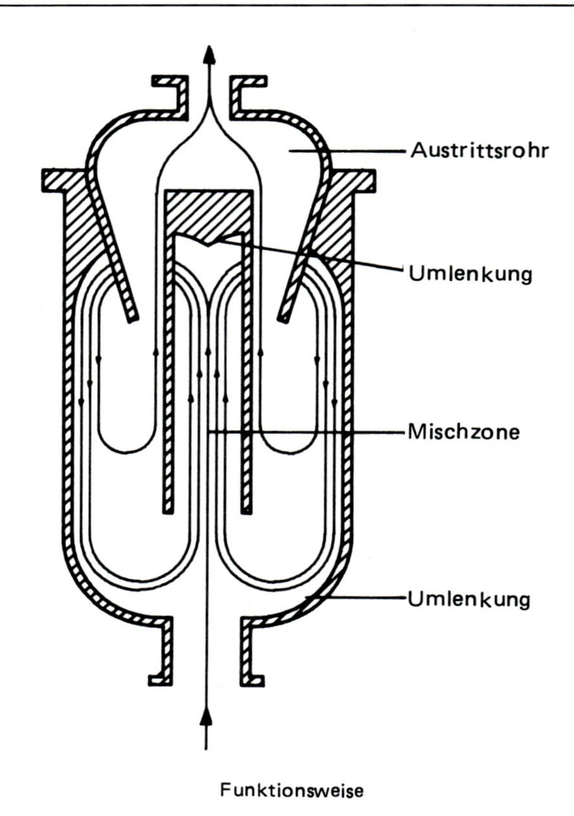

Funktionsweise

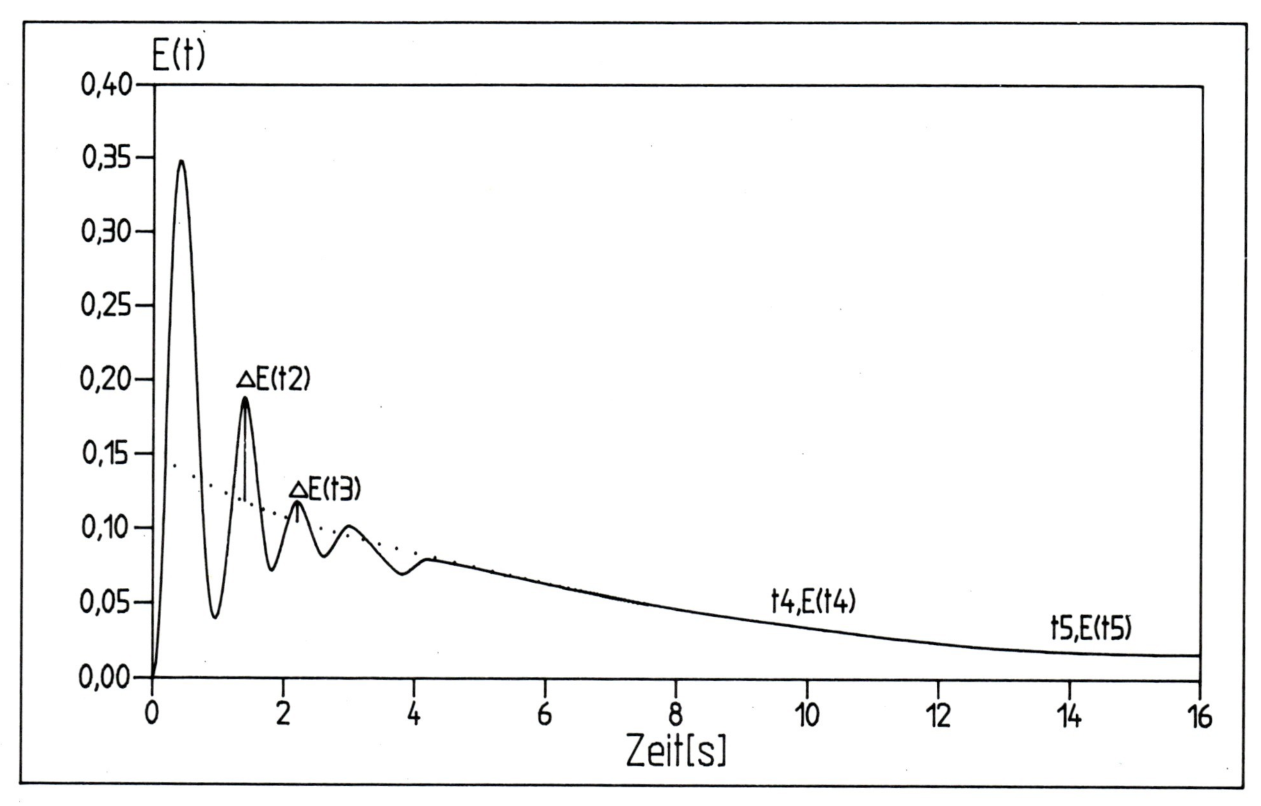

Impulsantwort des Strahldüsen-Schlaufenmischers
Impulsmarkierung mit Hilfe von Kohlenmonoxyd

3.4.1 Statischer Schlaufenmischer (-reaktor) für kontinuierlichen Betrieb

❐ Aufbau:

Zylindrischer Behälter mit zentralem Einsteckrohr, zentraler Eintrittsdüse und ringförmig angeordnetem zentral-symmetrischem Ausgang.

❐ Mischwerkzeug

Treibstrahldüse mit außenliegender Energiequelle (z.B. Pumpen, Verdichter etc.).

❐ Mischvorgang:

Die Mischpartner treten über eine den Produkteigenschaften angepaßte Treibstrahldüse in die Mischzone ein. Dort erfolgt eine intensive Durchmischung durch zwangsgeführte kontinuierliche Rezirkulation (Produktstromumlenkung). Gleichzeitig wird über die Treibstrahldüse entsprechend dem Mischerdurchsatz ständig neues Mischgut in den Kreislauf eingemischt. Das Mischgut verläßt den Mischer über einen zentralsymmetrischen Ringspalt, der mit Austrittsrohren verbunden ist.
Die Impulswirkung des Treibstrahls sorgt für intensiven Stoff- und Energieaustausch und für die Aufrechterhaltung der Schlaufenströmung. Das Mischverhalten des Apparates kann optimal an die Mischaufgabe angepaßt werden, da der innere (und gegebenenfalls ein äußerer überlagerter) Kreislaufstrom in weiten Grenzen variiert werden kann.

❐ Kennzeichen:

➪ Kompakter IN-LINE-Mischer, vorzugsweise für kontinuierliche Betriebsweise
➪ Gerichtetes, berechenbares Strömungsfeld (= sicheres SCALE-UP)
➪ Ausgezeichnetes Rückmischungs- und Egalisierungsverhalten auch bei pulsierender Einspeisung
➪ Höchstmögliche Mischgüte
➪ Gleichmäßiges Verweilzeitspektrum
➪ Optimale Ausnutzung des Energieeintrages für den Mischprozeß
➪ Verkürzung der Mischzeit, maximale Ausbeute bei minimaler Verweilzeit
➪ Keine Wirbelzonen und damit keine Toträume
➪ Mischung im komplett gefüllten Mischraum, kein Lufteintrag, kein Schäumen

❐ Anwendungsgebiete:

Mischen von Gas-/Gas- bis Flüssig-/Fest-Phasen niedriger Viskosität in der Lebensmittel- und chemischen Verfahrenstechnik, Löseaufgaben, Halogenierung, Hydrierung, Oxydations- und Reduktionsprozesse, Neutralisation, Oligomerisierung, enzymatische und mikrobielle Prozesse, Begasungen bzw. Absorbtionsprozesse, Fermentienungsprozesse, Abluft- und Wasserreinigung, Kohlenwasserstofftrennung.

❐ Besonderheiten, Ausstattungsvarianten:

- Heiz-/Kühlmantel bzw. auch direkte Dampfeinspeisung
- Applikationsbezogene Treibstrahldüsen und -kombinationen für die verschiedensten Einsatzfälle
- Werkstoffe und Werkstoffkombinationen (Austenitische Stähle, Glas, Kunststofte, Beschichtungen)
- Abgestimmte Peripherie von Dosier-, Meß- und Regeltechnik (Mikroprozessortechnik) bis SPS

❐ Baugrößen, Abmessungen, Daten:

- Nutzinhalte 0,05 bis 12 500 dm^3, in abgestuften, standardisierten Baureihen
- Nenndrücke bis über 1 000 bar
- Praxisrelevanter durchsatzbezogener Mischleistungseintrag 0,05 bis 0,5 kW/m^3

❐ Hersteller:

BURDOSA

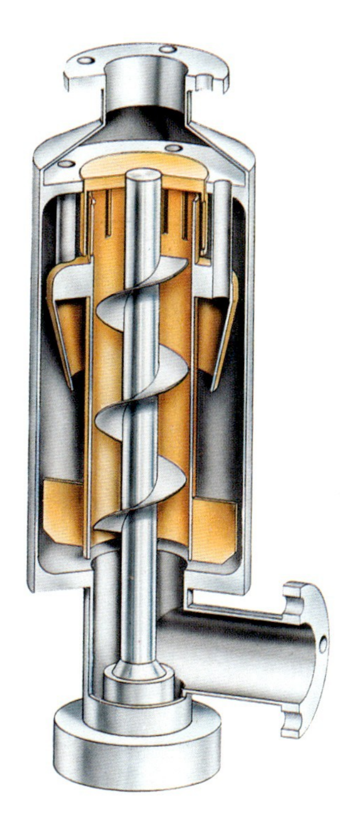

Aufbau

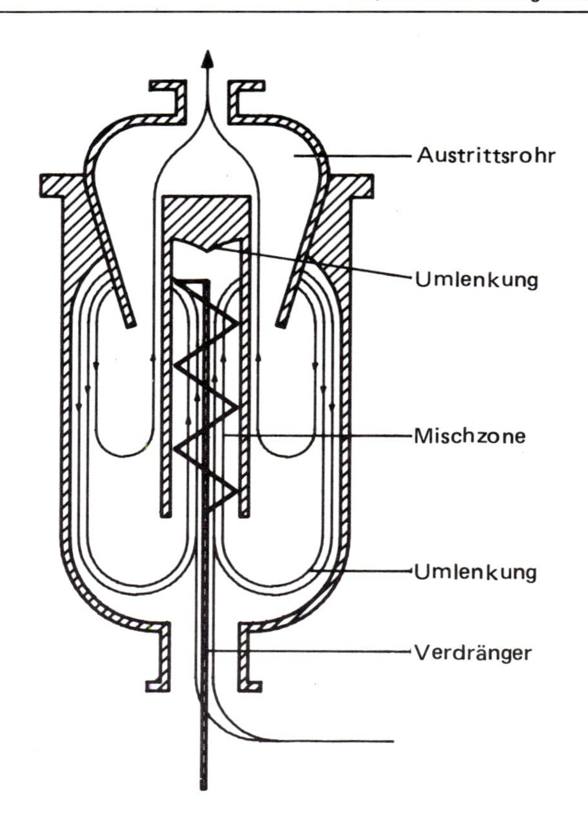

Funktionsweise

Dynamischer Schlaufenmischer als Aufschlagmaschine in der Nahrungsmittelindustrie

Dynamischer Schlaufenmischer zur Intensivmischung von Orangenkonzentraten

3.4.2 Dynamischer Schlaufenmischer (-reaktor) für kontinuierlichen Betrieb

❐ Aufbau:

Zylindrischer Behälter mit Einsteckrohr, eingebautem rotierendem Verdränger, zentralem Produkteintritt und ringförmig angeordnetem, zentralsymmetrischem Ausgang.

❐ Mischwerkzeug

Rotierender Verdränger (vorzugsweise Schnecke), zusammen mit einem anwendungsbezogenen und auwechselbarem System von Rotor-/Stator-Scherköpfen.

❐ Mischvorgang:

Die Mischpartner treten von unten in die Mischzone ein und werden dort intensiv vermischt. Dabei sorgt die Rotorschnecke für kontinuierliche Rezirkulation (Produktstromumlenkung). Gleichzeitig wird entsprechend dem Mischerdurchsatz ständig neues Mischgut in den Kreislauf eingemischt. Das Produkt verläßt den Mischer über einen zentralsymmetrischen Ringspalt, der mit Austrittsrohren verbunden ist.
Die vom Rotor erzeugte Druck-/Schleppströmung sorgt für intensiven Stoff- und Energieaustausch und für die Aufrechterhaltung der Schlaufenströmung. Das Mischverhalten des Apparates kann optimal an die Mischaufgabe angepaßt werden, da der innere (und gegebenenfalls ein äußerer überlagerter) Kreislaufstrom in weiten Grenzen variiert werden kann.

❐ Kennzeichen:

- ➪ Kompakter IN-LINE-Mischer, vorzugsweise für kontinuierliche Betriebsweise
- ➪ Gerichtetes, berechenbares Strömungsfeld (= sicheres SCALE-UP)
- ➪ Ausgezeichnetes Rückmischungs- und Egalisierungsverhalten auch bei pulsierender Einspeisung
- ➪ Höchstmögliche Mischgüte
- ➪ Gleichmäßiges Verweilzeitspektrum
- ➪ Optimale Ausnutzung des Energieeintrages für den Mischprozeß
- ➪ Verkürzung der Mischzeit, maximale Ausbeute bei minimaler Verweilzeit
- ➪ Keine Wirbelzonen und damit keine Toträume
- ➪ Mischung im komplett gefüllten Mischraum, kein Lufteintrag, kein Schäumen
- ➪ Weiter Anwendungsbereich von strukturschonend mischen bis emulgieren

❐ Anwendungsgebiete:

Mischen, Lösen, Verschäumen, Glätten, Homogenisieren, Suspendieren, Emulgieren von Flüssig-/Gas- bis Flüssig-/Fest-Phasen in der Lebensmittel-, Kosmetik und chemischen Industrie, auch bei schwierigen Aufgabenstellungen und im höherviskosen Bereich, Wärmeaustausch, Polymerisation.

❐ Besonderheiten, Ausstattungsvarianten:

- Heiz-/Kühlmantel bzw. auch direkte Dampfeinspeisung
- Werkstoffe und Werkstoffkombinationen (Austenitische Stähle, Glas, Kunststofte, Beschichtungen)
- Rotor-/Stator-Scherwerkzeuge für die unterschiedlichsten Applikationen
- Gleitringdichtung standardmäßig
- Abgestimmte Peripherie von Dosier-, Meß- und Regeltechnik (Mikroprozessortechnik) bis SPS

❐ Baugrößen, Abmessungen, Daten:

- Nutzinhalte 1,6 bis 400 dm^3, in abgestuften, standardisierten Baureihen
- Praxisrelevanter Verweilzeitbereich 5 bis 30 sec bei Durchsätzen bis zu 200 m^3/h

❐ Hersteller:

BURDOSA

4. Schwingungsmischer

4.0 Schwingungsmischer

Meist regt ein Unwuchtmotor einen Behälter, mit oder ohne Einbauten, zu Schwingungen an, die über die Wände auf das Mischgut übertragen werden. Dies fängt dann selbst an zu vibrieren und bewegt sich durch die Schwingungen. Die zum Teil eingebauten Leitbleche unterstützen diese Bewegungen und zwingen die Partikel auf vorgegebene Bahnen, wodurch der Mischeffekt zusätzlich unterstützt wird.

Bei zusätzlicher Fluidisierung durch Preßluft entstehen feine Blasen und Kanäle, die durch die Schwingbewegung in sich zusammenfallen und damit zusätzlich vermischend wirken.

4.1 Chargen-Schwingmischer

❐ Aufbau:

Geschlossener Behälter, der federnd gelagert ist und mechanisch über Unwuchtmotoren in Schwingungen versetzt wird.

❐ Mischwerkzeuge:

Der schwingende Behälter wirkt als Mischwerkzeug unterstützt von Leitschaufeln.

❐ Mischvorgang:

Das oben offene Mischgefäß ist durch Spannbänder und die Antriebsbrücke starr mit dem Unwuchtmotor gekoppelt. Die gesamte Einheit lagert mit den Schwingelementen auf einer Grundplatte. Die Leitschaufeln im Mischgefäß führen das durch die Schwingbewegung in Rotation versetzte Mischgut zwangsläufig in das Steigrohr. Diese Bewegung setzt sich nach oben fort und bildet durch das Überquellen des Mischgutes ein geschlossenes Umwälzsystem. Befüllen (von oben) und Entleeren (unten) erfolgt bei laufendem Unwuchtmotor. Dadurch wird die Füll - und Dosierphase zum Vormischen benützt und somit die Gesamtmischzeit verkürzt. Ferner wird der Mischbehälter schnell und vollständig entleert und Entmischungen des Produktes können praktisch nicht auftreten.

❐ Kennzeichen:

➪ Mechanische Schwingungen versetzen das Mischgut in Turbulenz
➪ Chargenmischverfahren für relativ kleine Mengen
➪ Geringer Wartungs- und Instandhaltungsaufwand

❐ Anwendungsgebiete:

- Mischen und Befeuchten körniger und staubförmiger Stoffe; speziell auch Flüssigkeiten
- z.B. Mischen von Sand mit Bindemittel für Sandgußformen

❐ Besonderheiten, Ausstattungsvarianten:

Anbringung direkt am Verarbeitungsort, daher wirtschaftlich

❐ Baugrößen, Abmessungen, Daten:

Antriebsleistung des Unwuchtmotors bis ca. 4 kW
Durchsatz ca. 2 t/h bei einem Chargenvolumen von 15 l

❐ Hersteller:

Klein

4.2 Turbulenzschwingmischer

❐ Aufbau:

Geschlossenes Druckgefäß ohne bewegliche Mischwerkzeuge und mit glatten Innenwänden, in dem das Mischen selbst durch Luftstrahlen und Schwingungen erfolgt.

❐ Mischwerkzeug:

Die glatten, schwingenden Behälterwände dienen als Mischwerkzeug. Der Luftstrahl fluidisiert den Behälterinhalt und sorgt so für ein schonendes Mischen.

❐ Mischvorgang:

Das in den Mischer eingebrachte Gut wird durch Schwingungen und Blasluft gemischt. Die Blasluft durchströmt das Mischgut etwa in Richtung der Hauptachse. Die sich dabei bildenden Kanäle und Blasen fallen durch die Schwingungen sofort wieder in sich zusammen. Der so entstehende stark fluidisierte Zustand des Mischgutes fördert die Vermischung und schont das Mischgut. Die einströmende Luft kann als Fördermittel zwischen Mischer und nächster Verarbeitungsstelle benutzt werden.

❐ Kennzeichen:

➪ Intensive Mischung ohne Totzonen
➪ Schonende Mischung durch fluidisierten Zustand
➪ Gleichzeitig Mischer und Transportgerät
➪ Staubdichter Behälter
➪ Schwer förderbare Produkte transportierbar

❐ Anwendungsgebiete:

- Lebens- und Genußmittelindustrie; Chemische und Pharmazeutische Industrie; u.v.m.

❐ Besonderheiten, Ausstattungsvarianten:

- Edelstahlausführung möglich

❐ Baugrößen, Abmessungen, Daten:

- Auf Anfrage beim Hersteller

❐ Hersteller:

Klein

5. Silomischer

5.0 Silomischer (Mischsilos)

Ihre Mischwirkung beruht auf gleichzeitiger Entnahme von Mischgut an mehreren verschiedenen Stellen im Silo, das vor der Verarbeitung in einem Mischbehälter wieder zusammengeführt wird. Dadurch entsteht, auch bei unterschiedlicher Beschickung ein Konzentrationausgleich, ohne daß der Behälter bewegte Teile besitzt.

Das Mischgut wird in Schichten im Silo gelagert. Bei der Entnahme wird dann, bei entsprechender Befüllung, aus jeder Teilschicht Material entnommen, das in Rohren oder Kanälen nach unten befördert wird und sich dort dann vermischt.

Ein anderes Mischprinzip beruht auf verschiedenen Entleergeschwindigkeiten zwischen Silomitte und Siloaußenbereich, so daß wiederum unterschiedliche Verweilzeiten und damit Mischeffekte auftreten.

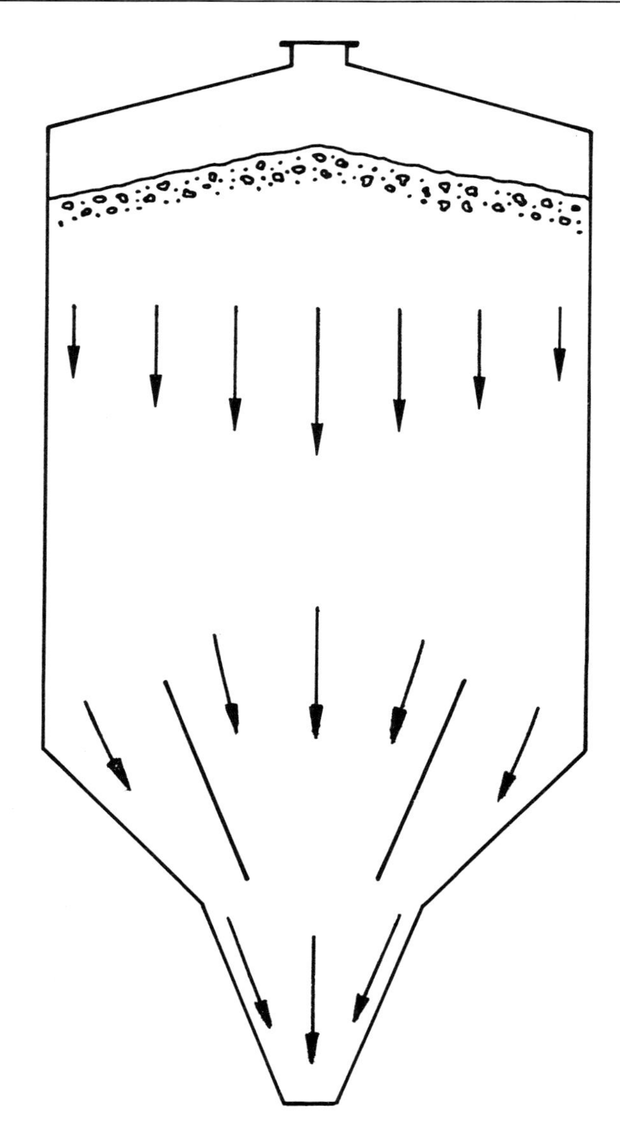

Bild 1: Mischprinzip

Bild 2: Doppelkonus des Zeppelin Flo-Mix Mischsilo

5.1 Silomischer mit Mischtrichter

❐ Aufbau:

Im Silo-Auslauf ist ein Mischtrichter so befestigt, daß ein Doppelkonus entsteht.

❐ Mischwerkzeug:

Der Doppelkonus führt zu Verweilzeitunterschieden, wodurch das Produkt im Zeppelin Flo-Mix Mischsilo gemischt wird.

❐ Mischvorgang:

Durch den Einbau eines Mischtrichters entsteht ein Mischsilo mit Doppelkonus. Die unterschiedlichen Fließgeschwindigkeiten des Schüttgutes innerhalb des Trichterbereiches führen zu unterschiedlich langen Verweilzeiten und somit zu einer Vermischung.
Eine weitergehende Homogenisierung ist durch eine z.B. pneumatische Rückführung des Produktes außerhalb des Mischsilos möglich.
Grundlage für die Auslegung des Trichters sind die Fließeigenschaften des zu mischenden Schüttgutes.

❐ Kennzeichen:

➪ Schwerkraftmischsilo, d.h. es wird keine mechanische Energie zum Umwälzen in das Schüttgut eingeleitet
➪ Siloauslegung auf Massenfluß, daher keine toten Zonen

❐ Anwendungsgebiete:

- Frei fließende, pulverförmige und kohäsive Schüttgüter
- z.B. PVC Compound oder Dryblend

❐ Besonderheiten, Ausstattungsvarianten:

- Mischwirkung durch die Konstruktion des Silos und die Schwerkraft des Schüttgutes
- Arbeitsweise: kontinuierlich oder chargenweise (Durchlaufmischer, Umwälzmischer)
- Energieeinleitung: - Schwerkraft
  - bei Umförderung z.B. Pneumatik

❐ Baugrößen, Abmessungen, Daten:

- Volumina zwischen 3 und 100 m^3
- Spezifische Mischenergie < 1 (1 - 3) kWh/t

❐ Hersteller:

Zeppelin - Metallwerke GmbH

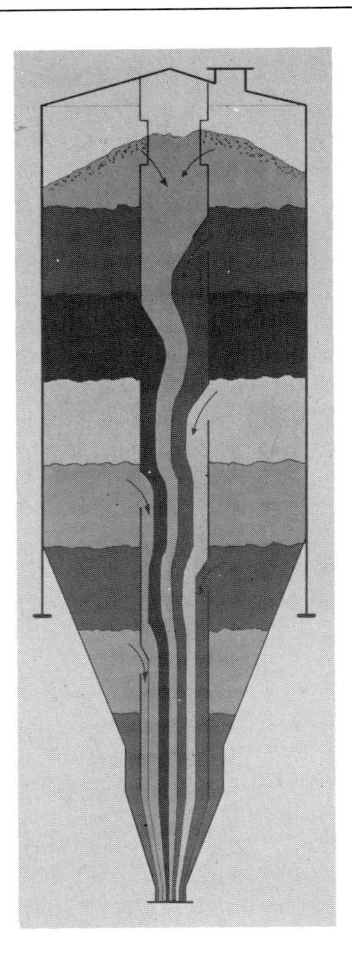

Bild 1: Mischprinzip

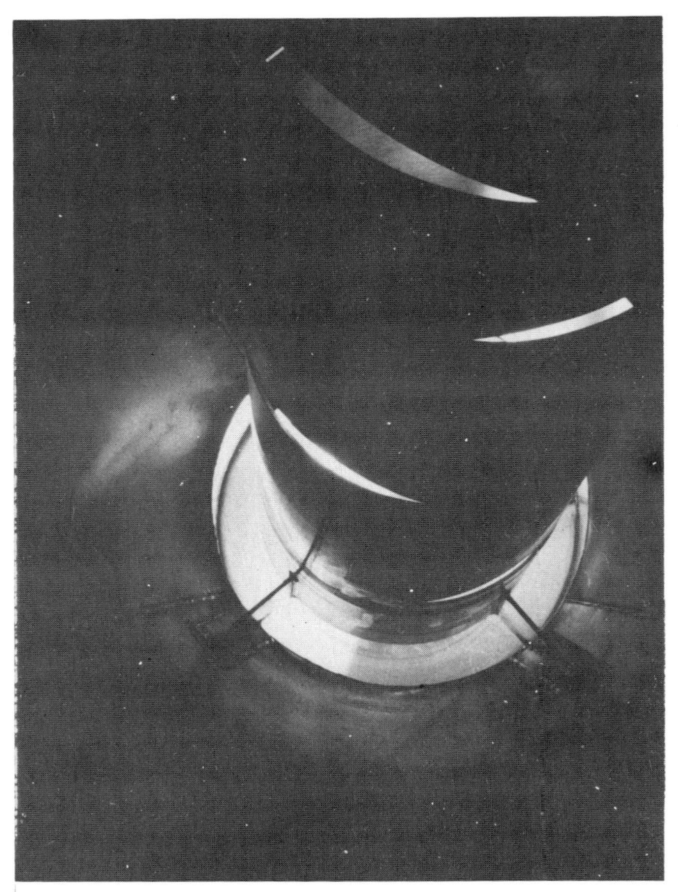

Bild 2: Zentralrohr im Zeppelin Centro-Blend® Mischsilo

5.2 Mischsilo mit zentralem Mischrohr

❐ Aufbau:

In einem Silo ist ein zentrisches Abzugsrohr mit mehreren, über den Umfang verteilten und auf verschiedenen Höhen angebrachten Schlucköffnungen eingesetzt.

❐ Mischwerkzeug:

In einer Mischkammer werden im unteren Silobereich Produktströme aus dem Zentralrohr und dem Ringraum des Silos vermischt.

❐ Mischvorgang:

Bei dem Zeppelin Centro-Blend® Mischsilo handelt es sich um einen Schwerkraftmischer.
Der Misch- und Homogenisiereffekt wird dadurch bewirkt, daß Schüttgut gleichzeitig aus einer Vielzahl von Schichten im Silo über ein vertikales Zentralrohr abgezogen wird. Durch unterschiedlich große Abweisbleche, die oberhalb jeder Schlucköffnung in das Zentralrohr eingeschweißt sind, wird ein dosiertes und gleichförmiges Zufließen aus dem zylindrischen Ringraum in das zentrale Rohr ermöglicht. Dieser Produktstrom aus dem Zentralrohr wird in der zylindrischen Mischkammer mit dem Produktstrom aus dem Ringraum des Mischsilos zusammengeführt.
Eine weitergehende Homogenisierung wird dadurch erreicht, daß der Produktstrom am Siloauslauf extern, z.B. pneumatisch, in den Silo zurückgeführt wird.

❐ Kennzeichen:

➪ Schwerkraftmischsilo, d.h. es wird keine mechanische Energie zum Umwälzen in das Schüttgut eingeleitet
➪ Siloauslegung auf Massenfluß, daher keine toten Zonen

❐ Anwendungsgebiete:

- Leicht bis schlecht fließende Schüttgüter
- z.B. fließfähige Elastomere, Kunststoffpulver, Recyclingware

❐ Besonderheiten, Ausstattungsvarianten:

- Mischwirkung durch die Konstruktion des Silos und die Schwerkraft des Schüttgutes
- Arbeitsweise: kontinuierlich oder chargenweise (Durchlaufmischer, Umwälzmischer)
- Energieeinleitung: - Schwerkraft
  - bei Umförderung z.B. Pneumatik

❐ Baugrößen, Abmessungen, Daten:

- Volumen: 4 bis 500 m^3
- Spezifische Mischenergie < 1 (1 - 3) kWh/t

❐ Hersteller:

Zeppelin - Metallwerke GmbH

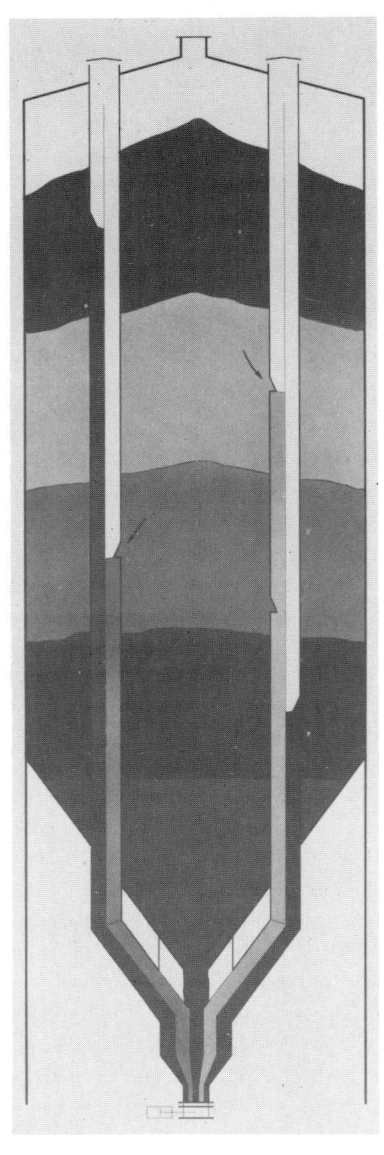

Bild 1: Mischprinzip

Bild 2: Zeppelin Multi-Pipe Mischsilo

5.3 Mischsilo mit Mehrkammer-Mischrohren

❒ Aufbau:

Mehrere senkrecht verlaufende Mischrohre mit Abzugsöffnungen auf verschiedenden Höhen sind in einem Mischsilo so montiert, daß ihre Schüttgutströme in einem gemeinsamen Mischtopf enden, aus dem das Produkt abgezogen wird.

❒ Mischwerkzeug:

Beim Zeppelin Multi-Pipe Mischsilo handelt es sich um einen Schwerkraftmischer. Die Produktströme werden aus unterschiedlichen Schichten entnommen. Das Mischgut gelangt in verschiedenen Mischrohren zum Mischtopf. Im Mischtopf werden die Produktströme aus den verschiedenen Mischrohren und dem zentralen Siloauslauf vermischt.

❒ Mischvorgang:

Der Misch- und Homogenisierungseffekt wird dadurch bewirkt, daß Schüttgut gleichzeitig über mehrere senkrecht verlaufende Mischrohre mit Schlucköffnungen aus verschiedenen Höhen abgezogen und einem gemeinsamen Mischtopf am Siloauslauf zugeführt wird. Dadurch ergeben sich unterschiedlich lange Verweilzeiten, die zur Vermischung ausgenutzt werden.
Eine weitergehende Homogenisierung wird dadurch erreicht, daß der Produktstrom am Siloauslauf extern, z.B. pneumatisch, in den Silo zurückgeführt wird.

❒ Kennzeichen:

➪ Schwerkraftmischsilo, d.h. es wird keine mechanische Energie zum Umwälzen in das Schüttgut eingeleitet
➪ Siloauslegung auf Massenfluß, daher keine toten Zonen

❒ Anwendungsgebiete:

- Frei fließende Pulver und Granulate
- z.B. Kunststoffgranulate

❒ Besonderheiten, Ausstattungsvarianten:

- Mischwirkung durch die Konstruktion des Silos und die Schwerkraft des Schüttgutes.
- Arbeitsweise: kontinuierlich oder chargenweise (Durchlaufmischer, Umwälzmischer)
- Energieeinleitung: - Schwerkraft
  - bei Umförderung z.B. Pneumatik

❒ Baugrößen, Abmessungen, Daten:

- Volumen zwischen 3 und 2 000 m^3
- Spezifische Mischenergie < 1 (1 - 3) kWh/t

❒ Hersteller:

Zeppelin - Metallwerke GmbH

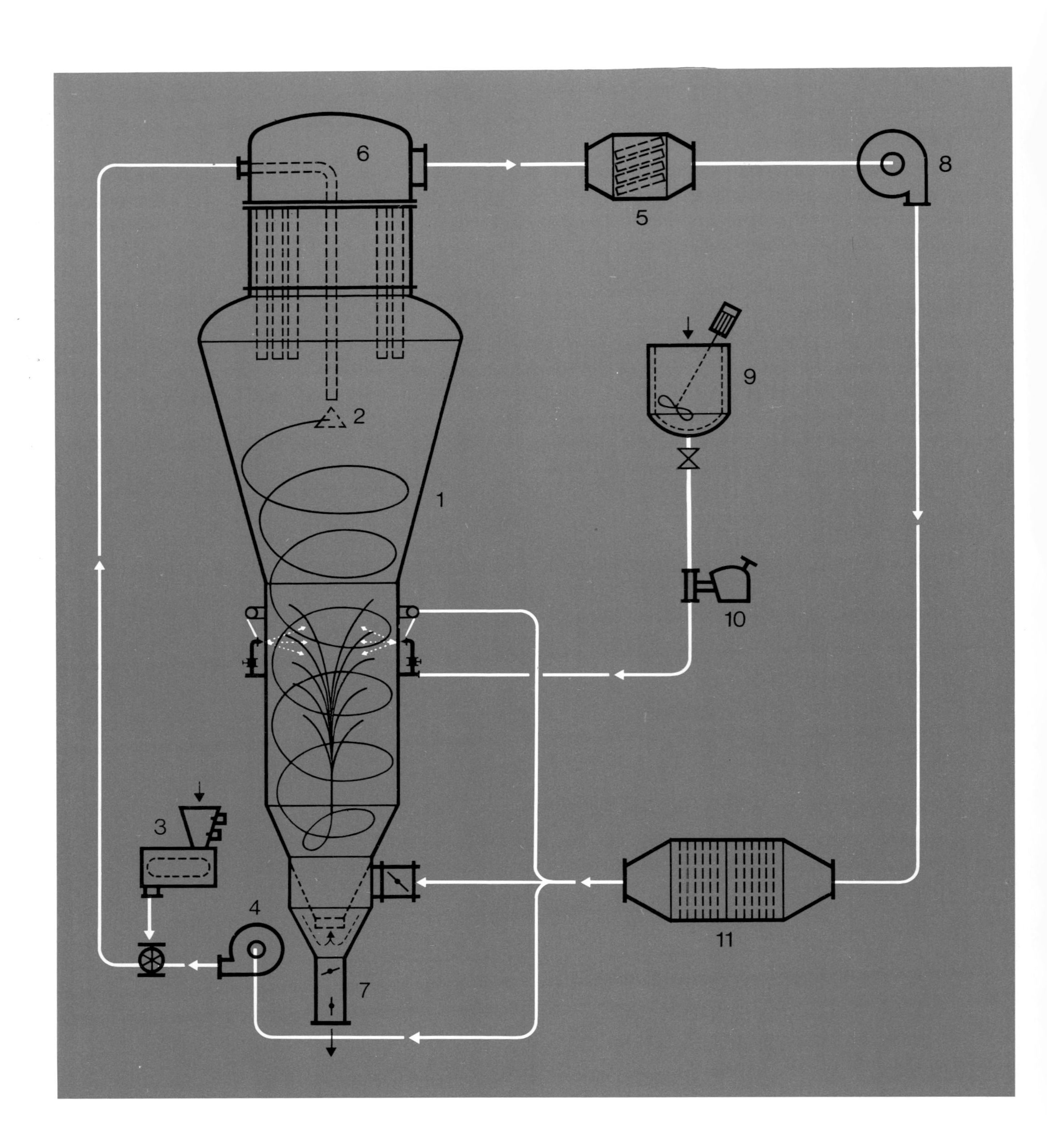
6
8
5
9
2
1
10
3
4
11
7

5.4 Sprühmischer (Sprühmix®)

❐ Aufbau:

Konischer Mischbehälter mit zylindrischem Zwischenstück. Von unten wird Gas eingeblasen, wodurch ein Schwebezustand entsteht.

❐ Mischwerkzeug:

Der von unten wirkende Gasstrahl sorgt für die Mischung der Partikel im Behälter und gleichzeitig für die Sichtung der noch nicht besprühten Teile am Auslauf. Zusätzlich sind ringförmig angebrachte Düsen zur gleichmäßigen Besprühung angebracht

❐ Mischvorgang:

Das Mischgut wird von oben in den Behälter pneumatisch eingetragen. Der am Boden austretende Gasstrahl erzeugt im Mischbehälter einen fluidisierten Zustand, in dem eine intensive Mischung gewährleistet ist. Am konischen Auslauf findet aufgrund der hohen Gasgeschwindigkeit eine Sichtung der unbesprühten oder zu leichten Teilchen statt. Diese werden erneut in die Sprühzone zurückgeführt und nochmals dem Behandlungsprozeß unterzogen. Zum Einsprühen der Flüssigkeit befindet sich im unteren Mischer-Drittel eine entsprechende Anzahl Einstoff-Sprühdüsen. Diese sind kranzförmig, radial am zylindrischen Umfang des Sprühraumes angebracht. Die Anordnung der Düsen bewirkt eine über den Querschnitt gleichmäßig verteilte Flüssigkeitszone.

❐ Kennzeichen:

➪ Geringe mechanische Belastung des Mischgutes
➪ Gleichmäßige Struktur des Gutes mit guten Lösungseigenschaften

❐ Anwendungsgebiete:

- Chemische Industrie
- Nahrungs- und Genußmittelindustrie
- Futtermittelindustrie
- Porzellan- und Keramikindustrie

❐ Besonderheiten, Ausstattungsvarianten:

Beeinflussung der Korngröße und der Korn-Bandbreite
Einfacher Explosionsschutz

❐ Baugrößen, Abmessungen, Daten:

Bis 30 t/h im kontinuierlichen Betrieb

❐ Hersteller:

Babcock-BSH

6. Sondermischer

6.0 Sondermischer

In diesem Kapitel sind alle Mischer eingeordnet, die sich in das vorhergehende System nicht oder nur schwer einordnen lassen.

Die Einteilung in dieses Kapitel bedeutet also keine Zurücksetzung in irgendeiner Richtung, sondern soll nur verhindern, die bestehende Ordnung in Gefahr zu bringen.

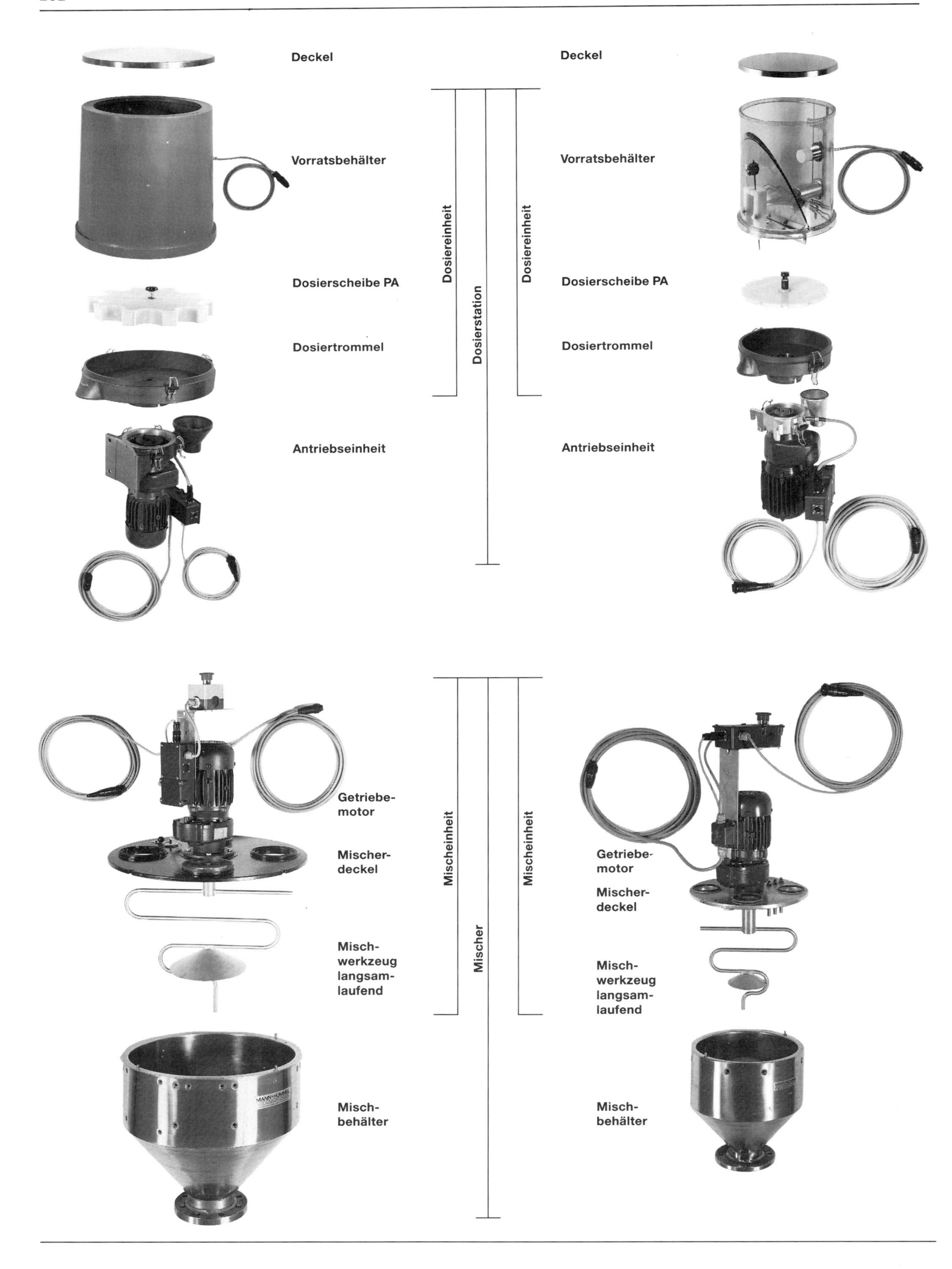
Deckel
Vorratsbehälter
Dosierscheibe PA
Dosiertrommel
Antriebseinheit
Deckel
Vorratsbehälter
Dosierscheibe PA
Dosiertrommel
Antriebseinheit
Dosiereinheit
Dosierstation
Dosiereinheit
Getriebe-
motor
Mischer-
deckel
Misch-
werkzeug
langsam-
laufend
Misch-
behälter
Mischeinheit
Mischer
Mischeinheit
Getriebe-
motor
Mischer-
deckel
Misch-
werkzeug
langsam-
laufend
Misch-
behälter

6.1 Einfärbegerät mit vertikaler Mischwelle

❒ Aufbau:

Aus einem Vorratsbehälter wird über eine Dosierscheibe das Mischgut in den Mischbehälter volumetrisch zugegeben. Diese enthält ein langsam rotierendes vertikales Mischelement. Der Mischer selbst ist als kegelförmiger Behälter ausgebildet.

❒ Mischwerkzeug:

Ein wendelförmig gebogener Stab dreht sich langsam im Mischbehälter

❒ Mischvorgang:

Die einzelnen Komponenten werden in dem am Steuergerät vorgewählten Verhältnis zugeführt und von einem Mischwerkzeug intensiv gemischt, so daß sie den Mischbehälter als homogene Mischung verlassen. Ein Füllstandsmelder verhindert, daß der Mischbehälter überfüllt wird.
Durch den kontinuierlichen Dosier- und Mischvorgang wird sowohl den taktweise als auch den kontinuierlich arbeitenden Maschinen ein einwandfrei eingefärbtes Produkt zugeführt.
Die geometrische Form des Mischorgans führt zur Zerteilung und erneutem Zusammenfallen des Mischgutes.

❒ Kennzeichen:

➪ Mischgut fällt im freien Fall in die weiterverarbeitende Maschine
➪ Dosierstationen am Mischer direkt angebracht
➪ Baukastenprinzip

❒ Anwendungsgebiete:

- Vermischen von flüssigen, körnigen oder puverförmigen Farbstoffen, Additiven oder aufbereiteten Kunststoffabfällen (Regenerat) mit Kunststoff-Rohstoff.

❒ Besonderheiten, Ausstattungsvarianten:

- Verschieden große Dosieraufsätze und Dosierscheiben lieferbar
- Füllstandsmelder
- Mischbehälter aus Edelstahl

❒ Baugrößen, Abmessungen, Daten:

Durchsatz max. 1 600 kg/h bei einer Dichte von 0,55 kg/dm^3
Gesamtgewicht der Maschine (mit Dosierstationen) ca. 111 kg
Leistungsaufnahme ca. 7 kVA

❒ Hersteller:

Mann+Hummel Anlagentechnik

7. Anhang

Glossar

Abrasion, abrasiv:

Abtragung von Material, speziell an den Kanten der Mischwerkzeuge, die im Bereich hoher Relativgeschwindigkeit liegen.

ABS = Acrylnitril-Butadien-Styrol:

ABS-Terpolymerisate sind das Gerüst für Thermoplaste von hoher Schlagzähigkeit.

Agglomerate, agglomerieren:

Zusammenballungen des Mischgutes, die z.B. nach dem Zusatz von Flüssigkeiten und der dabei wirkenden Adhäsion auftreten. Unerwünschte Agglomerate werden von schnelldrehenden Messerköpfen zerstört (Umfangsgeschwindigkeit ca. 20 m/s). Bei einem Mischvorgang sind Agglomerate dann unerwünscht, wenn durch Ihre unterschiedliche größe Inhomogenitäten auftreten. Werden jedoch verschiedene Komponenten mit stark voneinander abweichender Teilchengröße gemischt, so kann sich eine Anlagerung der feinen Teilchen der einen Komponente an die gröberen Teilchen der anderen durchaus günstig auf den Mischeffekt auswirken.

Aggregate:

Die Gestalt organischer Pigmente ist Üblicherweise kristallin. Neben diesen sogenannten Primärteilchen gibt es die Aggregate, die derart miteinander verwachsen sind, daß es sich praktisch um einen Festkörper handelt.

Angelieren:

Begriff aus der Kunststoffverarbeitung. Zum Einfärben von Kunststoffen wird durch hohen Energieeintrag ins Mischgut und die damit verbundene Erwärmung die Partikeloberfläche angeweicht. Die nun zugegebenen Farbpigmente können auf der Oberfläche anhaften.

Coaten:

Überziehen und Umhüllen von Mischgutpartikeln, um diese vor äußeren Einflüssen zu schützen (z.B. Luft, Feuchtigkeit → Dragees !)

Desagglomerieren:

Mechanisches Zerstören von unerwünschten Agglomeraten durch schnelldrehende Messerköpfe o.a.. Diese Maßnahme ist dann erforderlich, wenn sich die Agglomeratbildung negativ auf den Mischeffekt auswirkt, weil durch unterschiedliche Teilchengröße Entmischungserscheinungen auftreten.

Dissipation, Dissipationswärme:

Allgemein:
Übergang einer umwandelbaren Energieform in Wärmeenergie.
Speziell:
Erwärmung des Mischgutes z.B. in einem Kneter oder Heizmischer. Die mechanische Energie wird am Mischwerkzeug infolge der Reibung in Wärme umgewandelt. Diese Erwärmung ist speziell dann problematisch, wenn das Mischgut instabil ist und dadurch Qualitätsverluste zu erwarten sind.

Dispergieren:

Die Begriffe Dispersion bzw. disperses System bezeichnen die feine Verteilung eines Stoffes in einem anderen. Es handelt sich um mindestens zwei Komponenten, wobei der dispergierte Stoff und auch das Medium, in dem dispergiert wird, entweder fest, flüssig oder gasförmig sein kann.

Egalisieren:

Ausgleichen von Zusammensetzungsschwankungen (z.B. Schlieren in einer Farbmischung)

Emulgieren:

Emulgieren bedeutet Dispergieren; Verteilen einer Flüssigkeit in einer anderen, wobei sich beide Flüssigkeiten nicht ineinander lösen lassen.

Entgasen:

Entfernen von leichtersiedenden Bestandteilen (z.B. Lösungsmittel) aus einer Kunststoffschmelze durch das Anlegen von Vakuum in sogenannten Entgasungsstrecken (speziell bei Extrudern). Meist wird die Schmelze vorher erwärmt, um den Entgasungsvorgang durch Herabsetzung der Viskosität (Stofftransport !) und den gleichzeitig höheren Dampfdruck zu beschleunigen.

Flotieren, Flotation:

Flotieren ist das Trennen eines in Wasser oder in wässriger Lösung dispergierten, körnigen Stoffes in qualitativ verschiedene Anteile durch Ausnutzen unterschiedlicher Grenzflächeneigenschaften der Teilchen, wobei die vom Wasser schwer benetzbaren Anteile an Gasblasen angelagert und anschließend als Gas-Feststoff-Aggregation abgeschieden werden. Der der Flotation entgegengerichtete Vorgang ist die Sedimentation.

Fluidisieren:

Wird eine Schüttung feinkörniger Teilchen durch eine aufwärtsströmende Gas- oder Flüssigkeitsphase soweit gelockert und getragen, daß die Feststoffschicht als Ganzes flüssigkeitsähnliches Verhalten zeigt, spricht man vom fluidisierten Zustand. Dabei sind zwei technische Anwendungsfälle zu unterscheiden:

1.) Physikalische Wirbelschichtprozesse
(Mischen, Granulieren, Beschichten)
Apparate: Homogenisiersilo, Sprühmischer

2.) Chemische Wirbelschichtprozesse
(Verbrennungsprozesse bei der Kohlevergasung)

Froude'sche Kennzahl:

Die Froude'sche Kennzahl ist eine Zahl, die das Verhältnis der Schwerkraft zur Trägheitskraft angibt. Strömungsvorgänge, die unter dem Einfluß dieser Kräfte stehen, z.B. ein mit Wellenbildung verbundener Strömungsvorgang und ein Rührvorgang mit Trombenbildung, werden als ähnlich bezeichnet, wenn - neben geometrischer Ähnlichkeit - die Froud'sche Zahl die gleiche ist.

Granulieren:

Erzeugen eines körnigen, rieselfähigen Produktes (Granulat) durch die feine Verteilung eines Bindemittels in einem Pulver. Meist wird das Bindemittel durch die Erwärmung verflüssigt, so daß nach Abkühlen unter fortwährendem Mischen das Granulat vorliegt. Anschließend erfolgt oft ein Trocknungsprozeß.

HDPE = High-Density-Polyethylen:

HDPE ist ein thermoplastischer Kunststoff mit teilkristalliner Struktur, der sich durch seine Beständigkeit gegenüber Chemikalien auszeichnet. Die Dichte liegt zwischen 935 und 970 kg/m^3.

Homogenisieren:

Vermischen von Feststoffen oder ineinander löslicher Flüssigkeiten. Ausgleich von Konzentrationsunterschieden oder Temperaturunterschieden.

Instantisieren:

Verbesserung des Löseverhaltens von trockenen, pulvrigen, schwer benetzbaren Stoffen durch Erzeugung von Agglomeraten.

Imprägnieren:

Tränken oder Benetzen von Feststoffen, um einen Schutz vor äußeren Einflüssen zu erreichen. z.B. Schutz vor Feuchtigkeit, UV-Strahlung u.a..

Kneten:

Kneten bedeutet Mischen von zähen, pastösen und hochviskosen Stoffen. Der Energieeintrag ist hierbei um ein vielfaches höher als beim Mischen niedrigviskoser Stoffe. Dieser Umstand erfordert robuste Konstruktionen und leistungsstarke Antriebe.
Betrachtet man den Arbeitsprozeß "Kneten" vom Strömungsverhalten her, so kann man das Fehlen von Turbulenz für die Intensität des Mischvorganges charakteristisch nennen. Der Stoffaustausch erfolgt durch Scherung, mechanisches Aufteilen und stauchen.

Kolloid:

Ein Stoff, der sich in feinster, mikroskopisch nicht mehr erkennbarer Verteilung in einer Flüssigkeit oder einem Gas befindet.

LDPE = Low-Density-Polyethylen:

Thermoplastischer Kunststoff der sich durch seine Beständigkeit gegenüber Chemikalien auszeichnet. Die Dichte liegt zwischen 915 und 935 kg/m^3.

Mischen:

Mischen bedeutet prinzipiell das Transportieren von Mischgutkomponenten. Dabei werden 5 einzelne Grundvorgänge unterschieden, die sich unter Umständen überlagern können:

- Distributives Mischen
- Dispersives Mischen
- Laminares Mischen
- Turbulentes Mischen
- Diffuses Mischen

Die nähere Erläuterung dieser Begriffe ist unter 0.1 aufgeführt.

Pelletieren:

Erzeugung kleiner Kügelchen aus feinkörnigen, meist pulverigen Stoffen.

PET = Polyethylen-Terephtalat:

Polyester für Folien, Lacke und Kleber, hauptsächlich aber zur Herstellung von Faserprodukten verwendet.

Plastifizieren:

Begriff aus der Kunststoffindustrie, wo Abfälle wie beispielsweise Folien, Säcke, oder Randstreifen von verschiedenen Kunststoffarten in einem Intensivmischer zerkleinert und unter Zugabe von Stabilisatoren oder/und Farbpigmenten für die Wiederverwendung aufgearbeitet werden.

PP = Polypropylen:

Thermoplast mit sehr ähnlichen Eigenschaften wie Polyethylen, allerdings mit besserer Warmformbeständigkeit.

PVC = Polyvenylchlorid:

Vielseitiger Kunststoff, dessen Eigenschaft je nach Weichmacheranteil von hart- bis weichgummiartig eingestellt werden kann.

Regenerieren:

Begriff aus der Kunststoffverarbeitung, wo Abfälle wie Folien, Säcke oder Randstreifen von verschiedenen Kunststoffarten in einem Intensivmischer zerkleinert und unter Zugabe von Stabilisatoren, Weichmachern und/oder Farbstoffen für die Wiederverwertung aufbereitet werden.

Rühren:

Rühren zählt zu den wichtigsten verfahrenstechnischen Grundoperationen. In der einfachsten Form werden zwei oder mehr Komponenten miteinander vereinigt und durch das Einbringen von Strömungsbewegungen mit Hilfe des Rührwerkzeuges derart ineinander verteilt, daß sich eine gleichmäßige Zusammensetzung in möglichst kleinen Volumeneinheiten einstellt.
Es lassen sich folgende 4 Rühraufgaben definieren:

- Homogenisieren
- Suspendieren
- Dispergieren
- Wärmeübertragen

SAN = Styrol-Acrylnitril:

Thermoplastischer Kunststoff mit folgenden Eigenschaften:
Hohe Härte und Steifigkeit, Kratzfestigkeit, Chemikalienbeständigkeit, und elektrische Isolierfähigkeit.

Sedimentation:

Ablagerung grobdisperser Teilchen in Gasen und Flüssigkeiten unter dem Einfluß von Schwerkraft oder Zentrifugalkraft auf Grund ihrer höheren Dichte. Echte Lösungen und Kolloide sedimentieren unter normalen Bedingungen nicht. Der der Sedimentation entgegengerichtete Vorgang ist die Flotation.

Sintern:

Als Sintern bezeichnet man einen thermischen Vorgang, bei dem aus einzelnen Feststoffteilchen Agglomerate erzeugt werden. Die Temperatur für die Einleitung eines Sintervorganges liegt etwa 35 bis 50 % unterhalb der Schmelztemperatur des Feststoffes. Dabei werden Feststoffbrücken an den sich gerade berührenden Teilchen gebildet. Die für den Sintervorgang notwendige Aufheizung geschieht beispielsweise in einem Heizmischer ausschließlich durch mechanische Energiezufuhr über das Mischwerkzeug.

Slurry:

Mit Slurry werden alle feststoffhaltigen Flüssigkeiten bezeichnet, die eine breiige, sämige, schlammartige Konsistenz aufweisen.
z.B. Übersättigte Lösungen, Maische u.a.

Suspendieren:

Verteilen eines dispersen, meist schweren, körnigen Feststoffes in einer Flüssigkeit;
z.B. Aufwirbeln von Kristallen in einer Lösung.

Temperierung, temperieren:

Einstellung des Mischgutes auf eine festgesetzte Temperattur durch Abkühlung oder Erwärmung.

Totraum:

Der Totraum in einem Mischer ist der Bereich, der vom Mischwerkzeug nicht erreicht werden kann. Dies kann besonders bei solchen Stoffen problematisch sein, die zu Anbackungen an den Apparatewänden neigen, bzw. die Austragsöffnung blockieren können.

Trombenbildung:

Trichterförmige Einschnürung der Mischgutoberfläche, die bis an das Mischwerkzeug reichen kann. Tromben entstehen meist bei Vertikalrührwerken oder -Mischern und kesselförmigenBehältern, in denen das Werkzeug zentrisch angebracht ist. Das Einziehen und Verteilen von Luft oder anderen Gasen in das Mischgut unter Ausnutzung der Trombenbildung wird Begasen genannt. Bei manchen Prozessen ist die Trombenbildung aber unerwünscht, da das plötzliche Einsaugen von Luft große Biegebeanspruchungen auf die Mischelle ausübt.

Wärmeübertragen:

Austausch von Wärme durch die Mischerwand zwischen Mischgut und Mantelmedium. Oft auch abführen der Mischerwärme.

Walzenbildung:

Von Walzenbildung spricht man bei Knetmaschinen, wenn das Mischgut an den Knetwerkzeugen anhaftet und mit ihnen umläuft.Der Mischvorgang kommt dabei zum Stillstand. Abhilfe bringen solche Apparatekonstruktionen, bei denen sich die Wirkungsbereiche der Mischwerkzeuge überlappen.

[2], [9], [13], [15], [16], [17], [18], [19], [20]

Quellenverzeichnis

[1] Prof. Dr.-Ing. P. Schmidt

Seminar "Mischtechnik" am 11.12.1984
Haus der Technik/Essen

[2] Dipl.-Ing. H. Dürr

Feindispergieren, Fest- Flüssig
Aufbereitungstechnik Nr.6, 1971
Verlag für Aufbereitung, Wiesbaden

[3] Dr.-Ing. H. Krüger

Vermischen im hochzähen, plastischen und teigigen Zustand
Ullmanns Enzyklopädie der technischen Chemie; Band 2; 4.Auflage
Seite 282-300

[4] Fa. Burdosa

Die Bedeutung der Mischverfahren für die Molekulartechnologie und die rheologischen Eigenschaften von Molkereiprodukten
Burdosa, Buseck

[5] Dr.-Ing. Klaus Dieter Kipke, Dr.-Ing. Erich Todtenhaupt

Rühren von Nicht-Newtonschen Flüssigkeiten
Verfahrenstechnik Nr 6; Seite 497-503 (1982)
Vereinigte Fachverlage, Mainz

[6] Ing. H.B. Ries

Mischgüte - Problematik, Prüfmethoden und Ergebnisse
Aufbereitungstechnik Nr. 1; (1976)

[7] Dipl.-Ing. Arnon Wohlfahrt

Mischen von Feststoffen
Ullmanns Encyklopädie der technischen Chemie; Band 2; 4.Auflage
Seite 301-311

[8] Dr. M. Zlokarnik

Rührtechnik
Ullmanns Encyklopädie der technischen Chemie; Band 2; 4.Auflage
Seite 259-281

[9] Obering. Heinrich Kraft

Feststoffmischer
Verfahrenstechnik Nr. 8 und 9 1969
Vereinigte Fachverlage, Mainz

[10] Ing. H.B. Ries

Mischtechnik und Mischgeräte
Aufbereitungstechnik Nr. 1 und 2 1979

[11] Prof. Dr. K. Weissermehl
Prof. Dr. H.-J. Arpe

Industrielle Organische Chemie
VCH Weinheim

[12] Ing. H.B. Ries

Mischtechnik und Mischgeräte
Über die Bedeutung der spezifischen Mischenergie bei der Auslegung von Mischanlagen
CZ-Chemie-Technik Heft 7/1974

[13] Prof. Dipl.-Ing. H.-P. Wilke, Dipl.-Ing (FH) C. Weber, Dipl.-Ing (FH) T. Fries

Rührtechnik
Verfahrenstechnische und apparative Grundlagen
Hüthig Verlag, Heidelberg

[14] CIBA-GEIGY

CIBA-GEIGY NORM Nr. 71.6.1001, Blatt 3

[15] Prof. A. Mersemann

Grundlagen der mechanischen Verfahrenstechnik
TU München

[16] K. Kuchta

Dispergieren unter Berücksichtigung des Aggregatszustandes und der Viskosität
Chemische Industrie 28, Mai 1976

[17] S. Lamadé

Suspendieren
Verfahrenstechnik 11 / 1977
Vereinigte Fachverlage, Mainz

[18] K. Kipke

Grundlagen der Rühr- und Mischtechnik
EKATO Rühr- und Mischtechnik GmbH,Schopfheim

[19] Prof. Dr. sc. techn. F. Liepe

Stoffvereinigen in fluiden Phasen, Ausrüstung, und ihre Berechnungen
Verfahrenstechnische Berechnungsmethoden Teil 4
VCH 1988, Weinheim

[20] Prof. Dr.-Ing. M. Bohnet

Hochschulkurs Mehrphasenströmungen
Braunschweig, 23. - 25. November 1988

Artikel aus Zeitschriften:

Erwin Heitz

Kneter und Mischer in der Verfahrenstechnik
Chemische Produktion September 1985 Seite 46,48,51

Dipl.-Ing. H. Dürr

Direkt Dispergieren von Feststoffen in Flüssigkeiten
CAV 3 / 1974
Konradin-Verlag, Leinfelden-Echterdingen

Dipl.-Ing.- W. Krambrock

Schwerkraftmischer zum Kunststoffgranulat-Homogenisieren
Verfahrenstechnik 23 1989, Nr. 3, Seite 30-38
Vereinigte Fachverlage, Mainz

Prof. Dr.-Ing. W. A. Stein, Frankfurt, Hoechst AG

Mischzeiten in Blasensäulen und Rührbehältern
Aufbereitungstechnik Nr. 5/1989; Seite 258-271

Dr.-Ing. Valerij V. Bogdanov, Dr.-Ing. Sergej G. Savvateev, Dr.-Ing. Evgenij I. Christoforov, Prof. Dr. sc. techn. Vladimir n. Krasovskij, Prof. Dr. sc. techn. Ren V. Torner

Kontrolle der Mischgüte von Polymermischungen mit Hilfe mechanischer und elektromagnetischer Schwingungen.
Mitteilung aus dem Technologischen Institut "Lensowjet", Leningrad/UdSSR
Plaste und Kautschuk, 32. Jahrgang, Heft 10/1985; Seite 362-369

Prof. Dr.-Ing. Hermann Vollbrecht

Zur Frage der Mischgüte bei körnigen Stoffen
CZ-Chemie-Technik, 1.Jahrgang (1972) Nr.3; Seite 109-112
Hüthig-Verlag, Heidelberg

N.N.

Energiesparende Rührtechnik
Chemische Anlagen und Verfahren Nr.19 1986 Seite 23 und 82

M. H. Pahl

Feststoffmischen von Kunststoffen
Kunststoffe 76 (1986) 5, Seite 395-405
Carl Hanser Verlag, München 1986

Dipl.-Ing. H.Kimmel, F. Herzberg

Vertikal arbeitende Mischwerkzeuge und -vorrichtungen für pulverförmige und körnige Stoffe
Chemie-Ingenieur-Technik, 47. Jahrgang (1975), Heft 19, Seite 788 - 793
Verlag Chemie GmbH, Weinheim

Dipl.-Ing. S. Ruberg

Weiterentwicklung in der Feststoffmischtechnik
Aufbereitungs-Technik, Heft 2, 28. Jahrgang (1987), Seite 75 - 81
Verlag für Aufbereitung, Wiesbaden

Dipl.-Ing W. Krambrock

Möglichkeiten zum Mischen von Schüttgut
Aufbereitungstechnik, Heft 2, 21. Jahrgang (1980), Seite 45 - 56
Verlag für Aufbereitung, Wiesbaden

K.W. Röben, H. Vogt

Beurteilung der Mischwirkung von Durchlauf-Mischsilos
Zement-Kalk-Gips International, Heft 4, 36. Jahrgang (1983), Seite 232 - 240
Bauverlag GmbH, Wiesbaden

H. Hoppe, P. Lübbehusen

Die Meßtechnik in der Schüttgutmechanik als Mittel zur sicheren Auslegung von Anlagen
Verfahrenstechnik, Heft 4, 15. Jahrgang 1980, Seite 267 - 270
Vereinigte Fachverlage, Mainz

Dr.-Ing. J. Raasch, Prof. Dr.-Ing. K. Sommer

Anwendung von statistischen Prüfverfahren im Bereich der Mischtechnik
Chemie-Ingenieur-Technik, Heft 1, 62. Jahrgang (1990), Seite 17 - 22
VCH Verlagsgesellschaft, Weinheim

Weiterführendes Literaturverzeichnis

Fa. Burdosa

Der Burdosa-Schlaufenmischer als kontinuierlich arbeitender statischer und dynamischer Durchlaufmischer in der Lebensmitteltechnologie
Burdosa, Buseck

Dipl.-Ing. F. P. Fleischmann

Neuentwickelte Mischgeräte zur Erzielung freier Turbulenz
Pfaudler-Weke AG, Schwetzingen

M. Bohnet, Technische Universität Braunschweig; Institut für Verfahrens- und Kerntechnik

Homogene Verteilung von Feststoffen in Flüssigkeiten in Abhängigkeit von der Korngrößenverteilung, den Dichteunterschieden und der Begasung.
Düsseldorf: Forschungsgesellschaft Verfahrenstechnik 1977

Schwedes,J.

Pneumatische Mischer, Mischen von Kunststoffen
VDI-Verlag, Düsseldorf 1983

Adressenverzeichnis

In diesem Adressenverzeichnis sind alle Firmen vertreten, die durch Bereitstellung von Unterlagen zur Gestaltung dieses Buches beigetragen haben. Firmen deren Name fett gedruckt ist, sind mit einem oder mehreren Produkten unter dem gleichen Herstellernamen im apparativen Teil vertreten.

A

Aachener Misch- und Knetmaschinenfabrik (AMK)
Peter Küpper GmbH & Co. KG
Vaalser Str. 71
D–5100 Aachen

ABG
Apparatebau GmbH
Postfach 41 01 10
Auerstr. 50
D–7500 Karlsruhe 41

Alpine
Mechanische Verfahrenstechnik
Postfach 10 11 09
Peter-Dörfler-Str. 25
D–8900 Augsburg 1

Alucon
Bulk Systems GmbH
Postfach 51 42
Frankfurter Str. 77
D–6236 Eschborn 1

B

Babcock-BSH
Aktiengesellschaft
Postfach 12 51
August-Gottlieb-Str. 5
D–6430 Bad Hersfeld 1
Seite 142, 196

Willy **A. Bachofen** AG
Maschinenfabrik
Utengasse 15–17
CH–4005 Basel/Schweiz
Seite 130

Bahnsen
Mischtechnik GmbH
Essener Str. 94
D–2000 Hamburg 62

Rolf **Beetz**
Spezialmaschinen GmbH
Postfach 73 05 24
Tonndorfer Weg 15–17
D–2000 Hamburg 73
Seite 46, 52

Hermann **Berstorff**
Maschinenbau GmbH
Postfach 629
An der Breiten Wiese 3–5
D–3000 Hannover 1

BHS-Werk Sonthofen
Baumaschinen, Getriebetechnik
Verfahrenstechnik
Hans-Böckler-Straße 7
D–8972 Sonthofen

A. Bolz GmbH + Co. KG
Postfach 1 62
D–7988 Wangen
zwischen Seite 98/99

Bran und Lübbe
Alfa-Laval-Group
Postfach 13 60
D–2000 Norderstedt

Brogli & Co
Aktiengesellschaft
Binninger Str. 106a
CH–4123 Allschwil-Basel

Burdosa
Ing. Herwig Burgert
Fischbach 3
D–6305 Buseck 1
Seite 174, 176

D

Dierks und Söhne
Maschinenfabrik
Postfach 19 80
Sandbachstr. 1
D–4500 Osnabrück

Diessel GmbH & Co
Mess- und Verfahrenstechnik
Postfach 10 03 63
D–3200 Hildesheim

DLJ – Deutsche Lightnin
Jesse Mischtechnik
Im Westfeld 3
D–3101 Nienhagen

Heinrich Döpke
Maschinenfabrik
Postfach 150
Stellmacherstr. 10
D–2980 Norden 1
Seite 62

DRAISWERKE GmbH
Speckweg 43–59
W–6800 Mannheim 31
Seite 36

E

Maschinenfabrik
Gustav **Eirich**
Postfach 11 60
D–6969 Hardheim
Seite 96

J. Engelsmann AG
Frankenthalerstr. 137–141
Postfach 21 04 69
D–6700 Ludwigshafen
Seite 66, 68, 100, 102, 114

ERE Misch- u. Dosiertechnik GmbH
Lönsweg 7
D–6901 Wiesenbach
Seite 60

Erweka
Apparatebau GmbH
P.O. Box 12 53
Ottostr. 20–22
D–6056 Heusenstamm

F

Flygt Pumpen GmbH
Bayernstraße 11
Postfach 13 20
D–3012 Langenhagen

H. Forberg A/S
Hegdal
N–3250 Larvik
Deutsche Niederlassung:
Forberg Technologie Vertriebs GmbH
Christophstr. 18–20
D–4300 Essen 1
Seite 54

Fryma
Maschinen AG
Postfach 235
CH–4310 Rheinfelden
Seite 126

G

GEA-Wiegand
GmbH & Co.
Postfach
Einsteinstr. 9–15
D–7505 Ettlingen
Seite 148

Gericke
Postfach 69
Max-Eyth-Straße 1
D–7703 Rielasingen
Seite 26, 44

GNC
Verfahrenstechnik
Postfach 106
D–3210 Elze/Han.

H

Wilhelm **Hedrich**
Vakuumanlagen GmbH & Co. KG
D–6332 Ehringhausen 2
Seite 64

F. **Herbst** & Co.
Maschinenfabrik
Postfach 10 06 38
Dyckhofstraße 7
D–4040 Neuss

HOV Herbert Ott
Vertriebsgesellschaft mbH+Co.
Postfach 16 37
Daimlerstr. 17
D–7250 Leonberg

I

IKA-Maschinenbau
Janke & Kunkel GmbH & Co.KG
Postfach 11 65
Janke & Kunkel-Straße
D–7813 Staufen

K

Amandus **Kahl** Nachf.
GmbH & Co.
Postfach 12 46
Dieselstraße 5–9
D–2057 Reinbek
Seite 32

Kinematica AG
Luzernerstr. 147 a
CH—6014 Littau
Seite 122, 124

Alb. **Klein**
GmbH & Co.KG
Postfach 27
D—5241 Niederfischbach (Sieg)

Körting Hannover AG
Bereich S
Postfach 91 13 63
D—3000 Hannover 91
Seite 150

Koruma Maschinenbau
P. Hauser KG
Postfach 11 60
D—7844 Neuenburg 1
Seite 154

Krauss-Maffei
Verfahrenstechnik GmbH
Postfach 50 03 40
Krauss-Maffei-Straße 2
D—8000 München 50
Seite 90

Joachim **Kreyenborg** & Co.
Maschinenfabrik GmbH
Postfach 15 01 65
Coermühle
D—4400 Münster-Kinderhaus
Seite IX

Krupp Buckau
Maschinenbau GmbH
Postfach 10 04 60
Lindenstr. 43
D—4048 Grevenbroich 1

L

Hermann **Linden** GmbH & Co.
Maschinenfabrik
Hauptstr. 123
D—5277 Marienheide
Seite 24, 48

List
Misch- und Knettechnologie
Muttenzer Str. 107
CH—4133 Pratteln 2
Seite 40, 50

Gebrüder **Lödige**
Maschinenbaugesellschaft mbH
Postfach 20 50
Elsener Straße 7—9
D—4790 Paderborn 1
Seite 28, 30

M

Filterwerk **Mann + Hummel**
GmbH
Postfach 409
D—7140 Ludwigsburg
Seite 202

Mixaco
Dr. Herfeld GmbH & Co.KG
Postfach 11 47
D—5982 Neuenrade
Seite 70

m-tec
Mathis Technik GmbH
Otto-Hahn-Str. 6
D—7844 Neuenburg
Seite 34

N

Niepmann
Sprengstoffmaschinen
Postfach 18 20
Bahnhofstr. 21
D—5820 Gevelsberg

Nirox AG
CH—6260 Reiden LU
Seite 92

P

Papenmeier GmbH
Mischtechnik
Postfach 80 26
Sandstr. 46
D—4930 Detmold
Seite 56

Pfaudler-Werke AG
Postfach 17 80
Pfaudlerstraße
D—6830 Schwetzingen

Probst und Class GmbH & Co
Kolloidtechnik-Naßzerkleinerung
Postfach 20 53
Industriestr. 28
D–7550 Rastatt

Prodima SA
P.O.Box 304
Z.I. Croix-du-Péage
CH–1029 Villars-Ste-Croix
Seite 94

R

Rico-Rego
Maschinen GmbH
Postfach 15 64
Düsseldorfer Straße 79–81
D–5657 Haan 1

Ruberg Mischtechnik KG
Postfach 23 09
Stettiner Straße 1
D–4790 Paderborn
Seite 42

S

Schröder & Co.
Maschinenfabrik
Falkenstraße 51–57
D–2400 Lübeck 1

Schugi B.V.
29 Chroomstraat
NL–8211 AS Leylstad
Seite 84

E. Schweizer + Co.
Stiftsgässchen 16
CH–4125 Riehen

Schwelm Anlagen und Apparate GmbH
Produktbereich Zyklos-Mischanlagen
Postfach 553
Loher Straße 1
D–5830 Schwelm
Seite 88

Siefer Maschinenfabrik
GmbH + Co. KG
Bahnhofstr. 114
D–5620 Velbert
Seite 38

Stetter GmbH
Baumaschinen-Fabriken
Postfach 19 42
Dr. Karl-Lenz-Straße 70
D–8940 Memmingen

Richard Stilher GmbH & Co. KG
Apparatebau, Maschinenfabrik
Postfach 22 20
Gutleutstraße 7–15
D–7630 Lahr/Schwarzwald

Gebrüder **Sulzer** Aktiengesellschaft
Misch- und Reaktionstechnik
Postfach
CH–8401 Winterthur
Seite 164, 166, 172

T

Telschig
Verfahrenstechnik GmbH
Postfach 13 57
D–7157 Murrhardt
Seite 104, 106

TMR Turbo-Misch- und
Rühranlagen GmbH
Bergstr. 6
D–8026 Taufkirchen
zwischen Seite 6/7

U

Unimix
Haagen & Rinau
Postfach 10 52 49
Sonneberger Straße 6
D–2800 Bremen 41

V

VMA-Getzmann GmbH
Verfahrenstechnik
Postfach 51 28
Euelerhammerstr. 13
D–5226 Reichshof-Brüchermühle

Paul **Vollrath** GmbH & Co.
Maschinenfabrik
Bayenstr. 51–57
D–5000 Köln 1

W

Waeschle
Maschinenfabrik GmbH
P.O.Box 24 40
D–7980 Ravensburg
Seite 138

Hermann Waldner
GmbH + Co.
Postfach 98
D–7988 Wangen
Seite 58

Ulrich Walter
Maschinenbau
Postfach 10 02 49
Bollenhöhe 4
D–4020 Mettmann

Y

Ystral GmbH
Maschinenbau & Prozesstechnik
Wettelbrunner Straße 7
D–7801 Ballrechten-Dottingen
Seite 156, 158

Ytron
Dr. Karg GmbH
Daimlerstraße 2
D–7151 Affalterbach

Z

Zeppelin Metallwerke GmbH
LZ-Gelände
Postfach 25 40
D–7990 Friedrichshafen
Seite 136, 190, 192, 194

Stichwortverzeichnis

K

L

M

S